JN420747

조선시대의 산학총서

묵사집산법 (천)

(默思集算法 天)

경선징(慶善徵) 지음
유인영 · 허 민 옮김

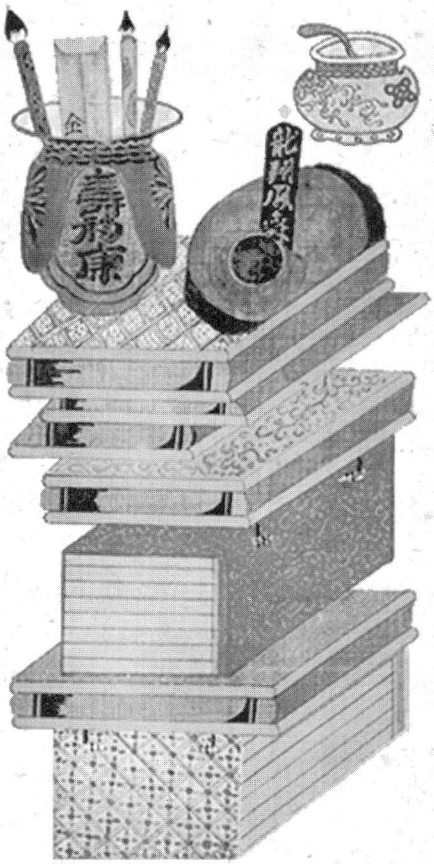

教友社

조선 시대의 산학서를 내면서

한국수학사학회에서는 한국학술진흥재단이 지원한 2002년도 기초학문육성지원사업(인문사회분야 극학고전연구)의 일환으로 연구 과제 《조선 시대의 산학서 번역》을 수행했다. 이의 목적은 다음과 같다.

(1) **한국 수학사 연구의 기초 마련** 우리의 전통 수학을 체계적으로 번역하고 현대적인 관점에서 해석한 결과물을 제시함으로써, 이에 대한 연구를 자극하는 촉진제와 연구의 기초를 마련한다.

(2) **고전에 대한 접근 용이성 및 자료 보급** 고전 문헌을 현대어로 번역함으로써, 많은 사람들에게 우리의 전통 수학을 접할 수 있는 기회를 제공한다.

이를 위해 다음과 같은 10종의 산학서를 선택하여 번역했다.

『默思集算法』 천・지・인 3권
『九數略』 건・곤 2권
『九一集』 천・지・인 3권
『算學入門』(『이수신편』 21・22권) 2권
『算學本源』(『이수신편』 23권) 1권
『算術管見』 1권
『借根方蒙求』 건・곤 1권
『翼算』 상・하편 2권
『測量圖解』 1권
『劉氏句股述要圖解』 1권

한국수학사학회 회장

역자 서문

우리나라 산학자가 저술한 최초의 산학서로 보이는 『묵사집산법』(默思集算法)은 3권 3책으로 장서각(藏書閣, 한국정신문화연구원 소재)에 사본(寫本)이 소장되어 있다.[1] 장서각의 한국학전자도서관에서 원문 이미지를 확인할 수 있는데,[2] 『묵사집산법』 천(天)의 경우, 표지는 없고 아래와 같이 목록의 마지막 쪽과 여러 가지 평면 도형을 나타낸 세 쪽의 그림으로 시작한다.[3] 『묵사집산법』 지(地)에서 필요한 그림을 앞에 모아둔 것으로 보인다.

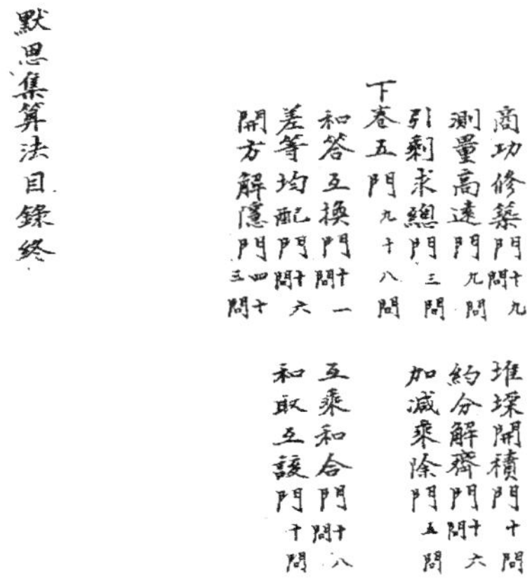

商功修築門 十九問
測量高遠門 九問
引剩求總門 三問
下卷五門 九十八問
和答互換門 十一問
差等均配門 十六問
開方解隱門 四十三問

堆垜開積門 十問
約分解齊門 十六問
加減乘除門 五問
互乘和合門 十八問
和取互較門 十問

默思集算法目錄終

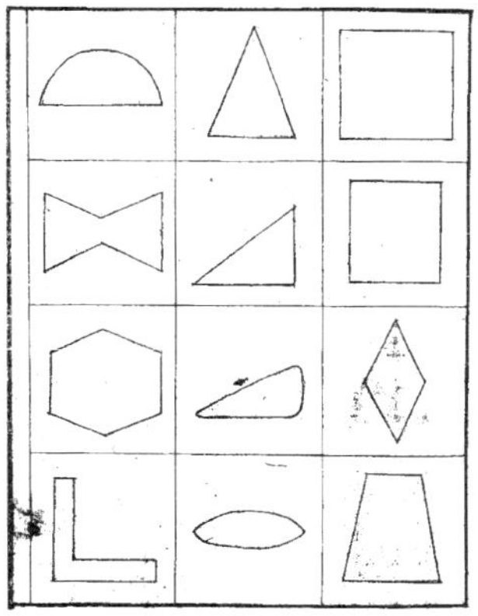

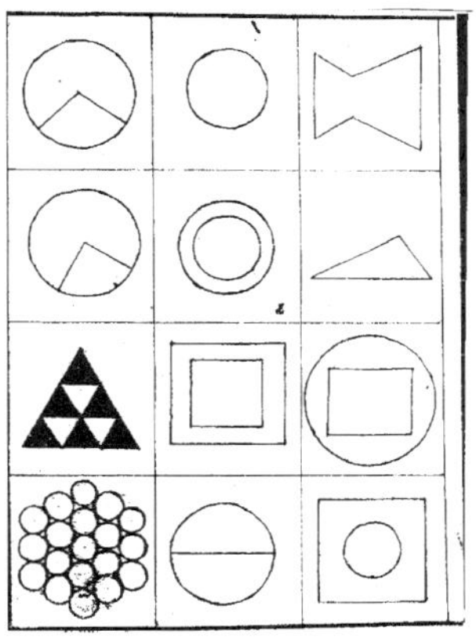

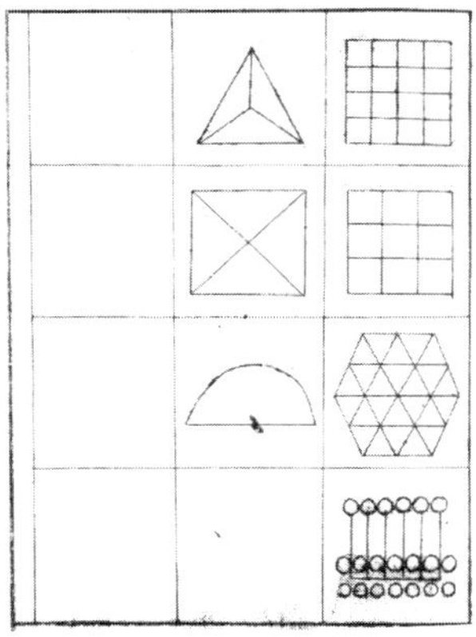

1) 원본은 북경 대학 도서관에 소장되어 있는 것으로 알려져 있다.
2) http://lib.aks.ac.kr
3) 이 네 쪽은 『한국과학기술사자료대계』(韓國科學技術史資料大系) <수학편>(김용운 편, 여강출판사, 1985)에는 없다.

저자 소개

저자 경선징(慶善徵, 1616~?)은, 오른쪽에 제시한 『주학입격안』(籌算學入格案)[4]에 따르면, 자(字)가 여휴(汝休)이고 본관(本貫)은 청주(淸州)이다. 그 책에는 경선행(慶善行)으로 기록되어 있는데, 선징은 그의 초명(初名)으로 나중에 이름을 바꾼 것으로 보인다. 『주학선생안』(籌學先生案)[5]의 기록에 따르면, 그는 1640년(庚辰, 인조 18년)에 입격했는데, 1669년(己酉)에 훈도(訓導), 1674년(甲寅)에 교수(敎授), 1676년(丙辰)에 활인별제(活人別提)를 지냈다. 그는 전형적인 중인 산학자 집안 출신으로 『주학팔세보』(籌學八世譜)[6]에도 올라있다. 산학자만으로 그의 가계를 구성하면 아래와 같다.

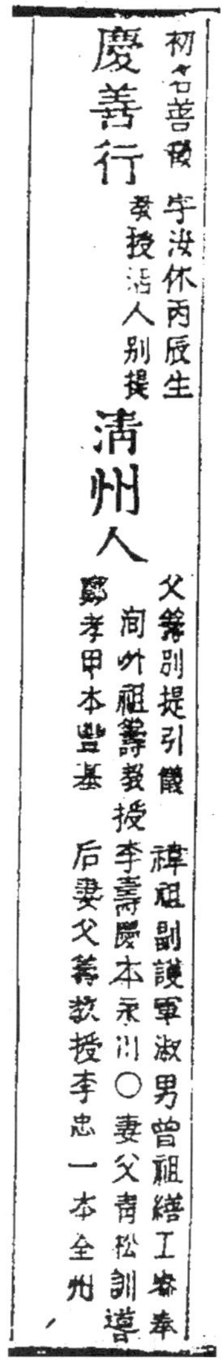

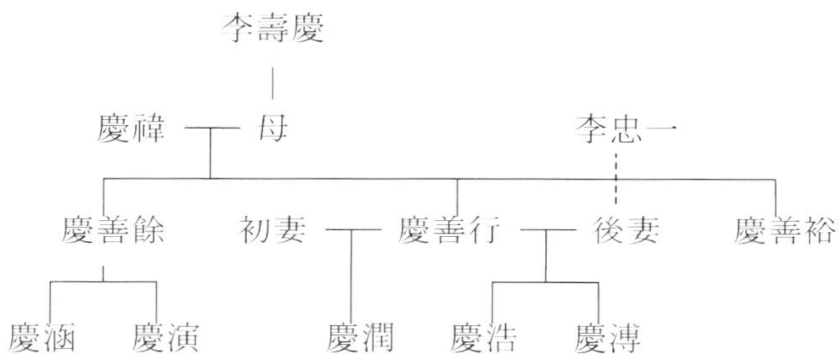

外祖	李壽慶	敎授
父	慶 禕	別提引義
丈人	李忠一	敎授
兄	慶善餘	計士司宰主簿
弟	慶善裕	計士
조카	慶 涵	計士
	慶 演	敎授
子	慶 潤	計士壽職通政
	慶 浩	計士
	慶 溥	別提

조선 시대의 산학 제도

算學敎授(종6품)	1명
別 提(종6품)	2명
算 士(종7품)	1명
計 士(종8품)	2명
算學訓導(정9품)	1명

4) 편자미상으로 1488년부터 1888년까지의 산학입격자에 관해 기록한 책(鐵活字本, 二卷 二冊, 奎章閣 所藏)이다.

5) 1488년부터 1814년까지의 산학자 가운데 어떤 규준(規準) 이상의 인물의 명단을 작성한 것으로 보이는데, 편자와 발간연도의 기록은 없다.

6) 산학자들의 가계(家系) 등을 기록한 책으로, 역시 편자와 발간연도는 알 수 없다.

저자 경선징은, 현종(顯宗) 원년(元年)인 1660년에 전주부윤 김시진(金始振)이 발간한 『중간산학계몽』(重刊算學啓蒙)의 서문에 다음과 같이 등장한다. "… 『양휘산법』의 초본을 얻었고, 이번에 금구현령 정양이 또다시 국초인본[7) 『산학계몽』[8)을 찾아냈다. 지부[9)의 회사[10) 경선징은 그것의 같고 다름을 비교했고, 그 근원을 탐구했다. …"(… 得抄本楊輝筭書 於金溝縣令鄭君瀁 又得 國初印本算學啓蒙 於地部會士慶善徵 較其同異究其源流 …) 경선징은 당시 이미 최고의 산학자로 손꼽히던 인물로 보이는데, 최석정(崔錫鼎)이 저술한 산학서 『구수략』(九數略) 병편(丙編) <고금산학>(古今算學)에는 다음과 같은 문구가 있다. "서양에서는 마테오리치와 아담 샤알이 있고, 우리나라에는 …… 근세에 있어서는 경선징이 가장 저명하다."(西有利瑪竇 湯若望 東國 …… 最著術士 則稱慶善徵云)[11)

또, 홍대용(洪大容)은 『주해수용』(籌解需用)[12) <인용서목>(引用書目)에 "상명수결 우리나라 경선징 지음"(詳明數訣 本國慶善徵撰)이라고 써넣었다. 이에 따라 『상명수결』을 포함해서 경선징의 또 다른 책이 있을 것으로 추측되지만, 현재까지 전해지는 그의 책은 『묵사집산법』뿐이다.

책의 구성

『묵사집산법』은 3권 3책으로 상권(天) 10문(門) 25조(條) 170문제, 중권(地) 10문 130문제, 하권(人) 5문 98문제로 모두 25조 398문제[13)를 포함하고 있다. 목차를 보면 『산학계몽』의 영향을 많이 받았음을 곧 알 수 있는데, 실제로 『산학계몽』의 문제를 그대로 실은 경우도 있고 숫자 또는 품목만을 바꾼 문제도 매우 많다. 그렇지만 『묵사집산법』에는 259문제로 이루어진 『산학계몽』보다 훨씬 더 많은 문제가 실려있고, 문제의 위치가 다른 경우도 매우 많다. 저자 경선징은 『산학계몽』을 중심으로 이 책을 편집하면서 교육적인 효과를 내기 위해 기본적인 문제를 다수 추가하였으며 자신의 기준에 따라 문제들의 위치를 재구성한

7) 세종 시대의 인쇄본으로 보인다.
8) 중국 원나라의 주세걸(朱世傑)이 1299년에 발간한 책으로 정확한 이름은 『신편산학계몽』(新編算學啓蒙)이다. 이 책은 발간된 뒤 중국에서 곧 자취를 감추었고 명대에는 그 존재조차 잊혀질 정도였다. 그 뒤 청나라의 나사림(羅士琳)은 조선에서 발간된 김시진의 『중간산학계몽』을 얻어서 1839년에 복각(復刻)했다.
9) '지부 아문'(地部衙門)의 준말. 조선 시대 호조(戶曹)를 육조의 둘째라는 뜻으로, 옛 인습대로 부르던 말.
10) 조선 시대, 호조의 종9품 벼슬
11) 김용운·김용국, 한국수학사, 열화당, 222~233.
김용운 편, 한국과학사기술대계 수학편 1, 여강출판사, 一~二.
12) 『담헌서』(湛軒書) 외집(外集) 제 4, 5, 6 권
13) 이는 각 문(門)의 첫머리에서 제시한 문제의 개수를 모두 더한 값이다. 실제로는 하권 화취호해문과 하권의 끝에 한 문제씩 더 있어서, 모두 400문제가 있다.

것으로 보인다. 이에 따라 "이 책은 산학의 입문서로서, 특히 중인 산학자를 대상으로 쓴 것이라 생각된다."[14)]

『묵사집산법』과 『산학계몽』의 각 문(門)의 제목과 문제(問)의 개수를 나열하고 관련된 문(門)을 점선으로 나타내면 다음과 같다.

묵사집산법

천(天) 상권(上卷)

1 포산선습문(布算先習門) 25조
2 종횡인법문(縱橫因法門) 8문
3 신외가법문(身外加法門) 10문
4 유두승법문(留頭乘法門) 8문
5 열위승법문(列位乘法門) 17문
6 단위귀법문(單位歸法門) 8문
7 신외감법문(身外減法門) 13문
8 수신귀제문(隨身歸除門) 26문
9 이승동제문(異乘同除門) 14문
10 귀제승실문(歸除乘實門) 66문

지(地) 중권(中卷)

1 취물추분문(就物抽分門) 4문
2 화합차분문(和合差分門) 28문
3 전무형단문(田畝形段門) 24문
4 창돈적속문(倉囤積粟門) 12문
5 상공수축문(商功修築門) 19문
6 퇴타개적문(堆垜開積門) 10문
7 측량고원문(測量高遠門) 9문
8 약분제해문(約分齊解門) 16문
9 인잉구총문(引剩求總門) 3문
10 가감승제문(加減乘除門) 5문

인(人) 하권(下卷)

1 화답호환문(和答互換門) 11문
2 호승화합문(互乘和合門) 18문
3 차등균배문(差等均配門) 16문
4 화취호해문(和取互該門) 10문
5 개방해은문(開方解隱門) 43문

산학계몽

상권(上卷)

■ 산학계몽총괄(算學啓蒙總括) 18조
■ 종횡인법문(縱橫因法門) 8문
■ 신외가법문(身外加法門) 11문
■ 유두승법문(留頭乘法門) 20문
■ 신외감법문(身外減法門) 11문
■ 구귀제법문(九歸除法門) 29문
■ 이승동제문(異乘同除門) 8문
■ 고무해세문(庫務解稅門) 11문
■ 절변호차문(折變互差門) 15문

중권(中卷)

■ 전무형단문(田畝形段門) 16문
■ 창돈적속문(倉囤積粟門) 9문
■ 쌍거호환문(雙據互換門) 6문
■ 구차분화문(求差分和門) 9문
■ 차분균배문(差分均配門) 10문
■ 상공수축문(商功修築門) 13문
■ 귀천반율문(貴賤反率門) 8문

하권(下卷)

■ 지분제동문(之分齊同門) 9문
■ 퇴적환원문(堆積還源門) 14문
■ 영부족술문(盈不足術門) 9문
■ 방정정부문(方程正負門) 9문
■ 개방석쇄문(開方釋鎖門) 34문

14) 김용운 편, 한국과학사기술대계 수학편 1, 여강출판사, 二.

『묵사집산법』 천의 내용

『묵사집산법』 천(상권)은 10문(門)으로 구성되어 있으며, 25가지 조목과 170개의 문제가 실려 있다. 문제 풀이에 필요한 기본적인 사항을 <포산선습문>을 통해 먼저 소개하고, 문제의 난이도와 계산의 복잡성을 고려해서 쉽고 간단한 문제부터 어렵고 복잡한 문제까지 계획적으로 제시하고 있다. 그 내용은 다음과 같다.

1 포산선습문(布算先習門) 25조(二十五條)

여기서는 『묵사집산법』에서 다루는 문제를 해결하는 데 필요한 기본적인 사항을 나열하고 있다. 예를 들면, 곱셈 구구, 나눗셈 구구, 곱셈과 나눗셈 방법, 대수(자연수)와 소수의 명수법, 여러 가지 단위 사이의 환산 방법, 특수한 분수의 명칭, 들이·길이·무게·넓이의 단위, 원주율, 2의 제곱근, 원의 넓이와 구의 부피, 직각 삼각형에서 변 사이의 관계 등이 포함되어 있다. 특히, 당시에 계산 보조 도구로 주로 이용된 산대(산가지)로 수를 나타내고 연산하는 방법을 개략적으로 설명하고 있다.

2 종횡인법문(縱橫因法門) 8문(八問)

한 자리 수의 곱셈, 즉 인법으로 해결할 수 있는 문제를 다루는데, 주어진 물건 전체의 수량에 단위 수량의 값을 곱하여 물건 전체의 값을 구하고 있다.

3 신외가법문(身外加法門) 10문(十問)

곱수(승수)에서 가장 큰 자리의 수가 1인 곱셈, 즉 신외가법으로 해결할 수 있는 문제를 다룬다.

4 유두승법문(留頭乘法門) 8문(八問)

두 자리의 곱수에서 일의 자리의 수가 1인 곱셈, 즉 신전인으로 해결할 수 있는 문제를 다룬다.

5 열위승법문(列位乘法門) 17문(十七問)

곱수가 일반적인 곱셈이 필요한 문제를 다룬다. [1-1-4] 승제법에서 소개하는 삼격산인 보승법이나 [1-4] <유두승법문>에서 소개하는 이격산인 유두승법을 이용할 수 있다.

6 단위귀법문(單位歸法門) 8문(八問)

나눗수(제수)가 한 자리 수인 나눗셈, 즉 구귀법으로 해결할 수 있는 문제를 다루는데, 주어진 물건을 몇 사람이 나누거나 물건의 단위 값을 알 때 현재의 돈으로 구매할 수 있는 물건의 수량 등을 구하고 있다.

7 신외감법문(身外減法門) 13문(十三問)

나눗수에서 가장 큰 자리의 수가 1인 나눗셈, 즉 신외감법으로 해결할 수 있는 문제를 다룬다.

8 수신귀제문(隨身歸除門) 26문(二十六問)

나눗수가 일반적인 나눗셈이 필요한 문제를 다룬다. [1-1-4] 승제법에서 소개하는 삼격산인 상제법이나 [1-1-6] 귀제법에서 소개하는 이격산인 귀제법으 이용할 수 있다.

9 이승동제문(異乘同除門) 14문(十四問)

곱셈과 나눗셈이 모두 필요한 문제를 다룬다. 서양의 비례법에 대응하는 이승동제의 방법을 활용한다.

10 귀제승실문(歸除乘實門) 66문(六十六問)

이승동제의 방법으로 활용하는 종합적인 문제를 다루는데, 약간 더 복잡한 계산이 필요하다. 뒤 부분에서는 [1-1] <포산선습문>에서 소개한 도형에 관한 결과(공식)을 활용하는 간단한 문제가 포함되어 있다.

『묵사집산법』은 형식면에서, 동양의 많은 산학서와 마찬가지로, 문제·답·해법의 순서로 전개하고 있다. 그런데 천(상권)의 경우, 이용되는 방법과 과정에 대한 설명이 충분하지 못하고 구체적이지 못한 경우가 많다. 이를 역자 설명을 통해 보완했다. 그리고 천에서 간단한 문제는 해법 없이 답만을 제시하고 있으며, 해법도 계산 과정만을 제시하고 있다. 천에서 다루는 대부분의 문제는 비례식을 이용해서 해결할 수 있다. 이에 따라 역자 설명에서는 비례식을 이용해서 해법의 정당성을 확인했으며, 계산 과정도 가능한 한 자세하게 제시했다.

일러두기

1. 다음 책에 실린 『묵사집산법』을 번역 대본으로 삼았다.

   김용운 편, 한국과학기술사자료대계 수학편 1, 여강출판사, 1985.
   金容雲 編, 韓國科學技術史資料大系 數學篇 [1], 驪江出版社, 1985.

   한편, 장서각(藏書閣) 한국학전자도서관의 원문 이미지와 비교하여 영인 과정에서 누락된 처음 부분을 소개하고, 뒤바뀐 부분은 바로 잡았다.

2. 각 문(門)은 처음부터 차례로 번호 [1], [2], [3], …을 붙였다. 각 권 천·지·인에도 차례로 1·2·3의 번호를 붙여서, 이를테면 천의 둘째 문인 종횡인법문은 "[1-2] <종횡입법문>"과 같이 참조하거나 인용할 수 있도록 했다. 그리고 [1-2] <종횡인법문>의 셋째 문제에는 **【1-2-3】**과 같은 문항 번호를 부여했고, '문 [1-2-3]'과 같이 인용했다.

3. 일반적으로 다음과 같은 체제에 따라 편집했다.

   【문항 번호】 … 〔문제 번역문〕 …
   … 〔문제 원문〕 …

   답 … 〔답 번역문〕 …
   答 …〔답 원문〕 …

   해법 … 〔풀이 번역문〕 …
   術曰 … 〔풀이 원문〕 …

   ☞ **역자 설명:** 해법에 대한 현대적인 용어와 기호를 이용한 설명과 주석

4. 원문의 주석(작은 글씨에 두 줄로 쓴 부분)은 모두 「…」 안에 넣어 표시했으며, 번역문에서는 「주: …」와 같이 나타냈다.

5. 문제 또는 해법에는 원문의 이해를 돕기 위해 필요한 말을 […] 안에 넣기도 했다.

묵사집산법 천[15] 상권
(默思集算法 天 卷上)

목차(目次)

15) 하늘의 뜻으로 첫째를 뜻한다. 두 권으로 이루어진 책은 천과 지, 세 권으로 이루어진 책은 천・지・인 또는 1권・2권・3권, 네 권으로 이루어진 책은 춘・하・추・동과 같이 분류했다.

1 포산선습문(布算先習門) 25조(二十五條)

여기서는 내용 전개를 위한 기본적인 사항을 나열하고 있는데, 곱셈 구구, 나눗셈 구구, 곱셈과 나눗셈, 대수(자연수)와 소수의 명수법, 단위 사이의 환산 방법, 특수한 분수의 명칭, 들이·길이·무게·넓이의 단위, 원주율, 2의 제곱근, 원의 넓이와 구의 부피, 직각 삼각형에서 변 사이의 관계 등을 소개하고 있다.

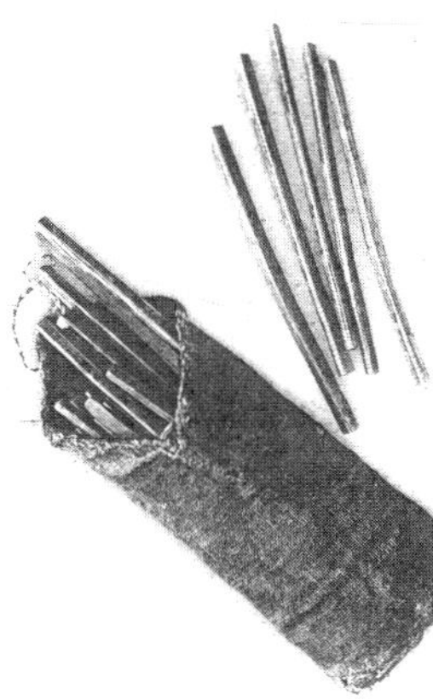

또, 당시에 계산 보조 도구로 주로 이용된 산대(산가지)를 이용해서 수를 나타내고 연산하는 방법을 개략적으로 설명하고 있다. (오른쪽 사진은 한양대학교 박물관에 소장되어 있는 산대이다.)[1]

산대를 보자기에 싸 가지고 다니다가 수학 문제를 풀기 위해 계산을 하려면, 보자기를 풀어 펴고 그 위에 산대로 수를 표시하고 이리저리 산대를 옮기면서 계산했기 때문에 이것을 포산(布算)이라고 한다.

이에 따라 '포산선습문'은 포산으로 시행하는 기본적인 사항을 미리 학습함을 뜻한다. (아래 사진은 일본의 한 산학 책에 있는 포산 장면을 보여주는 삽화이다.)[2]

1) 과학동아, 200년 3월, p. 104.
2) Smith, D.E., *History of Mathematics* Vol. II, Dover Pub. Inc., 1958, p. 173.

【1-1-1】 구구합수(九九合數)

9×9=81	8×9=72	7×9=63
(九九八十一)	(八九七十二)	(七九六十三)
6×9=54	5×9=45	4×9=36
(六九五十四)	(五九四十五)	(四九三十六)
3×9=27	2×9=18	1×9=9
(三九二十七)	(二九十八)	(一九如九)
8×8=64	7×8=56	6×8=48
(八八六十四)	(七八五十六)	(六八四十八)
5×8=40	4×8=32	3×8=24
(五八四十)	(四八三十二)	(三八二十四)
2×8=16	1×8=8	7×7=49
(二八十六)	(一八如八)	(七七四十九)
6×7=42	5×7=35	4×7=28
(六七四十二)	(五七三十五)	(四七二十八)
3×7=21	2×7=14	1×7=7
(三七二十一)	(二七十四)	(一七如七)
6×6=36	5×6=30	4×6=24
(六六三十六)	(五六三十)	(四六二十四)
3×6=18	2×6=12	1×6=6
(三六十八)	(二六十二)	(一六如六)
5×5=25	4×5=20	3×5=15
(五五二十五)	(四五二十)	(三五十五)
2×5=10	1×5=5	4×4=16
(二五十)	(一五如五)	(四四十六)
3×4=12	2×4=8	1×4=4
(三四十二)	(二四八)	(一四如四)
3×3=9	2×3=6	1×3=3
(三三爲九)	(二三爲六)	(一三如三)
2×2=4	1×2=2	1×1=1
(二二爲四)	(一二如二)	(一一如一)

☞ **역자 설명 1:** 구구합수는 곱셈 구구법에 의해 얻은 곱을 뜻한다.

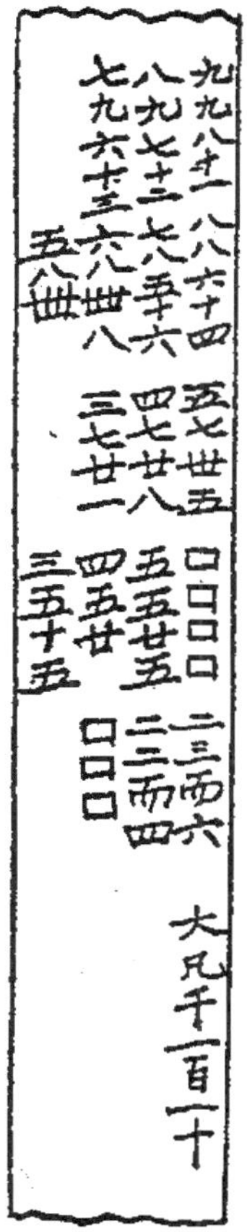

위의 곱셈 구구는 나열된 순서가 현재와 다른데, 고대의 곱셈 구구는 9×9=81에서 시작해서 2×2=4에서 끝난다. 오른쪽 그림에 나타낸 한(漢)대의 죽간에서 알 수 있듯이,[3] 1~2세기까지도 이와 같았다. 곱셈 구구가 1×1=1까지 확장된 것은 5세기와 10세기 사이로, 4~5세기에 발간된 작자미상의 산학 책 『손자산경』(孫子算經)에 이와 같은 꼴이 있다.

송(宋)대의 13세기 또는 14세기에 이 순서가 역전되어 현재와 같이 1×1=1부터 시작해서 9×9=81로 끝나는 곱셈 구구로 바뀌었다. 예를 들면, 조선 시대의 법령집인 『경국대전』(經國大典)에 산학 채용고시의 출전으로 명시되어 있는 『양휘산법』(楊輝算法), 『산학계몽』(算學啓蒙), 『상명산법』(詳明算法)에는 곱셈 구구가 모두 이와 같은 순서로 나열되어 있다.

그런데 『산학계몽』의 형식을 따르고 있는 본 『묵사집산법』에서는 곱셈 구구를 다시 고대의 모습으로 소개하고 있다, 이에 대해 김용운・김용국은 다음과 같이 말하고 있다.[4]

> 이 算書가 저술된 시기는 『산학계몽』 重刊本의 서문이 밝히고 있는 바와 같이 전통 수학의 대부분이 거의 망각 속에 묻혀 버릴 뻔한 상태였던 때이다. 따라서 이러한 불모의 상황 아래서 씌어진 算書는 산학을 부활시키고 옛 전통을 되찾겠다는 산학자로서의 사명감과 포부를 마땅히 담고 있어야 한다. 즉 『默思集』에 감돌고 있는 짙은 古色은 동양 전통수학의 정통의 입장을 되찾으려는 적극적인 태도를 반영하고 있다고 보아야 타당할 것이다.

☞ **역자 설명 2:** '弦減和'는 '弦을 和에서 뺀다', 즉 '和－弦'을 뜻한다. 이렇게 뺌수(감수)를 빼임수(피감수) 앞에 배치한다. 또 '股除勾'는 '股로 勾를 나눈다', 즉 '勾÷股'를 뜻한다. 이렇게 나눗수(제수)를 나뉨수(피젯수) 앞에 배치한다.

이와 마찬가지로 '差加和'는 '差를 和에 더한다', 즉 '和＋差'로서, '差'가 덧수(가수)이고 '和'가 더하임수(피가수)이다. 또, '股乘勾'는 '股를 勾에 곱한다', 즉 '勾×股'로서, '股'가 곱수(승수)이고 '勾'가 곱하임수(피승수)이다.

그러므로 '八九七十二'는 '9×8=72'로 번역하는 것이 더 적절할 수 있다. 이렇게 해석하면 위의 곱셈 구구는 현재의 곱셈 구구와 완전히 반대의 순서로 나열

3) 李儼・杜石然 저/郭樹理・倫華祥 역, 中國 數學/ *Chinese Mathematics - A concise history*, Clarendon Press, 1987, p. 41.

4) 한국수학사, 열화당, 1982, p. 232.

된 것이다. 그리고 곱하임수보다 작거나 같은 곱수와의 곱셈만을 나열하고 있다. 이에 따라 현재의 곱셈 구구의 절반만 나열하고 있는데, 이는 교환 법칙을 당연한 것으로 간주하고 있음을 보여준다.

현재의 곱셈 구구에 위의 곱셈 구구를 표시하면 아래와 같다. 9×9부터 화살표를 따라 가면 위에서 제시한 곱셈 구구를 얻는다. 『산학계몽』 등에 제시된 곱셈 구구는 이 화살표와 반대로 진행하면 된다.

⇑1×1=1	⇑2×1=2	⇑3×1=3	⇑4×1=4	⇑5×1=5	⇑6×1=6	⇑7×1=7	⇑8×1=8	⇑9×1=9
1×2=2	⇑2×2=4	⇑3×2=6	⇑4×2=8	⇑5×2=10	⇑6×2=12	⇑7×2=14	⇑8×2=16	⇑9×2=18
1×3=3	2×3=6	⇑3×3=9	⇑4×3=12	⇑5×3=15	⇑6×3=18	⇑7×3=21	⇑8×3=24	⇑9×3=27
1×4=4	2×4=8	3×4=12	⇑4×4=16	⇑5×4=20	⇑6×4=24	⇑7×4=28	⇑8×4=32	⇑9×4=36
1×5=5	2×5=10	3×5=15	4×5=20	⇑5×5=25	⇑6×5=30	⇑7×5=35	⇑8×5=40	⇑9×5=45
1×6=6	2×6=12	3×6=18	4×6=24	5×6=30	⇑6×6=36	⇑7×6=42	⇑8×6=48	⇑9×6=54
1×7=7	2×7=14	3×7=21	4×7=28	5×7=35	6×7=42	⇑7×7=49	⇑8×7=56	⇑9×7=63
1×8=8	2×8=16	3×8=24	4×8=32	5×8=40	6×8=48	7×8=56	⇑8×8=64	⇑9×8=72
1×9=9	2×9=18	3×9=27	4×9=36	5×9=45	6×9=54	7×9=63	8×9=72	⇑9×9=81

【1-1-2】 구귀법(九歸法)

구귀수신하 (九歸隨身下)	봉구진일십 (逢九進一十)	팔일하가이 (八二[5]下加三[6])
팔이하가사 (八二下加四)	팔삼하가륙 (八三下加六)	팔사첨작오 (八四添作五)
팔오륙십이 (八五六十二)	팔륙칠십사 (八六七十四)	팔칠팔십륙 (八七八十六)
봉팔진일십 (逢八進一十)	칠일하가삼 (七一下加三)	칠이하가륙 (七二下加六)
칠삼사십이 (七三四十二)	칠사오십오 (七四五十五)	칠오칠십일 (七五七十一)
칠륙팔십사 (七六八十四)	봉칠진일십 (逢七進一十)	육일하가사 (六一下加四)
육이삼십이 (六二三十二)	육삼첨작오 (六三添作五)	육사륙십사 (六四六十四)

5) 二는 一의 誤記
6) 三은 二의 誤記

육오팔십이	봉륙진일십	오일배작이
(六五八十二)	(逢六進一十)	(五一倍作二)
오이배작사	오삼배작륙	오사배작팔
(五二倍作四)	(五三倍作六)	(五四倍作八)
봉오진일십	사일이십이	사이첨작오
(逢五進一十)	(四一二十二)	(四二添作五)
사삼칠십이	봉사진일십	삼일삼십일
(四三七十二)	(逢四進一十)	(三一三十一)
삼이륙십이	봉삼진일십	이일첨작오
(三二六十二)	(逢三進一十)	(二一添作五)
봉이진일십	일귀불수귀	기법고불입
(逢二進一十)	(一歸不須歸)	(其法古不立)

☞ **역자 설명 1:** 이는 곱셈 구구에 대응하는 나눗셈 구구로, 이를 이용하는 나눗셈을 구귀법이라고 한다. [1-1-6]에서 소개할 나눗셈인 귀제법에도 이용된다.

『산학계몽』에서는 이를 구귀제법(九歸除法)이라 했으며, 그 뒤 조선 시대의 산학서인 황윤석의 『산학입문』(算學入門, 이수신편 제21권)에서는 구귀제법, 조태구의 『주서관견』(籌書管見)과 배상설의 『서계쇄록』(書計瑣錄)에서는 구귀구결(九歸口訣), 홍대용의 『주해수용』(籌解需用, 담헌서 외집 4권)과 변언정의 『주학실용』(籌學實用)에서는 구귀가(九歸歌)라고 하였다. 그리고 이 모든 곳에서는 이를 위와 반대로 나열했다.

앞에서 지적했듯이, '股除勾'는 '股로 勾를 나누면', 즉 '勾÷股'를 뜻한다. 그러므로 이를테면 '七六八十四'에서 '七六'는 7로 6을 나누면, 즉 6÷7을 뜻한다. 실제로는 아랫자리를 기준으로 60÷7을 뜻하는데, 몫이 8이고 나머지가 4임을 84로 나타내고 있다. 그리고 몫과 나머지를 말하지 않고 다른 계산 진행 방법을 알려주는 경우도 있다. 첫째 노랫말 '구귀수신하'(9로 나누면 자신이 아래에 따른다)는 9로 나누면 몫과 나머지가 같음을 뜻하는데, 다른 산학서에서는 9귀(九歸), 즉 9단을 다음과 같이 세세하게 나열하고 있다.

구일하가일(九一下加一) 구이하가이(九二下加二) 구삼하가삼(九三下加三)
구사하가사(九四下加四) 구오하가오(九五下加五) 구륙하가륙(九六下加六)
구칠하가칠(九七下加七) 구팔하가팔(九八下加八)

여기서 이를테면 '구일하가일'은 '9로 1을 나누면 아래 자리에 1을 더하라.'는 뜻이다.

각 노랫말이 나온 과정 또는 그 노랫말의 뜻을 구귀법으로 시행한 예와 함께 설명하면 다음과 같다. [오른쪽에서는 현재의 표현으로 그 정당성을 확인한다.]

몫 나머지 노랫말 몫 나머지 노랫말

- 90÷9=10 … 0 → 봉구진일십
  [9를 만나면 10이 된다.]

18	예를 들어 '18÷9'를 계산해보자.	18=10+8
9	먼저 십의 자리의 수 1을 보면	=9×1+1+8
↓	'구일하가일'에 의해 아래 자리에 1을 더한다	
19	아래 자리는 9가 된다. '봉구진일십'에	=9×1+9
9	의해 십의 자리의 1에 1을 더한다.	=9×1+9×1
↓		
20	그러면 몫 2와 나머지 0을 얻는다.	=9×2
9		

[8귀]

- 10÷8= 1 … 2 → 팔일하가이
- 20÷8= 2 … 4 → 팔이하가사
- 30÷8= 3 … 6 → 팔삼하가륙
- 40÷8= 5 … 0 → 팔사첨작오
- 50÷8= 6 … 2 → 팔오륙십이
- 60÷8= 7 … 4 → 팔륙칠십사
- 70÷8= 8 … 6 → 팔칠팔십륙
- 80÷8=10 … 0 → 봉팔진일십

464	예를 들어 '464÷8'을 계산해보자.	464=400+64
8	먼저 백의 자리의 4를 보면	=8×50+64
↓	'팔사첨작오'에 의해 4를 5로 바꾼다.	
564	십의 자리 6을 보면 '팔륙칠십사'에	=8×50+60+4
8	의해 6을 7로 바꾸고 아래 자리에	=8×50+8×7+4+4
↓	4를 더해서 8을 얻는다.	=8×57+8
578	이제 '봉팔진일십'에 의해 십의 자리의	=8×57+8×1
8	7에 1을 더한다.	=8×58
↓		
580	그러면 몫 58과 나머지 0을 얻는다.	
8		

[7귀]

- 10÷7= 1 … 3 → 칠일하가삼
- 20÷7= 2 … 6 → 칠이하가륙
- 30÷7= 4 … 2 → 칠삼사십이
- 40÷7= 5 … 5 → 칠사오십오
- 50÷7= 7 … 1 → 칠오칠십일
- 60÷7= 8 … 4 → 칠륙팔십사
- 70÷7=10 … 0 → 봉칠진일십

[6귀]

- 10÷6= 1 … 4 → 육일하가사
- 20÷6= 3 … 2 → 육이삼십이
- 30÷6= 5 … 0 → 육삼첨작오
- 40÷6= 6 … 4 → 육사륙십사
- 50÷6= 8 … 2 → 육오팔십이
- 60÷6=10 … 0 → 봉륙진일십

[5귀]

- 10÷5= 2 … 0 → 오일배작이 [5로 1을 나누면 그 배인 2로 만든다]
- 20÷5= 4 … 0 → 오이배작사
- 30÷5= 6 … 0 → 오삼배작륙
- 40÷5= 8 … 0 → 오사배작팔
- 50÷5=10 … 0 → 봉오진일십

[4귀]

- 10÷4= 2 … 2 → 사일이십이
- 20÷4= 5 … 0 → 사이첨작오
- 30÷4= 7 … 2 → 사삼칠십이
- 40÷4=10 … 0 → 봉사진일십

[3귀]

- 10÷3= 3 … 1 → 삼일삼십일
- 20÷3= 6 … 2 → 삼이륙십이
- 30÷3=10 … 0 → 봉삼진일십

[2귀]

- 10÷2= 5 … 0 → 이일첨작오
- 20÷2=10 … 0 → 봉이진일십

원문에서 마지막 두 구절의 뜻은 다음과 같다.

> 1로 나눔은 모름지기 나눔이 아니고(一歸不須除),
> 그 방법은 옛날부터 세우지 않았다(其法古不立).

『산학계몽』에서는 구귀법에 다음과 같은 주석을 붙였다.

> 살펴보면 옛날 법에 상제[7])를 많이 썼으나 처음 배울 때 알기 어려워 후세 사람들이 이 법으로 대신하였다. 즉 정식 방법이 아니다.
> 安古法多用商除爲初學者難入 則後人以此法代之 卽非正術也

7) 나눗셈을 의미한다. [1-1-5] 승제법에서 이에 대해 알아본다.

☞ **역자 설명 2:** 얼마 전까지만 해도 상업계 고등학교에서는 『상업 계산』이라는 과목을 통해 수판셈을 가르쳤다. 이런 책에 소개된 수판셈을 보면 산대셈의 여러 가지 원리가 거의 그대로 적용되었음을 알 수 있다. 오른쪽의 표는 1990년대에 출판된 교과서에 있는 두 가지 형태의 구귀법이다.

나눗셈 구구(귀제법 구구)

1단	2단	3단	4단	5단	6단	7단	8단	9단
1진 10	2·1 천작 5	3·1 31	4·1 22	5·1 가 1	6·1 하가 4	7·1 하가 3	8·1 하가 2	9·1 하가 1
	2진 10	3·2 62	4·2 천작 5	5·2 가 2	6·2 32	7·2 하가 6	8·2 하가 4	9·2 하가 2
		3진 10	4·3 72	5·3 가 3	6·3 천작 5	7·3 42	8·3 하가 6	9·3 하가 3
			4진 10	5·4 가 4	6·4 64	7·4 55	8·4 천작 5	9·4 하가 4
				5진 10	6·5 82	7·5 71	8·5 62	9·5 하가 5
					6진 10	7·6 84	8·6 74	9·6 하가 6
						7진 10	8·7 86	9·7 하가 7
							8진 10	9·8 하가 8
								9진 10

『묵사집산법』과 다른 점은 우선 나열하는 순서이다. 이곳에서는 1단부터 제시한다. 그리고 이를테면 '이일첨작오'와 '이일천작오'에서 알 수 있듯이, '첨'이 '천'으로 바뀌었다. 3개 언어인 중국어, 영어, 일본어로 발간된 책 『Knowing Abacus 珠算知多少』(精英培訓中心, 1994)에는 중국어로는 '二一添作五'로 그리고 일본어로는 '二一天作五'로 되어 있다. 이에 따라 이런 표는 일본의 영향을 받은 결과로 보인다.

그리고 5귀(5단)의 경우 "오일배작이, 오이배작사, 오삼배작륙, 오사배작팔"이 차례로 "오일가일, 오이가이, 오삼가삼, 오사가사"로 바뀌었다.

귀제 구구표

단									
1단	1 10 진 1)10 10	2 20 진 1)20 20	3 30 진 1)30 30	4 40 진 1)40 40	5 50 진 1)50 50	6 60 진 1)60 60	7 70 진 1)70 70	8 80 진 1)80 80	9 90 진 1)90 90
2단	2·1 5 천작 2)10 5	2 10 진 2)20 10	4 20 진 2)40 20	6 30 진 2)60 30	8 40 진 2)80 40				
3단	3·1 3-1 3)10 31	3·2 6-2 3)20 62	3 10 진 3)30 10	6 20 진 3)60 20	9 30 진 3)90 30				
4단	4·1 2-2 4)10 22	4·2 5 천작 4)20 5	4·3 7-2 4)30 72	4 10 진 4)40 10	8 20 진 4)80 20				
5단	5·1 2 가 5)10 1	5·2 4 가 5)20 2	5·3 6 가 5)30 3	5·4 8 가 5)40 4	5 10 진 5)50 10				
6단	6·1 1-4 하가 6)10 4	6·2 3-2 6)20 32	6·3 5 천작 6)30 5	6·4 6-4 6)40 64	6·5 8-2 6)50 82	6 10 진 6)60 10			
7단	7·1 1-3 하가 7)10 3	7·2 2-6 하가 7)20 6	7·3 4-2 7)30 42	7·4 5-5 7)40 55	7·5 7-1 7)50 71	7·6 8-4 7)60 84	7 10 진 7)70 10		
8단	8·1 1-2 하가 8)10 2	8·2 2-4 하가 8)20 4	8·3 3-6 하가 8)30 6	8·4 5 천작 8)40 5	8·5 6-2 8)50 62	8·6 7-4 8)60 74	8·7 8-6 8)70 86	8 10 진 8)80 10	
9단	9·1 1-1 하가 9)10 1	9·2 2-2 하가 9)20 2	9·3 3-3 하가 9)30 3	9·4 4-4 하가 9)40 4	9·5 5-5 하가 9)50 5	9·6 6-6 하가 9)60 6	9·7 7-7 하가 9)70 7	9·8 8-8 하가 9)80 8	9 10 진 9)90 10

【1-1-3】 소대수명(小大數名)

소수는 1에서 시작하여　　　(小數始於一)
1은 10분이 되고　　　(一爲十分)
1분은 10리가 되고　　　(([8]))分爲十氂)
1리는 10호가 되고　　　(([5]))氂爲十毫)
1호는 10사가 되고　　　(([5]))毫爲十絲)
1사는 10홀이 되고　　　(([5]))絲爲十忽)
1홀은 10미가 되고　　　(([5]))忽爲十微)
1미는 10섬이 되고　　　(([5]))微爲十纖)
1섬은 10사가 된다.　　　(([5]))纖爲十沙)

「주: 예전의 책을 보면, 섬 아래에 다시 진, 애, 묘, 막, 모호, 준순, 수유, 순식, 탄지, 찰나, 육덕, 허, 공, 청, 정 등의 이름이 있으나 모두 쓸모가 없다.」

「按舊本 纖下復有 塵 埃 渺 漠 糢糊 逡巡 須臾 瞬息 彈指 剎那 六德 虛空 淸 淨 等名 皆無用」

대수는 일(1)에서 시작하여　　　(大數始於一)
십이 일 개이면 십이라 하고　　　(十一爲十)
십이 십 개이면 백이라 하고　　　(十十爲百)
십이 백 개이면 천이라 하고　　　(十百爲千)
십이 천 개이면 만이라고 한다.　　　(十千爲萬)

일만, 십만, 백만, 천만, 만만은 억이라 하고, 만만억은 조라고 한다.

一萬 十萬 百萬 千萬 萬萬曰億 萬萬億曰兆

「주: 전과 같이 부르는 것은 일억, 십억, 백억, 천억, 만억, 십만억, 백만억, 천만억, 만만억은 조라고 한다. 뒤에서 이와 비슷한 것은 다시 번거롭게 말하지 않는다.」

---

8) '一' 落字

「如前呼之 一億 十億 百億 千億 萬億 十萬億 百萬億 千萬億 萬萬億 曰兆 是也 後倣此更不繁說」

만만조는 경이라 하고, 만만경은 해라 하고, 만만해는 자라 하고, 만만자는 양이라 하고, 만만양은 구라 하고, 만만구는 간이라 하고, 만만간은 정이라 하고, 만만정은 재라 하고, 만만재는 극이라 하고, 만만극은 항하사라 하고, 만만항하사는 아승지라 하고, 만만아승지는 나유타라 하고, 만만나유타는 불가사의라 하고, 만만불가사의는 무량수라고 한다. 「주: 무릇 수가 크다는 것은 하늘이 능히 덮지 못하고 땅이 능히 싣지 못하여 그 수가 능히 그칠 수 없으므로 이를 대수라고 이른다.」

萬萬兆曰京 萬萬京曰陔9) 萬萬陔[5)]曰秭 萬萬秭曰壤 萬萬壤曰溝 萬萬溝曰澗 萬萬澗曰正 萬萬正曰載 萬萬載曰極 萬萬極曰恒河沙 萬萬恒河沙曰阿僧祇 萬萬阿僧祇曰那由他 萬萬那由他曰不可思議 萬萬不可思議曰無量數「凡數之大者 天莫能蓋 地莫能載 其數不能極 故謂之大數也」

☞ **역자 설명 1: <소수 명수법>**

소수(小數)에 대한 우리나라의 명수법은 다음 <표 1>과 같다.[10)]

이 표에서 ①은 19세기 중엽까지 사용되었고, ②는 개화기(19세기 말) 뒤부터 사용되고 있다. 여기서 10^{-2}에 대한 수사는 두음법칙(頭音法則)에 의하여 '이'로 나타내지만, 1釐, 2釐 등은 1리, 2리로 읽고 쓴다.

이 명수법에 따라, 예를 들어 소수 '0.587'는 '5분 8리 7호'로 읽는다.

한편, '할푼리'는 비율을 나타낼 때 사용했다. 예를 들어 '3의 1/8(=0.125)은 0.375이다.'에서 1/8(=0.125)은 비율을 나타내고 0.375는 수이므로 다음과 같이 읽을 수 있다. '3의 1할 2푼 5리는 3분 7리 5호다.'

☞ **역자 설명 2: <대수의 명수법>**

대수(大數), 즉 자연수에 대한 우리나라의 명수법은 다음 <표 2>와 같다.[11)]

---

9) 陔는 '垓'의 誤記

10) 김병덕, "우리 나라 명수법에 관한 소고(III)," 한국수학사학회지 제 12 권 제 2 호 (1999), 55-62.

11) 김병덕, "우리 나라 명수법에 관한 소고(II)," 한국수학사학회지 제 12 권 제 1 호 (1999), 53-64.

<표 1> 소수의 수사 조직

수 사	數 詞	①	②	비 고
분	分	10^{-1}	10^{-1}	
이	釐/厘	10^{-2}	10^{-2}	리
호	毫	10^{-3}	10^{-3}	
사	絲	10^{-4}	10^{-4}	
홀	忽	10^{-5}	10^{-5}	
미	微	10^{-6}	10^{-6}	
섬	纖	10^{-7}	10^{-7}	
사	沙	10^{-8}	10^{-8}	
진	塵	10^{-16}	10^{-9}	
애	埃	10^{-24}	10^{-10}	
묘	渺	10^{-32}	10^{-11}	
막	漠	10^{-40}	10^{-12}	
모호	模糊	10^{-48}	10^{-13}	模糊
준순	逡巡	10^{-56}	10^{-14}	
수유	須臾	10^{-64}	10^{-15}	
순식	瞬息	10^{-72}	10^{-16}	
탄지	彈指	10^{-80}	10^{-17}	
찰나	刹那	10^{-88}	10^{-18}	
육덕	六德	10^{-96}	10^{-19}	
허	虛	10^{-104}	—	
허공	虛空	—	10^{-20}	
공	空	10^{-112}	—	
청	淸	10^{-120}	—	
청정	淸淨	—	10^{-21}	
정	淨	10^{-128}	—	

<표 2> 대수의 수사 조직

數詞	수사	①	②	③	④	비고
一	일	1	1	1	1	
十	십	10	10	10	10	
百	백	10^{2}	10^{2}	10^{2}	10^{2}	
千	천	10^{3}	10^{3}	10^{3}	10^{3}	
萬	만	10^{4}	10^{4}	10^{4}	10^{4}	
億	억	10^{8}	10^{8}	10^{8}	10^{5}	
兆	조	10^{16}	10^{12}	10^{12}	10^{6}	
京	경	10^{24}	10^{16}	10^{16}	10^{7}	
垓	해	10^{32}	10^{20}	10^{20}	10^{8}	
秭	자	10^{40}	10^{24}	10^{24}	10^{9}	
穰	양	10^{48}	10^{28}	10^{28}	10^{10}	壤
溝	구	10^{56}	10^{32}	10^{32}	10^{11}	
澗	간	10^{64}	10^{36}	10^{36}	10^{12}	
正	정	10^{72}	10^{40}	10^{40}	10^{13}	
載	재	10^{80}	10^{44}	10^{44}	10^{14}	
極	극	10^{88}	10^{48}	10^{48}	10^{15}	
恒河沙	항하사	10^{96}	10^{56}	10^{52}		
阿僧祇	아승기	10^{104}	10^{64}	10^{56}		
那由他	나유타	10^{112}	10^{72}	10^{60}		
不可思議	불가사의	10^{120}	10^{80}	10^{64}		
無量數	무량수	10^{128}	10^{88}	10^{68}		

[본 『묵사집산법』이 씌어진 시기를 포함해서] 18세기 이전까지는 ①을, 19세기 이후는 ③을 사용하고 있다. ②는 이희승의 『국어대사전』에서 제안하고 있으나, 현실적으로 수용하기 곤란하다. ④는 字典에서 數詞의 字義로 지금도 觀念的으로 사용되고 있다.

一, 十, 百, 千, 萬, …과 같이 10배마다 새로운 數詞로 바꾸어지는(以十遞進) 命數法을 '下數命數法(또는 以十遞進 命數法)'이라 할 수 있다. 그런데 數詞가 십십(十十)으로 변화하는 下數는 너무 작아서 셈하기에 부족하고, 제곱으로 변하는 上數는 수가 너무 크므로 실제로 사용하지 못하므로 中數만이 전해지고 있다는데, 그 中數가 바로 <表 2>의 ①과 같은 명수법이다.

【1-1-4】 종횡법(縱橫法)

일의 자리의 수는 세로로 십의 자리의 수는 가로로	(一縱十橫)
백의 자리의 수는 세우고 천의 자리의 수는 눕힌다.	(百立千僵)
천과 십의 자리의 수는 서로 똑같은 모양이고	(千十相望)
만과 백의 자리의 수도 서로 같게 보인다.	(萬百相當)
6이 넘는 수들은 모두	(滿六已上)
5를 나타내는 산대가 그 위에 있다.	(五在上方)
6은 모아서 쌓지 않고	(六不積聚)
5는 하나로 놓지 않는다.	(五不單張)
10이 되면 스스로 자리가 나아가고	(言十自過)
10이 못 되면 제자리에 나타낸다.	(不滿自當)
만일 이 비결에 밝으면	(若明此訣)
『구장산술』을 잘 익힐 수 있다.	(可習九章)

「주: 『상명산법』을 자세히 보라.」
「詳見詳明」

무릇 수는 1에서 일어나서 9에서 다하고, 10에 이르면 또 하나의 10이 된다.
凡數起於一 窮於九 至十 則又爲一十矣

☞ **역자 설명 1**: 산대로 수를 나타내는 방법을 설명하고 있는데, 주석과 그 뒤의 문장을 제외하면 모두 『산학계몽』에 있는 명종횡결(明縱橫訣)이다. 『산학입문』에서는 이를 포산결(布算訣)이라고 했다. 그런데 처음 네 행은 『손자산경』에 그리고 이를 포함해서 처음 8행은 8세기경에 발간된 『하후양산경』(夏候陽算經)

에 이미 들어있는 문구이다.

중국에서 기원전 1000년경부터 사용된 산대는 고대에는 대나무를 둥글게 깎아서 지름이 1푼(分)이고 길이가 6치(寸)로 [271개를 한 묶음으로] 만들었는데, 그 뒤 점차로 작아졌으며 나무를 세모꼴로 깎아 만들기도 하였다. 산대를 산(筭, 算) 또는 주(籌)라고 했는데, 해당하는 한자는 모두 대죽변(竹)에 속해있다. 수학을 중국인들은 산학 또는 주학이라고 하였다.

산대로 수를 나타낼 때는 위에서 설명한 대로, 일, 백, 만…의 자리의 수는 아래 그림의 첫 행과 같이 세우고 십, 천…의 자리의 수는 둘째 행과 같이 옆으로 뉘어서 표현했다. 그리고 6 이상은 편의를 위해 위쪽에 5를 나타내는 산대를 놓는다.

일, 백, … 자리

십, 천, … 자리

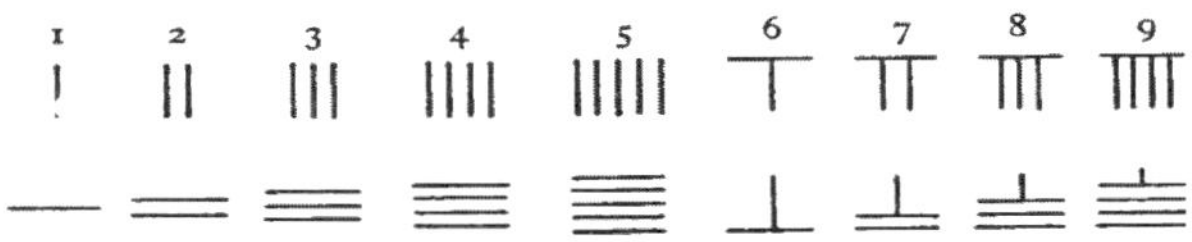

예를 들면, 오른쪽 그림의 산판에 나타낸 수는 위로부터 차례로 6537, 28301, 67714, 76620을 나타낸다. 여기서 알 수 있듯이, 빈 자리는 0을 나타낸다.

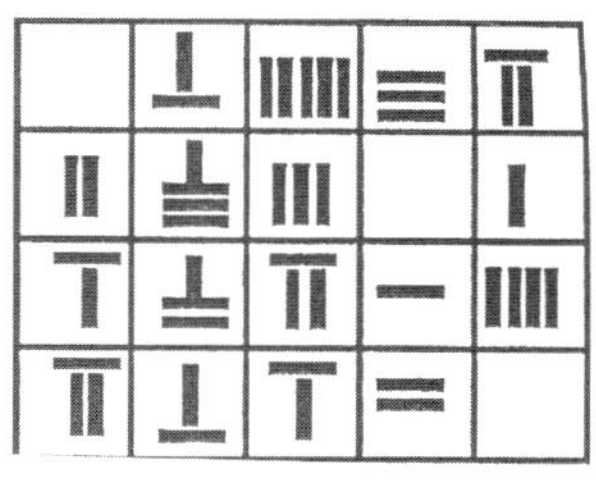

중국에서는 고대부터 음수를 사용했는데, 『구장산술』(九章算術)에도 음수가 등장한다. 양수와 음수를 구별하기 위해서, 양수는 빨간 산대로 음수는 검은 산대로 나타냈다. 또는 일의 자리를 나타내는 산대 위에 다른 산대를 비스듬히 올려놓는 방법으로 음수를 나타내기도 했다.

송·원 시대(960~1367)에는 산대에 의한 수 표시를 그대로 옮겨 쓴 주식 숫자(籌式 數字)가 등장했다. 오른쪽과 같이, 이 경우에 각 숫자 사이에 간격을 두지 않고 꼭 붙여 썼으며, 빈 자리는 기호 ○로 나타내고,[12] 음수는 마지막 숫자에 빗금을 그어 나타냈다.

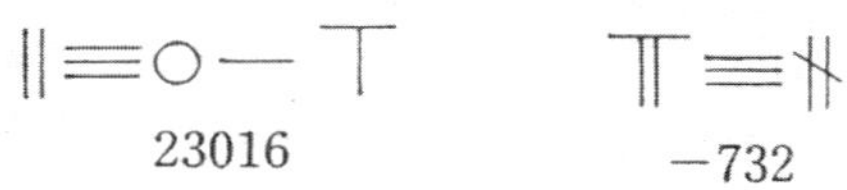

그런데 산대의 중요성은 수의 표현이 아니라 계산에 있었다. 실제로 한자에 의한 수 표기는 기록용이었으며 그 자체를 조작해서 연산 결과를 얻지 않았다. 중국에서는 명나라의 15세기 중반까지 그리고 우리나라에서는 19세기에도 산대가 계산 수단의 대종을 이루었다. 위에서 『상명산법』을 보라고 한 것은 이 책에 산대에 의한 계산법이 자세히 설명되어 있기 때문인 것으로 보인다.

☞ 역자 설명 2: <수판의 역사>

여기서 수판의 역사를 간단히 알아보겠다. 수판의 역사는 매우 오래되어 3~4000년 전의 메소포타미아와 약 2500년 전의 고대 이집트, 그리스, 로마 등에서 사용한 흔적이 있다. 로마 시대에 중국으로 전래된 것으로 보인다.

중국 한나라의 서악(徐岳)이 지은 『수술기유』(數術記遺)에 오늘날과 비슷한 형태의 수판 사용법이 기록되어 있고, 명나라 때 발간된 정대위(程大位)의 『산법통종』(算法統宗, 1593년)에도 수판의 사용법이 기록되어 있다. 중국에서는 명나라 때부터 상업의 발달과 함께 수판이 널리 이용되었다.

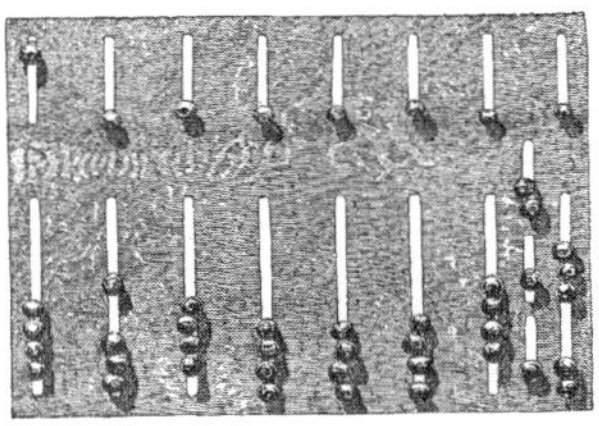

로마의 수판

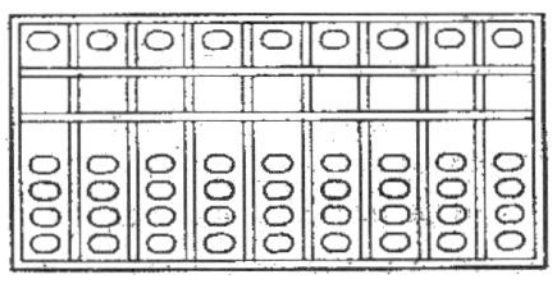

『수술기유』의 수판도

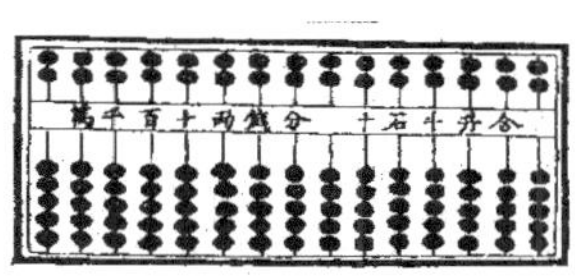

『산법통종』의 수판도

우리나라에는 고려 시대에 수판이 이용된 흔적이 있다고 한다. 최석정(1646~1715)의 『구수략』(九數略)에 주산에 대한 기록이 보인다[아래 왼쪽 그림].

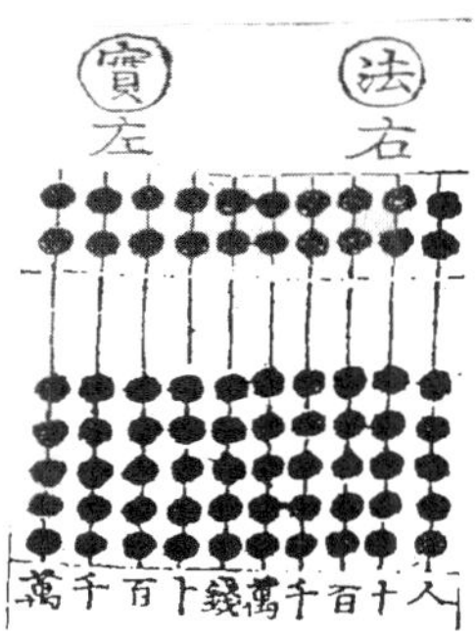

일본 수판

12) 남송 진구소(秦九昭)의 『수서구장』(數書九章, 1247)에 처음 등장했다.

【1-1-5】 승제법(乘除法)

곱셈은 아래로부터 위로 곱하고 나눗셈은 위로부터 아래로 나눈다.
乘從下乘上 除從上除下

또한 위로부터 사물이 와서 흘러 아래로 오는 바는 이 또한 그 근원을 잃지 않는다.
又所來之物從上 而流下來之 此亦不失其源

지금 이 방법을 씀에 10은 자신을 넘어가고 영은 스스로 맡는다. 5로 이를 말하면 5×5=25이므로 20은 자신을 넘어가고 5는 스스로 맡는다. 대개 스스로 맡는다는 것은 자리가 같다는 것이다. 1×5=5(일오여오)는 곧 스스로 맡는다. 무릇 곱하고 나누는 데 산대를 놓을 때 행 사이에 간격이 있고, 한 자리, 두 자리, 세 자리 등이 있다. 만일 한 자리의 차이가 있으면, 곧 십이 백이 되고 백은 천이 된다.
今用此法也 言十過身 言零自當 以五言之 五五二十五 則二十過身 五爲自當 蓋自當者對位也 一五如五 則卽自當矣 凡乘除布算 行數之間有隔一位二位三位者 若差一位 則以十爲百 以百爲千矣

☞ **역자 설명:** 산대를 이용한 곱셈(승법)과 나눗셈(제법)에 대한 개략적인 설명이다. 산대에 의한 곱셈과 나눗셈 방법도 『손자산경』과 『하후양산경』에 소개되어 있다. 여기서는 산대 대신에 인도・아라비아 숫자로 그 과정을 나타내겠다.

예를 들어 곱셈 78×46을 계산하려면, 먼저 (1)과 같이 상격에 곱수[법, 法] 46을 놓고 하격에 곱하임수[실, 實]를 놓는다. 그리고 (2)와 같이 곱수의 가장 큰 자리의 수 4 바로 아래에 곱하임수의 가장 작은 자리의 수 8을 위치시킨다. (3)과 같이 곱수의 4를 곱하임수의 7과 8에 곱해서 얻은 28(0)과 32를 더한 312를 중격에 놓는다. [이에 따라 삼격산(三格算)이라고 한다.] 이제 (4)와 같이 상격의 4를 지우고 하격의 곱하임수를 오른쪽으로 한 자리 물린다. (5)와 같이 상격의 6을 곱하임수의 7과 곱해서 얻은 42를 312에 더하여 354를 얻는다. 그리고 상격의 6을 곱하임수의 8에 곱하여 얻은 48을 354(0)에 더하여 3588을 얻는다. 마지막으로 상격의 6을 지우고, 곱셈을 마친다.

(1) 46 78	(2) 46 78	(3) 46 312 78	(4) 6 312 78	(5) 6 354 78	(6) 6 3588 78	(7) 3588 78
		28 32 (+ 312		312 42 (+ 354	354 48 (+ 3588	

위와 같은 곱셈 방법을 보승법(步乘法) 또는 승법이라고 한다. 본문에서 "**곱셈은 아래로부터 위로 곱하고**"라고 했지만, 위의 계산 과정에서는 "위로부터 아래로" 곱했다. 즉, 법과 실의 큰 자리의 수부터 곱하기 시작했다. 사실, 위의 계산에서는 각 자리의 수를 그것의 자릿값을 고려해서 곱하고 더했기 때문에 곱셈을 어느 방향으로 시행해도 똑같은 결과를 얻게 된다. [1-2] <종횡인법문>에서는 단순한 곱셈인 '인법'을 다루는데, 거기에서 인법은 "위로부터 아래로" 내려간다고 했듯이 곱셈 시행 방향은 큰 문제가 아니다. 실제로, 황윤석의 『산학입문』에는 다음과 같은 구절이 있다.

> 승법의 경우, 『산학계몽』에서는 위에서 시작하고 『상명산법』에서는 아래에서부터 시작한다. 그 방법이 서로 다르나 결과는 같다.
> 凡乘法啓蒙自上起 詳明自下起 其法雖異 其歸一也

이제, 나눗셈을 알아보자. 나눗셈 방법은 곱셈의 역인데, 나뉨수를 실(實), 나눗수를 법(法), 몫을 상(商)이라고 한다. 이때, 법을 하격, 실을 중격에 놓고, 상을 상격에 위치시킨다. [이에 따라 삼격산이다.]

예를 들어 3588÷78을 계산하려면, 먼저 (1)과 같이 실 3588과 법 78의 가장 큰 자리를 같은 위치에 놓는다. 실의 35가 법의 78보다 작으므로, (2)와 같이 법을 한 자리 뒤로 물린다. 이제 (3)과 같이 상의 십의 자리의 수로 4를 어림잡고, 358(0)에서 법의 7 및 8과 곱하여 얻은 28(00)과 32(0)를 차례로 빼서 46(0)을 얻는다. (4)와 같이 새로운 실로 468을 정하고 법 78을 한 자리 물린다. 그리고 (5)와 같이 상의 일의 자리의 수로 6을 어림잡고, 468에서 법의 7 및 8과 곱하여 얻은 42(0)와 48을 뺀다. 나머지가 없으므로, (6)과 같이 나눗셈이 끝나고 상 46을 얻는다.

(1)	(2)	(3)	(4)	(5)	(6)
3 5 8 8 7 8	3 5 8 8 7 8	4 3 5 8 8 7 8	4 4 6 8 7 8	4 6 4 6 8 7 8	4 6 7 8
		3 5 8 2 8 (- 7 8 3 2 (- 4 6		4 6 8 4 2 (- 4 8 4 8 (- 0	

만약 3593÷78을 위와 같이 계산하면 마지막 단계에서 오른쪽과 같은 결과를 얻게 된다. 이는 다음과 같이 몫을 대분수로 나타낼 수 있게 한다.

(6)
4 6 5 7 8

$$3593 \div 78 = 46\frac{5}{78}$$

위와 같이 곱셈 구구를 이용하는 나눗셈을 상제(商除)라고 한다.

앞에서 나눗셈 구구를 이용해서 한 자리 수로 나누는 구귀법을 소개했다. 다음의 [1-1-6] 귀제법과 [1-7] <신외감법문>에서는 또 다른 나눗셈을 소개한다.

【1-1-6】 귀제법(歸除法)

사물을 알고자 하여 먼저 놓고 부차로 놓아 수를 써서 산대를 놓음에 이르러, 만일 위의 수가 적고 아래가 많아 차이가 한 자리이면
欲知之物 先置 副置 以用之數 布算臨行 若上少下多差一位

견일무제작구일, 즉 1을 보고 나눌 수 없으면 9*1을 짓고,
見一無除作九一
견이무제작구이, 즉 2를 보고 나눌 수 없으면 9*2를 짓고,
見二無除作九二
견삼무제작구삼, 즉 3를 보고 나눌 수 없으면 9*3을 짓고,
見三無除作九三
견사무제작구사, 즉 4를 보고 나눌 수 없으면 9*4를 짓고,
見四無除作九四

견오무제작구오, 즉 5를 보고 나눌 수 없으면 9*5를 짓고,
見五無除作九五
견륙무제작구륙, 즉 6을 보고 나눌 수 없으면 9*6을 짓고,
見六無除作九六
견칠무제작구칠, 즉 7을 보고 나눌 수 없으면 9*7을 짓고,
見七無除作九七
견팔무제작구팔, 즉 8을 보고 나눌 수 없으면 9*8을 짓고,
見八無除作九八
견구무제작구구, 즉 9를 보고 나눌 수 없으면 9*9를 짓는다.
見九無除作九九

대개 오귀로서 이를 말하면 오를 만나면 즉 오는 귀귀하고 부득히 나눌 수 없으면 9*5를 짓는다. 오귀에 사를 만나면 오사배작팔이고, 나눌 수 없으면 곧 문득 일을 일으켜 하위에 오로 바꾸어 이를 나눈다. 혹 수가 작을 것 같으면 또 일을 일으켜 오로 바꾸어서 나눈다. 또 귀가 있고 나눌 수 없으면, 곧 이미 귀의 일산을 가지고 원수와 더불어 다시 하위에 놓은 연후 그 많고 적음을 보아 이를 셈하는 것이다. 셈에 임하여 변통의 산술이 있으니 지금은 구체적 열거는 뒤에 한다.
蓋以五歸言之 逢五 卽五皈[13])皈 而不得無除作九五是也 五皈逢四 五四倍作八 無除 則却起一於下位還五 以除之 如或數少 又起一還五以除 又曰有歸 而無除 則起此已歸一算 而與元數 復置於下位 然後視其多寡 而算之是也 臨算有變通之術 今具列於後

또 나눗셈 중에서 상제가 일을 구함은 이 두 항목이 있어서 행산 중 불긴한 것이다. 〔포〕산을 하는 자는 가히 보고 가히 알아서 후에 이 방법을 익혀 항상 찾고 소상히 밝혀 이를 볼 것이다.
又除法中 商除求一有 此兩款而行算中不緊者也 爲算者可見可知 而後已若習此法 常訪詳明見之

☞ **역자 설명 1:** 여기서는 상제를 대신할 수 있는 나눗셈 방법인 귀제법을 개략적으로 설명하고 있다. 수판셈에서는 나눗셈 구구를 이용하여 몫을 구하는 나

13) 歸와 同字

눗셈을 [나눗수가 한 자리인 구귀법을 포함해서 모두] 귀제법이라 통칭하고 있다. 여기서 귀제법은 나눗수가 두 자리 이상이고 가장 큰 자리의 수가 2 이상인 경우에 적용하고 있다. 다른 문헌을 참고하여 그 내용을 보충·설명하겠다.

위에서 제시한 노래를 『주해수용』에서는 당귀결(撞歸訣), 『산학입문』에서는 당귀법이라 부르고 있다. 이는 나눗셈 3456÷35에서 나눗수의 34와 나뉨수의 35와 같이 가장 큰 자리의 수는 서로 같지만 그 다음 자리의 수는 나눗수가 큰 경우에 적용하는 법칙을 나열하고 있다.

『주해수용』에서는 귀제법의 부록인 작구하환법(作九下還法)에서 이런 경우의 계산 방법을 설명하고 있다. 그 설명과 예를 인용하면 다음과 같다.

> 대체로 귀제의 법과 실의 머리 숫자가 서로 같고 위의 수가 크고 아래의 수가 작아서 비록 다음 한 자리에 가서도 귀제가 되지 않는 경우에는, 실의 머리 숫자를 바꾸어 9로 만든다. 또 그 머리 숫자를 주어진 실의 다음 자리에 더한다.「주: 머리 숫자가 1이면 〔머리 숫자를〕 9로 만들고 〔다음 자리에〕 1을 더하며, 머리 숫자가 2이면 9로 만들고 2를 더한다. 이와 같이 계속하고 머리 숫자가 9에 이르면 9로 인하여 9를 더한다. 이것이 이른바 '1을 보고 나눌 수 없으면 9*1을 짓는다' 등이다.」 그리고 이를 나눈다. 실에서 빼서 부족하면 곧 9에서 1을 세워 머리 숫자로 만들어서 다음 자리 아래로 보낸다.「주: 머리 숫자가 1이면 역시 1을 아래로 보내고 머리 숫자가 2이면 역시 2를 아래로 보낸다. 그 다음도 이와 같이 한다. 이것이 이른바 당귀법14)이다.」 이와 같이 해도 부족하면 곧 재차·삼차해서 족할 때까지 한다.
>
> 凡歸除法實頭位同數 而上少下多 雖次一位而歸除不行者 變實頭作九 又加頭數於實之次位 「頭數一則作九加一 頭數二則作九加二 以至頭數九則因九加九 所謂見一無除作九一也」 而除之 除實不足 則起九之一作頭數 而下還於次位 「頭數一則下還亦一 頭數二則下還亦二 以下倣此 所謂撞歸法也」 猶不足則至再至三適足而至

> 베 3456자를 35자마다 1필로 하면, 모두 몇 필인가?
> 布三千四百五十六尺 每三十五尺位疋 問爲疋幾何
>
> **답** 98필 26자
> 答曰 九十八疋二十六尺

---

14) 이것은 착오로 보인다. 『산학입문』 등에서는 이를 기일법(起一法)이라고 한다. 수판셈에서는 위의 당귀법을 '작 9법'이라 하고, 기일법을 '귀 1법'이라고 한다.

해법 3456을 실로 하고 35를 법으로 하여 귀제한다. 「주: 3을 보고 나눌 수 없으므로 9*3을 짓는다. 5×9=45이다.」 3을 바꾸어 9로 만들고 3을 다음 자리의 4에 더하여 7이 된다. 이에서 4를 빼면 3이 되고 다음 자리의 5에서 5를 빼면 0이 되며, 9를 얻는다. 이제 실의 나머지는 306이고 법을 한 자리 내려서 또 이것을 나눈다. 「주: 3을 보고 나눌 수 없으므로 9*3을 짓는다. 1을 세워 다음 자리로 3을 보낸다. 4×8=40이다.」 3을 바꾸어 9로 만들고 3을 다음 자리에 〔0에〕 더한다. 〔36이 5×9=45보다 작으므로〕 9에서 1을 세워 3을 만들고 아래 자리의 3과 더하면 3이 된다. 이때 8을 얻고 실에서 40을 빼면 나머지는 26이다.

術曰 三四五六爲實 三五爲法 歸除之「見三無除作九三○五九四十五」變三作九 加三於下倂四爲七 除四而爲三 下五除五而爲空 得數爲九 實餘爲三空六 法次一位又歸除之「見三無除作九三○起一下還三○五八四十」變三作九 加三於下 起九之一作三 而加於下幷三爲六 得數爲八 除四十實餘二十六

위 계산 과정과 그 정당성을 현재의 표기 방법을 이용해서 나타내면 다음과 같다.

3456	3을 보고 나눌 수 없으면	3456=3000+456
35	[당귀법에 따라] 9*3을 짓는다.	=30×90+300+456
↓	즉 3은 9로 바꾸고, 3을 4에 더한다.	=30×90+756
9756	나눗수의 일의 자리의 수 5와 몫 9의	=30×90+5×90+306
35	곱 45를 75에서 뺀다.	=35×90+306
↓		
9306	법을 내리고, 3을 보고 나눌 수 없으면	=35×90+300+06
35	[당귀법에 따라] 9*3을 짓는다.	=35×90+30×9+30+06
↓	즉 3은 9로 바꾸고, 3을 0에 더한다.	=35×90+30×9+36
9936	나눗수의 일의 자리의 수 5와 몫 9의	
35	곱 45는 36보다 크다. 9의 1을 세워서	=35×90+30×8+30+36
↓	3으로 만들어 아래에 더한다.	=35×90+30×8+66
9866	나눗수의 일의 자리의 수 5와 몫 8의	=35×90+30×8+5×8+26
35	곱 40을 66에서 뺀다.	=35×90+35×8+26
↓		
9826	그러므로 몫은 98이고 나머지는 26이다.	=35×98+26
35		

『묵사집산법』의 본문에서는 5로 나누는 경우(五歸)를 예로 들었는데, 나눗셈 531÷59로 이를 예시하면 다음과 같다.

531	5를 보고 나눌 수 없으면	531=500+31
59	[당귀법에 따라] 9*5를 짓는다.	=50×9+50+31
↓	즉 5는 9로 바꾸고, 5를 3에 더한다.	=50×9+81
981	나눗수의 일의 자리의 수 9와 몫 9의	=50×9+9×9+0
59	곱 81를 81에서 뺀다.	=59×9+0
↓		
900	그러므로 몫은 9이고 나머지는 0이다.	
59		

☞ **역자 설명 2:** 한편, 『묵사집산법』의 본문에서는 5로 나누는 경우(五歸)에 4를 만나는 예[이를테면 413÷59]를 들어 귀제법을 개략적으로 설명하고 있다. 이와 같이 나뉨수와 나눗수의 큰 자리의 수가 다른 경우에 시행하는 귀제법을 알아보자.

역시, 『주해수용』에서 귀제법에 대한 설명과 예를 인용하면 다음과 같다.

귀제라는 것은 머리 숫자를 나누어 그 결과인 수[몫]와 나눗수를 곱하여 뺀다는 것이다. 그 방법은 이격산이고 실을 위에 두고 법을 아래에 둔다. 우선 법의 머리 숫자로 실의 머리 숫자를 구귀법으로 나누어 수를 얻고, 법의 다음 자리의 숫자를 앞에서 얻은 수와 구구법으로 서로 곱해서 자리를 참조하면서 실에서 뺀다. 다음에 법을 한 자리 물리고 같은 방법으로 나누어 실이 완전히 없어지면 정지한다. 이것이 상제의 지름길 방법이다.

歸除者 歸其頭位而除其下位也 其法爲二格 實數在上 法數在下 先以法頭呼實頭九歸以歸之 爲得數 以法之次位以下與得數九九相呼照位除實 法退一位 以次歸除之 恰盡而止 盖商除之捷法也

백목[무명] 805자로 대동목을 만드는데, 모두 몇 필인가? 「주: 35자가 1필이다.」
白木八百五尺作大同木 問爲疋幾何「三十五尺爲疋」

답 23필
答曰 二十三疋

해법 805를 실로 하고, 35를 법으로 한다. 「주: 8 아래의 0은 십의 자리이고, 10필을 그 자리로 한다」 3으로 8을 나눈다. 「주: 봉륙진이십, 즉 봉삼진일십을 두 번 한다.」 얻은 몫 20을 원래 8의 윗자리까지 올린다. 실에서 빼면 나머지는 205이다. 바로 법의 5와 얻은 몫 2를 곱한다. 「주: 2×5=10」 실에서 뺀 나머지는 105인데, 〔10은〕 법에 미치지 못한다. 법을 한 자리 물리고 3으로 1을 나눈다. 「주: 〔구귀법에서〕 삼일삼십일」 1은 3이 된다. 「주: 이것이 얻은 수가 된다.」 1을 아래 자리의 0에 더한다. 실의 나머지는 15이다. 바로 법의 5와 얻은 수 3을 곱한다. 「주: 3×5=15」 실에서 빼면 없어진다.

術曰 八空五爲實 三五爲法「八下空位爲十 以十疋爲位」以三歸八「逢六進二十○則逢三進一十 凡二次也」進得二十於原八之上位 實餘爲二百五尺 乃以法五呼得二「二五十」以除實餘一百五爲不滿法 法退一位 以三歸一「三一三十一」以一爲三「爲得數」加一於下空位 實餘爲一十五 乃以法五呼得三「三五十五」除實恰盡

위 계산 과정과 그 정당성을 현재의 표기 방법을 이용해서 나타내면 다음과 같다.

805 35	3으로 8을 나눈다. 8=3×2+2	805=600+205
	나눗수의 30과 몫 20의 곱을 실에서	=30×20+205
↓	뺀다.	
2205	나눗수의 5와 몫 20을 곱해서	=30×20+5×20+105
35	205에서 뺀다.	=35×20+105
↓		
2105	구귀법에 따라 3으로 1을 나눈다.	=35×20+100+5
35	'삼일삼십일' 즉 1은 3으로 바꾸고,	=35×20+30×3+10+5
↓	1을 0에 더한다.	=35×20+30×3+15
2315	나눗수의 5와 몫 3의 곱 15를	=35×20+30×3+5×3
35	실의 나머지 15에서 뺀다.	=35×20+35×3
↓		
2300	따라서 몫은 23이고 나머지는 0이다.	=35×23
35		

『묵사집산법』의 본문에서 든 예와 같은 나눗셈 413÷59를 귀제법으로 계산하면 다음과 같다.

413 59	구귀법에 따라 5로 4를 나눈다. '오사배작팔' 즉 5를 8로 만든다.	413=400+13 =50×8+13
↓		
813 59	나눗수의 9와 몫 8의 곱 72는 13보다 크다. 8에서 1을 세워 다음 자리에 5를 더한다.	=50×8+50+13 =50×7+63
↓		
763 59	나눗수의 9와 몫 7의 곱을 63에서 뺀다.	=50×7+9×7 =59×7
↓		
700 59	그러므로 몫은 7이고 나머지는 0이다.	

【1-1-7】 근하유양법(斤下留兩法)

「주: 근 아래에 냥이 함께 있으면, 당연히 16으로 이를 나눈다.」
「斤下帶兩者 當以十六約之」

일퇴륙이오(一退六二五)	1÷16=0.0625
이유일이오(二留一二五)	2÷16=0.125
삼유일팔칠오(三留一八七五)	3÷16=0.1875
사유이오(四留二五)	4÷16=0.25
오유삼일이오(五留三一二五)	5÷16=0.3125
육유삼칠오(六留三七五)	6÷16=0.375
칠유사삼칠오(七留四三七五)	7÷16=0.4375
팔유단오(八留單五)	8÷16=0.5
구유오륙이오(九留五六二五)	9÷16=0.5625
십유륙이오(十留六二五)	10÷16=0.625
십일유륙팔칠오(十一留六八七五)	11÷16=0.6875
십이유칠오(十二留七五)	12÷16=0.75
십삼유팔일이오(十三留八一二五)	13÷16=0.8125
십사유팔칠오(十四留八七五)	14÷16=0.875
십오유구삼칠오(十五留九三七五)	15÷16=0.9375

☞ **역자 설명:** 『산학계몽』에 있는 근하유법으로, 위의 주석도 그 곳에 있다. 1부터 15까지를 16으로 나눈 몫을 나열하고 있다. 이는 [1-1-13] 근칭법에서 제시하듯이 '1근=16냥'이므로, 단위가 '냥'으로 나타내어진 수량을 단위 '근'으로 환산하는 데 이용할 수 있다.

【1-1-8】 수양상구법(銖兩相求法)

냥에서 수를 구할 때는 24를 곱하고	(兩求銖二十四乘)
수에서 냥을 구할 때는 24로 나눈다.	(銖求兩二十四除)
근에서 냥을 구할 때는 16을 곱하고	(斤求兩身外加六)
냥에서 근을 구할 때는 16으로 나눈다.	(兩求斤身外減六)
칭에서 근을 구할 때는 15를 곱고	(秤求斤身外加五)
근에서 칭을 구할 때는 15로 나눈다.	(斤求秤身外減五)
물건에 의거 돈을 매도하면 곱셈을 쓰고	(據物賣錢而用乘)
돈에 의거 물건을 매입하면 나눗셈을 쓴다.	(據錢買物而用除)

☞ **역자 설명 1:** 무게의 중요한 단위를 환산하는 방법을 설명하고 있다. 『산학계몽』에서는 이를 구제율류(求諸率類)라 하고 있다.

[1-1-13] 근칭법으로부터 위의 각 경우를 다음과 같이 확인할 수 있다.

- '1냥=4푼, 1푼=6수'이므로 '1냥=24수'이다. 그러므로 단위가 '냥'으로 나타내어진 수량을 단위가 '수'인 수량으로 환산할 때는 24를 곱하고, 역으로 단위가 '수'인 수량을 단위가 '냥'인 수량으로 바꿀 때는 24로 나누어야 한다.

- '1근=16냥'이다. 단위가 '근'으로 나타내어진 수량을 단위가 '냥'인 수량으로 환산할 때는 16을 곱하고, 역으로 단위가 '냥'으로 나타내어진 수량을 단위가 '근'인 수량으로 바꿀 때는 16으로 나눈다.

- '1칭=15근'이다. 단위가 '칭'으로 나타내어진 수량을 단위가 '근'인 수량으로 환산할 때는 15를 곱하고, 역으로 단위가 '근'인 수량을 단위가 '칭'인 수량으로 바꿀 때는 15로 나눈다.

☞ **역자 설명 2:** 고대에는 곱셈과 나눗셈의 어려움을 극복하기 위해서 곱수와 나눗수의 크기와 형태에 따라 여러 가지 방법을 개발하여 이용했다. 특히, 곱수

의 가장 큰 자리의 수가 1인 경우의 곱셈인 '신외가법'과 나눗수가 이와 같은 경우의 나눗셈인 '신외감법'이 있다. 이에 대해서는 [1-3] <신외가법문>과 [1-7] <신외감법문>에서 각각 설명한다.

신외가법에 따라 '身外加六'은 '16을 곱한다', '身外加五'는 '15를 곱한다'를 뜻하며, 신외감법에 따라 '身外減六'은 '16으로 나눈다', '身外減五'는 '15로 나눈다'를 뜻한다. 또, [1-10-33]에서 '身外減一'은 '11로 나눈다'를 뜻한다.

☞ **역자 설명 3:** 『묵사집산법』과 『산학입문』에서는 근칭법 '1칭=15근'을 사용하지만, 『주해수용』과 『주학실용』에서는 근칭법 '1칭=100근'을 사용하고 있다.

【1-1-9】 약분작명법(約分作名法)

2분의 1을 중반이라 하고 (二分之一爲中半)
3분의 1을 소반이라 하고 (三分之一爲少半)
3분의 2를 태반이라 하고 (三分之二爲太半)
4분의 1을 약반이라 하고 (四分之一爲強[15]半)
4분의 3을 강반이라 한다. (四分之三爲強半)

☞ **역자 설명:** 자주 이용되는 특별한 분수의 이름을 나열하고 있다.

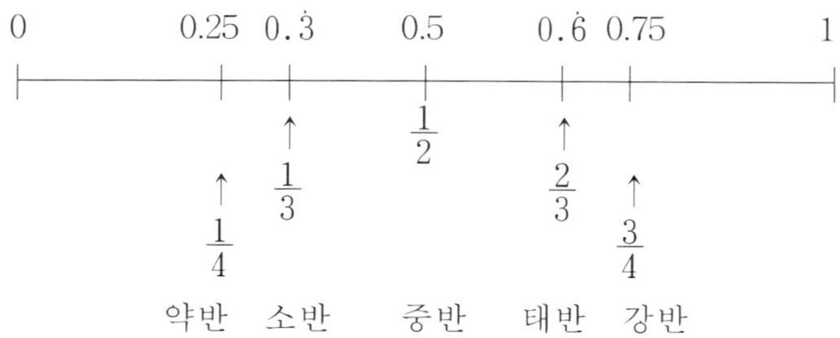

【1-1-10】 정위법(定位法)

십일(十一)	백이(百二)	천삼(千三)	만사(萬四)
십만오(十萬五)	백만육(百萬六)	천만칠(千萬七)	만만팔(萬萬八)

15) 強은 弱의 誤記

분일(分一) 리이(氂二) 호삼(毫三) 사사(絲四) 홀오(忽五)
미륙(微六) 섬칠(纖七) 사팔(沙八) 진구(塵九) 애십(埃十)

승일(升一) 합이(合二) 작삼(勺三) 초사(抄四)
촬오(撮五) 규육(圭六) 속칠(粟七) 입팔(粒八)

☞ **역자 설명:** 『주해수용』 정위결(定位訣)의 첫 문장은 다음과 같다.

> 정위라는 것은 얻은 수의 첫머리 자리에 있는 어떤 수를 정함을 말한다.
> 定位者 定得數頭位之某數也

또, 『구수략』 승제구결(乘除口訣)의 주석에는 다음과 같은 말이 있다.

> 곱셈할 때 상격에 10이 있으면 한 자리 나아가고 100을 보면 두 자리 나아간다. 나머지도 이와 같다. 상격에 소수가 있으면 법수는 자리를 물러난다.[16] 나눗셈할 때 하격에 10이 있으면 상격의 상[몫]은 한 자리 물러나고 100을 보면 두 자리 물러난다. 나머지도 이와 같다. 법수에 다만 소수가 있으면 자리를 나아가고 상을 정한다.
> 乘筭上格見十則法進一位 見百則進二位 餘放此 上格有小數則法數退位 除筭下格見十則上商退一位 見百則退二位 餘放此 法數只有小數則進位定商

이에 따라 정위법은 곱셈과 나눗셈에서 10은 1자리, 100은 2자리, 1000은 3자리 등과 같이 산대를 올리거나 내리면서 자리를 결정하는 방법을 알려주는 것으로 보인다. 소수인 분(0.1), 리(0.01), 호(0.001) 등에도 마찬가지의 원리가 적용된다.

승(升), 합(合), 작(勺) 등은 (아래의 [1-1-11] 두곡법에서 알아보듯이) 차례로 곡식의 들이 단위인 되, 홉, 작을 의미한다. 말(斗) 아래를 소수로 보기 때문에 [『구수략』 곡량(斛量)], 이것들은 위의 분, 리, 호 등에 대응한다.

한편, 수판셈에서 정위법은 곱셈과 나눗셈에서 곱 또는 몫의 단위[일의 자리]를 정하는 방법을 일컫는다.

---

16) 『구수략』에서는 곱셈할 때 곱하임수를 상격에 놓고 곱수[법]을 하격에 놓는다.

【1-1-11】 두곡법(㪷斛法)

「주: 속에서 시작한다. 속이란 벼 한 알이다.」
「起於粟 粟者 粟之一粒也」

6속이 1규가 되고	(六粟爲一圭)
10규가 1촬이 되고	(十圭爲一撮)
10촬이 1초가 되고	(十撮爲一抄)
10초가 1작이 되고	(十抄爲一勺)
10작이 1홉이 되고	(十勺爲一合)
10홉이 1되가 되고	(十合爲一升)
10되는 1말이 되고	(十升爲一斗)
10말이 1섬이 된다.	(十斗爲一石)

우리나라 풍속에서 15말이 1섬이 되기도 한다. (東俗十五斗作一石)

☞ **역자 설명 1:** 들이의 단위 사이의 관계를 규정하고 있다. 이런 단위들은 벼를 포함한 곡식의 수량을 나타내는 데 사용되며, 기름과 같은 액체의 수량을 나타내는 데 사용된다.

『산학계몽』에서는 이를 곡두기율(斛㪷起率)이라 하고, "**들이는 규에서 시작한다. 「규는 여섯 알갱이의 속이다.」(量起於圭 「六粒之粟」)**"라고 했다. 그리고 "**10되가 1두이고, 10두가 1곡이다.(十升謂之一㪷 十㪷謂之一斛)**"라고 했다. 이에 따라 위의 '두곡법'(㪷斛法)라는 제목이 붙은 것으로 보이는데, 『묵사집산법』에서는 그 내용을 우리나라의 실정에 알맞게 고친 것으로 보인다.

『묵사집산법』에서 사용되지 않는 단위인 '속'을 제외한 나머지 단위는 십진법을 기준으로 하고 있다. 이들 사이의 관계를 다음과 같이 정리할 수 있다.

섬(石)	말(斗)	되(升)	홉(合)	작(勺)	초(抄)	촬(撮)	규(圭)
1 섬 =	10 말 =	10^2 되 =	10^3 홉 =	10^4 작 =	10^5 초 =	10^6 촬 =	10^7 규
	1 말 =	10 되 =	10^2 홉 =	10^3 작 =	10^4 초 =	10^5 촬 =	10^6 규
		1 되 =	10 홉 =	10^2 작 =	10^3 초 =	10^4 촬 =	10^5 규
			1 홉 =	10 작 =	10^2 초 =	10^3 촬 =	10^4 규
				1 작 =	10 초 =	10^2 촬 =	10^3 규
					1 초 =	10 촬 =	10^2 규
						1 촬 =	10 규

☞ **역자 설명 2:** 『묵사집산법』의 문 [1-10-4], [1-10-5], [1-10-6], [2-1-1], [2-1-2], [2-1-3]에서는, 위의 마지막에서 지적한 대로, '1섬=15말'의 관계를 이용한다.

【1-1-12】 장척법(丈尺法)

「주: 홀에서 시작한다. 홀이란 누에 입에서 나오는 실이다.」
「起於忽 忽者蚕口所出絲也」

10홀을 1사라 하고 (十忽爲一絲)
10사를 1호라 하고 (十絲爲一毫)
10호를 1리라 하고 (十毫爲一釐)
10리를 1푼이라 하고 (十釐爲一分)
10푼을 1치라 하고 (十分爲一寸)
10치를 1자라 하고 (十寸爲一尺)
10자를 1장이라 하고 (十尺爲一丈)
4장을 1필이라고 한다. (四丈爲一匹)

「주: 1필의 길이는 혹 4장 2자 또는 3장 5자이다.」
「一匹長 或四丈二尺 或三丈五尺」

5장을 1단이라고 한다. (五丈爲一端)

「주: 1단의 길이는 혹 2장 2자이다.」
「一端長 或二丈二尺」

☞ **역자 설명 1:** 길이의 단위 사이의 관계를 규정하고 있다. '단'과 '필'을 제외한 나머지 단위는 십진법을 기준으로 하고 있다. 이들 사이의 관계를 다음과 같이 정리할 수 있다.

필(匹)		장(丈)		자(尺)		치(寸)		푼(分)		리(釐)		호(毫)		사(絲)
1 필	=	4 장	=	$4\cdot10$ 자	=	$4\cdot10^2$ 치	=	$4\cdot10^3$ 푼	=	$4\cdot10^4$ 리	=	$4\cdot10^5$ 호	=	$4\cdot10^6$ 사
		1 장	=	10 자	=	10^2 치	=	10^3 푼	=	10^4 리	=	10^5 호	=	10^6 사

$$1\text{자} = 10\text{치} = 10^2\text{푼} = 10^3\text{리} = 10^4\text{호} = 10^5\text{사}$$
$$1\text{치} = 10\text{푼} = 10^2\text{리} = 10^3\text{호} = 10^4\text{사}$$
$$1\text{푼} = 10\text{리} = 10^2\text{호} = 10^3\text{사}$$
$$1\text{리} = 10\text{호} = 10^2\text{사}$$
$$1\text{호} = 10\text{사}$$

☞ **역자 설명 2:** 『묵사집산법』에서 사용된 1필의 길이는 문제별로 정리하면 다음과 같다.

1필＝4장 2자 : [1-8-11], [1-8-25], [1-9-7], [1-9-8], [1-10-22], [2-1-4], [3-2-14], [3-2-15], [3-2-16]
1필＝3장 5자 : [1-8-26], [1-10-4], [1-10-5], [1-10-6], [1-10-7], [1-10-8], [1-10-11], [1-10-12]
1필＝3장 2자 : [3-3-14]

☞ **역자 설명 3:** 길이의 단위에서 치 아래의 푼, 리, 호, 사는 차례로 0.1치, 0.01치, 0.001치, 0.0001치를 나타내는데, 이는 소수(小數) 0.1, 0.01, 0.001, 0.0001의 이름과 일치한다. [『구수략』 척도(尺度)에 따르면, 치 아래는 소수가 된다(寸下爲小數).] 또, [1-1-14] 전무법에서는 1무의 1/10, 1/100, 1/1000, 1/1000도 차례로 푼, 리, 호, 사의 단위명을 사용한다. 이에 따라, 혼동을 피하고 쉽게 이해할 수 있도록 다음과 같이 나타내기도 하겠다.

七尺六分二厘 → 70.62치 [또는 7.062자],　　四畝六分五厘 → 4.65 무

【1-1-13】 근칭법(斤秤法)

「주: 서17)에서 시작한다. 모양은 벼 알보다 크다.」
「起於黍 形大如粟」

10서를 1루라 하고	(十黍爲一絫)
10루를 1수라 하고	(十絫爲一銖)
6수를 1푼이라 하고	(六銖爲一分)
4푼을 1냥이라 하고	(四分爲一兩)

17) 기장 알

16냥은 1근이라 하고　　(十六兩爲(18))斤)
50냥을 1정이라 하고　　(五十兩爲(15))鋌)
15근을 1칭이라 하고　　(十五斤爲(15))秤)
30근을 1균이라 하고　　(三十斤爲(15))鈞)
4균을 1석이라고 한다.　　(四鈞爲一碩)
「주: 1석의 무게는 120근이다.」「重一百二十斤」

☞ **역자 설명 1:** 무게의 단위 사이의 관계를 규정하고 있다. 『묵사집산법』의 문제에서 사용되지 않은 단위인 '루'와 '서'를 제외하고, 이들 사이의 관계를 다음과 같이 정리할 수 있다.

석(碩)		균(鈞)		칭(秤)		근(斤)		냥(兩)		푼(分)		수(銖)
1 석	=	4 균	=	8 칭	=	120 근	=	1920 냥	=	7680 푼	=	46080 수
		1 균	=	2 칭	=	30 근	=	480 냥	=	1920 푼	=	11520 수
				1 칭	=	15 근	=	240 냥	=	960 푼	=	5760 수
						1 근	=	16 냥	=	64 푼	=	384 수
								1 냥	=	4 푼	=	24 수
										1 푼	=	6 수

위의 단위 사이의 관계 중에서 근칭법 '1칭=15근'과 근양법 '1근=16냥', 양수법 '1냥=24수'가 특히 많이 사용된다. [1-1-7] 근하유양법과 [1-1-8] 수양상구법은 이런 관계를 효율적으로 이용하기 위하여 설정된 것으로 보인다.

☞ **역자 설명 2:** 『묵사집산법』에서는 금, 은 등의 무게를 나타낼 때는 단위 냥(兩)과 전(錢)을 기준으로 하여 푼, 리, 호 등을 다음과 같이 사용하고 있다.

1냥(兩)=10전(錢),　1전=10푼(分),　1푼=10리(厘),　1리=10호(毫)

실제로 『구수략』에는 다음과 같은 문장이 있다.

후세에는 냥 아래 전, 푼, 리, 호가 있어 수와 루는 사용하지 않는다.
後世兩下有錢分釐毫不用銖絫

그리고 『구수략』 권형(權衡)에 따르면, 전 아래는 소수이다(錢下爲小數). 여기서도 [1-1-12] 장척법에서와 같이, 단위 푼, 리, 호의 혼동을 피하기 위하여 다음

18) '一' 落字

과 같이 나타내기도 하겠다.

四錢二分五釐 → 4.25 전

☞ **역자 설명 3:** 『묵사집산법』의 문 [2-2-15]에서는 금과 은의 무게 단위로 '정(鋌)'을 사용하고 있다. 이 단위의 냥과의 관계는 '1정(鋌)=50냥(兩)'이다. 또, 문 [1-8-18]에서는 주사의 무게로 '1과(裹)=36냥(兩)'의 관계를 이용하고 있다.

소금 무게의 경우에는 문 [1-8-19]에서는 '1인(引)=405근(斤)', 문 [1-10-45]에서는 '1인(引)=400근(斤)'의 관계를 이용하고 있다.

【1-1-14】 전무법(田畝法)

「주: 홀에서 시작한다. 홀이란 길이가 6치이고 너비가 1치인 땅이다.」
「起於忽 忽者 長六寸 闊一寸之地也」

10홀을 1사라 하고 (十忽爲一絲)
10사를 1호라 하고 (十絲爲一毫)
10호를 1리라 하고 (十毫爲一釐)
10리를 1푼이라 하고 (十釐爲一分)
10푼을 1무라고 한다. (十分爲一畝)
「주: 곧 60만 치이다.」 「卽 六十 萬寸」
100무는 1경이 되고 (百畝爲一頃)
300보는 1리가 되고* (三百步爲一里)
1무의 넓이는 240보 너비 1보이다.(一畝積二百四十步闊一步也)

각 변이 1보인 정사각형은 길이가 5자이고 너비가 5자로 넓이가 2500치이며, 240보의 넓이는 60만 치이다.
自方一步一面長五尺闊五尺 計積二寸[19]五百寸 二百四十步計積六十萬寸是也

「주: 무법에 따라 너비가 1보이고 길이가 240보이면 〔1〕무가 되고, 당

19) 寸은 千의 誤記

연히 한 변이 5자인 정사각형의 넓이는 〔1〕보이다. 이법에서 300보를 〔1〕리라고 한 것은 당연히 한 변이 6자인 정사각형의 넓이를 〔1〕보로 한 것이고, 만일 360보를 〔1〕리라고 한 것은 당연히 한 변이 5자인 정사각형의 넓이를 〔1〕보로 한 것이다.」

「畝法闊一步長二百四十步爲畝者　當自方五尺爲步也　其里法三百步爲里者 當自方六尺爲步 若三百六十步爲里者 當自方五尺爲步也」

☞ **역자 설명 1:** 넓이의 단위 사이의 관계를 규정하고 있다. 이들 사이의 관계를 다음과 같이 정리할 수 있다.

경(頃)	무(畝)	푼(分)	리(釐)	호(毫)	사(絲)	홀(忽)
1 경	= 10^2 무	= 10^3 푼	= 10^4 리	= 10^5 호	= 10^6 사	= 10^7 홀
	1 무	= 10 푼	= 10^2 리	= 10^3 호	= 10^4 사	= 10^5 홀
		1 푼	= 10 리	= 10^2 호	= 10^3 사	= 10^4 홀
			1 리	= 10 호	= 10^2 사	= 10^3 홀
				1 호	= 10 사	= 10^2 홀
					1 사	= 10 홀

넓이의 단위 畝를 '묘'로 읽는 경우가 많지만, 여기서는 일관되게 '무'로 읽겠다. [1-1-12] 장척법에서 지적한 대로, 단위 '무' 아래의 푼, 리, 호, 사는 소수의 명칭 및 길이의 단위 명칭으로 함께 사용되고 있다. 이에 따라, 혼동을 피하고 쉽게 이해할 수 있도록 다음과 같이 나타내기도 하겠다.

四畝六分五厘 → 4.65 무

☞ **역자 설명 2:** 주에서 설명한 대로, 길이의 단위와 넓이의 단위 사이의 관계는 다음과 같다.

1 홀 = 6 치 × 1 치 = 6 (제곱)치,

1 무 = 10^5 홀 = 6 × 10^5 (제곱)치 = 600000 (제곱)치,

1 무 = 600000 (제곱)치

= 6000 (제곱)자　　← [10 치 = 1 자, 100 (제곱)치 = 1 (제곱)자]

= 240 (제곱)보　　← [5 자 = 1 보, 25 (제곱)자 = 1 (제곱)보]

= 240 보 × 1 보

☞ **역자 설명 3:** 고대부터 산학에서는 길이의 단위 '치' '자' '보' 등이 그대로 넓이와 부피의 단위로 이용되고 있다. 그렇지만 『산학입문』 평방척촌멱법(平方尺寸冪法)의 다음 설명에서 알 수 있듯이, 각 단위 명칭이 쓰이는 상황에 따라 명확하게 구분하고 있다.

선(본수) 1자=10치, 1치=10푼, 1푼=10리, 1리=10호,
1호=10묘, 1묘=10홀
면(평방) 1자=100치, 1치=100푼, 1푼=100리, 1리=100호,
1호=100묘, 1묘=100홀
체(입방) 1자=1000치, 1치=1000푼, 1푼=1000리, 1리=1000호,
1호=1000묘, 1묘=1000홀

위에서 1자는 본래 10치이지만 제곱하여 100제곱치가 되고 세제곱하여 1000세제곱치가 된다.[20] 나머지도 이와 같다. 제곱하였을 때 치, 푼 이하의 나머지 자릿값의 이름은 모두 100에 이르러 바뀐다. 둘레, 지름, 길이, 너비, 높이, 깊이, 두께 등 이들은 모두 치, 푼 이하의 나머지 자리값의 이름이 모두 10에 이르러 바뀐다. 넓이나 부피가 아니기 때문이다.

線(本數) 一尺十寸 一寸十分 一分十厘 一厘十毫 一毫十秒 一秒十忽
面(平方) 一尺百寸 一寸百分 一分百厘 一厘百毫 一毫百秒 一秒百忽
體(立方) 一尺千寸 一寸千分 一分千厘 一厘千毫 一毫千秒 一秒千忽

右一尺本十寸 自乘爲平方冪百寸 再自乘爲立方冪千寸 餘倣此 ○積冪寸分下零皆用百爲母 ○周徑長廣高深厚此等寸分下零皆用本數十爲母 非積故也

☞ **역자 설명 4:** 위에서 *로 표시한 문장 "300보는 1리가 되고"는 그 앞과 뒤의 내용과 어긋나는 것으로 보인다. 여기서는 '1보=5자'로 생각하고 있기 때문에, "360보는 1리가 되고"로 바꾸어야 한다.

위에서 알 수 있듯이, 1보가 5자인 경우와 6자인 경우가 있는 것으로 보인다. 그렇지만 각 경우에 1리를 360보와 300보로 생각하기 때문에 다음과 같이 1리는 언제나 1800자이다.

'1보=5자'인 경우: 1리=360보=1800자
'1보=6자'인 경우: 1리=300보=1800자

실제로, 『산학입문』의 "지율"(地率)에 다음과 같은 설명이 있다.

---

20) 원문에서는 제곱치를 평방멱, 세제곱치를 입방멱이라고 하였다.

주공사마법에 의하면 6자가 1보이고, 당나라는 주나라 때의 1자 2치를 1자로 사용하였으므로 5자가 1보이고 240보가 1무이며 360보가 1리이다. 한편 말하기를 황제 때는 6자를 1보로 하였고 100보를 무로 하였다
周公司馬法 六尺爲一步 唐用周一尺二寸爲一尺 故五尺爲一步 二百四十步爲一畝 三百六十步爲一里 一云黃帝以六尺爲步 百步爲畝

그리고 옛날에는 1보=6자이었지만 이제는 1보=5자라는 내용의 말도 있다. 『묵사집산법』에서는 이곳의 진술과 달리, [2-5] <상공수축문>과 [2-7] <측원고원문>에서는 거의 대부분 보척법 '1보=6자', '고법' '1리=300보'를 사용한다. 그런데 문 [2-5-4]의 해법에서는 예외적으로 이법 '1리=360보'와 '1보=5자'가 함께 사용되기도 한다.

【1-1-15】 고원경법(古圓徑法)

「주: 지금 이 방법을 사용한다.」「今用此法」

원의 둘레가 3자이면, 지름은 1자이다.
周三尺 徑一尺

☞ **역자 설명**: 원의 반지름을 r이라고 하면, 지름은 $d=2r$이고 둘레는 $l=2\pi r$이다. 그러므로 둘레가 3자이면, 즉 $2\pi r=3$이면, 지름은 $2r=\frac{3}{\pi}$이다. 이것이 1자이기 위해서는, 즉 $\frac{3}{\pi}=1$이기 위해서는 $\pi=3$이어야 한다. 이와 같이 고원경법, 간단히 '고법'에서는 원주율을 $\pi_1=3$으로 택한다.

『묵사집산법』의 저자 경선징(慶善徵)은 1616년에 태어났으므로, 위에서 '지금'은 17세기 중반을 뜻한다.

【1-1-16】 유휘신술(劉徽新術)

「주: 유휘는 위나라 사람으로, 이 새로운 산술법을 만들어서 원의 심원하고 정묘한 면까지 연구하였다.」
「劉徽乃魏人也 立此新術 以究圓之幽微」

원의 둘레가 157자이면, 지름은 50자이다.
周一百五十七尺 徑五十尺

☞ **역자 설명**: 원의 반지름을 r이라고 하면, 지름은 $d=2r$이고 둘레는 $l=2\pi r$이다. 그러므로 둘레가 157자이면, 즉 $2\pi r=157$이면, 지름은 $2r=\frac{157}{\pi}$이다. 이것이 50자이기 위해서는, 즉 $\frac{157}{\pi}=50$이기 위해서는 $\pi=\frac{157}{50}=3.14$이어야 한다. 이와 같이 유휘신술, 간단히 '휘술'에서는 원주율을 $\pi_2=\frac{157}{50}=3.14$로 택한다. 여기서 157을 휘주법, 50을 휘경법이라 하고, 이에 따른 지름을 휘경, 둘레를 휘주, 넓이와 부피를 휘적이라고 한다.

중국 삼국 시대의 위나라 사람인 유휘는 263년(경원 4년)에 『구장산술』의 주석을 썼다. 그의 또 다른 업적으로 현재까지 알려진 것은 『해도산경』인데, 이는 『구장산술』 제9권 <구고>의 부록 형식으로 쓰여졌으며, 본래는 "중차(重差)"라고 불렀으나 나중에 독립된 책 『해도산경』으로 엮어졌다.[21)]

유휘는 『구장산술』 제1권 <방전>의 제31번과 제32번의 문제에 대한 주석에서 원주율의 근사값을 구하는 일반적인 방법을 제시했다. 그는 고법에 따라 계산한 원의 둘레가 실제로는 그 원에 내접하는 정육각형의 둘레임을 분명히 알고 있었다. 그리고 반지름이 1자(=100치)인 원에 내접하는 정육각형, 정12각형, 정24각형, 정48각형, 정96각형, 정192각형의 넓이를 차례로 계산해서, 원의 넓이가 다음과 같음을 밝혔다.

$$314\frac{64}{625}(\text{제곱치}) < (\text{원의 넓이}) < 314\frac{169}{625}(\text{제곱치}),$$

$$3.1410249(\text{제곱자}) < (\text{원의 넓이}) < 3.142704(\text{제곱자})$$

그리고 편의에 따라 3.14(제곱자)를 취했다. 이는 원주율을 3.14로 택했음을 의미한다. 이런 원의 넓이 계산은, 원을 정다각형으로 세분해서 다루었다는 점에서 나중에 "할원술"(割圓術)이라 불리게 되었다.[22)]

【1-1-17】 충지밀률(冲之密率)

「주: 충지의 성은 조이고 송나라의 남서주 종사관으로, 이 밀률을 만들

21) 김용운 · 김용국, 중국수학사, 대우학술총서 · 자연과학 109, 민음사, 1996, p. 137.
22) 원주율의 근사값을 구하는 유휘의 방법에 대한 자세한 설명은 다음을 보라.
Shen Kangshen · John N. Crossley · Anthony W.-C. Lun, *The Nine Chapters on the Mathematical Art*, Oxford University, 1999, pp. 87-117.

어 원의 정묘한 면까지 연구하였다.」
「冲之姓祖乃宋南徐州從事官 立此密率 亦究圓之微也」

원의 둘레가 22자이면, 지름은 7자이다.
周二十二尺 徑七尺

☞ **역자 설명**: 원의 반지름을 r이라고 하면, 지름은 $d=2r$이고 둘레는 $l=2\pi r$이다. 그러므로 둘레가 22자이면, 즉 $2\pi r=22$이면, 지름은 $2r=\frac{22}{\pi}$이다. 이것이 7자이기 위해서는, 즉 $\frac{22}{\pi}=7$이기 위해서는 $\pi=\frac{22}{7}$이어야 한다. 이와 같이 충지밀률, 간단히 '밀률'에서는 원주율을 $\pi_3=\frac{22}{7}=3.\dot{1}4285714\dot{3}$으로 택한다. 여기서 22를 밀주법, 7을 밀경법이라 하고, 이에 따른 지름을 밀경, 둘레를 밀주, 넓이와 부피를 밀적이라고 한다.

조충지는 중국 남북조 시대의 송나라 사람으로,『철술』(綴術)을 저술했다.『수서(隋書)』 <율력지>에 따르면, 조충지는 원주율을 3.145926과 3.145927 사이의 값으로 판정했으며, 근사값으로 (소수점 아래 여섯째 자리까지 정확한) 밀률(密率) $\frac{355}{113}=3.141592\cdots$와 약률(約率) $\frac{22}{7}$을 찾았다고 한다. 당 시대의 이순풍은『구장산술』에 주석을 달면서, $\frac{22}{7}$을 반복해서 밀률이라고 불렀다.[23]『묵사집산법』에서도 $\frac{22}{7}$를 밀률이라 부르고 있다.

【1-1-18】 방사법(方斜法)

「주: 이 방법은 양휘에 의거하는데, 정밀하지 않다.」
「此法准楊輝 未精」

정사각형의 변이 5자이면, 대각선은 7자이다.
方五尺 斜七尺

☞ **역자 설명**: 여기서는 정사각형의 변의 길이에 대한 대각선의 길이의 비

23) 김용운 · 김용국, 중국수학사, 대우학술총서 · 자연과학 109, 민음사, 1996, pp. 150~151.

$\sqrt{2}=1.4142\cdots$에 대한 근사값으로 1.4(=7÷5)를 택하고 있다. 이를 "방오사칠법"이라고 한다.

양휘는 남송(1127~1279)의 대표적인 산학자로 『양휘산법』(1262, 1274, 1275)으로 유명하다. 이 책은 주세걸의 『산학계몽』 및 안지제의 『상명산법』(상·하)과 함께 조선 시대의 법령집인 『경국대전』 속에 산학 채용고시(취재)의 출전으로 명시되어 있으며 조선 수학의 본류가 되었다.,

【1-1-19】 천지견양법(穿地堅壤法)

파낸 땅의 부피가 4자이면, 굳은 흙의 부피는 3자이고 부드러운 흙의 부피는 5자이다.

穿地四尺 築堅三尺 用壤五尺

☞ **역자 설명:** 이는 『구장산술』 제5권 <상공> 제1문의 풀이법에 있는 다음 규칙이다.

> 파낸 흙을 4라고 하면, 부드러운 흙은 5, 굳은 흙은 3, 둔덕은 4이다.
> 穿地四 爲壤五 爲堅三, 爲墟四

담, 성, 둑을 쌓는 데 필요한 흙은 기존의 땅에서 채취해야 하는데, 이렇게 채취한 부드러운 흙은 파낸 땅 부피의 $\frac{5}{4}$배가 된다고 가정하고 있다. 그리고 담, 성, 둑을 쌓을 때는 이를 다져서 굳히는데, 이렇게 굳은 땅의 부피는 파낸 땅 부피의 $\frac{3}{4}$배가 된다고 가정하고 있다. 위에서 단위 '자'는 모두 '세제곱자'를 뜻한다. 문 [2-5-1]에서 이 규칙이 이용된다.

【1-1-20】 평원해적법(平圓該積法)

옛날부터 네 가지 방법이 있으니, 둘레의 반과 반지름을 곱하여 넓이를 얻고, 또 둘레와 지름을 곱하여 4로 나누어 얻고, 또 지름을 제곱하여 3을 곱하고 4로 나누어 얻고, 또 둘레를 제곱하여 12로 나누어도 원의 넓이를 얻는다. 모두 논리적인 셈에 위배되지 않으니 쉬운 것을 선택하여 사용하라.

古有四法 半周半徑相乘得積 又周徑相乘四而一 又徑自乘三之四而一 又周自乘十二而一 皆不背理算者 以易取用

☞ **역자 설명:** 원의 넓이를 계산하는 네 가지의 전통적인 방법을 소개하고 있는데, 이미 『구장산술』 제1권 <방전>의 제31, 32문의 해법에 있다.

원의 반지름을 r이라고 하면, 지름은 $d=2r$이고 둘레는 $l=2\pi r$이며 넓이는 $S=\pi r^2$이다. 위의 각 방법의 정당성을 다음과 같이 확인할 수 있다.

[1] 둘레의 반과 반지름을 곱한다.

(넓이)=(둘레)÷2×(반지름)=$(2\pi r)\div 2\times r=\pi r^2$ $\qquad S=\frac{l}{2}\cdot\frac{d}{2}$

[2] 둘레와 지름을 곱하여 4로 나눈다.

(넓이)=(둘레)×(지름)÷4=$(2\pi r)\times(2r)\div 4=\pi r^2$ $\qquad S=\frac{ld}{4}$

[3] 지름을 제곱하여 3을 곱하고 4로 나눈다.

(넓이)=(지름)$^2\times 3\div 4=(2r)^2\times 3\div 4=3r^2$ $\qquad S=\frac{3d^2}{4}$

[4] 둘레를 제곱하여 12로 나눈다.

(넓이)=(둘레)$^2\div 12=(2\pi r)^2\div 12=\pi^2 r^2\div 3$ $\qquad S=\frac{l^2}{12}$

첫째와 둘째 방법에서 (반)지름을 알면 둘레를 알 수 있고 역으로 둘레를 알면 (반)지름을 알 수 있다. 그러므로 둘레와 (반)지름이 주어지고 넓이를 구하는 문제는 조건을 중복하여 제시하는 경우이다.

한편, 셋째와 넷째 방법은 분명히 원주율을 3으로 택하고 있다. 즉 고법에 따라 원의 넓이를 구하고 있다. 첫째와 둘째 방법에서는 둘레와 (반)지름을 동시에 제시하므로, 이것들로부터 사용된 원주율을 쉽게 확인할 수 있다.

【1-1-21】 입원해적법(立圓該積法)

둘레를 제곱하고 이에 둘레를 곱하여 48로 나누면 구의 부피를 얻는다. 또 지름을 제곱하고 이에 지름을 곱하고 또 9를 곱하고 16을 법이라고 하여 나누면 역시 구의 부피를 얻는다.

以周自乘 乃以周因之 以四十八而一 得實積 又徑自乘 乃以徑因之 又九因 以一十六爲法 而一 亦得實積

☞ **역자 설명 1**: 구의 부피 V를 계산하는 두 가지 방법을 제시하고 있다. 구의 반지름을 r이라고 하면, 지름은 $d=2r$이고 둘레는 $l=2\pi r$이며 위의 각 방법은 다음과 같다.

[1] 둘레를 제곱하고 이에 둘레를 곱하여 48로 나눈다.

$$(\text{부피})=(\text{둘레})^2\times(\text{둘레})\div 48=l^2\times l\div 48=(2\pi r)^3\div 48=\frac{\pi^3}{6}r^3 \qquad V=\frac{l^3}{48}$$

[2] 지름을 제곱하고 이에 지름을 곱하고 또 9를 곱하고 16으로 나눈다.

$$(\text{부피})=(\text{지름})^2\times(\text{지름})\times 9\div 16=(2r)^2\times(2r)\times 9\div 16=\frac{9}{2}r^3 \qquad V=\frac{9d^3}{16}$$

위의 두 방법이 일치하기 위해서는 $\frac{\pi^3}{6}=\frac{9}{2}$, 즉 $\pi=3$이어야 한다. 그러므로 고법에 따라 계산해야 한다. 『구장산술』 제4권 <소광>의 제23, 24문은 구의 부피로부터 지름을 구하는 문제를 다루고 있다. 그 해법인 다음의 개립원술(開立圓術)로부터 위의 둘째 공식이 유도된다.

> 부피의 세제곱자수를 16배하고 9로 나누어 얻은 값의 세제곱근을 구하면 곧 지름이다.
> 置積尺數 以十六乘之 九而一 所得 開立方除之 卽丸經24)

그런데 반지름이 r인 구의 부피는 $V=\frac{4\pi}{3}r^3$이므로, 위의 각 방법은 참값과 차이가 크게 난다. 실제로 정확한 공식과 비교하면 위의 공식은 원주율을 다음과 같이 택한 것과 같다.

[1] $\frac{4}{3}\pi=\frac{\pi^3}{6}$, $\pi^2=8$, $\pi=\sqrt{8}=2.828427\cdots$

[2] $\frac{4}{3}\pi=\frac{9}{2}$, $\pi=\frac{9}{2}\times\frac{3}{4}=\frac{27}{8}=3.375$

---

24) $2r=\sqrt[3]{\frac{16V}{9}}$이므로 $V=\frac{9}{16}(2r)^3=\frac{9}{2}r^3$이다.

☞ **역자 설명 2**: 유휘는『구장산술』의 주석에서 구에 관한 위의 공식 정확하지 않음을 밝혔지만, 정확한 공식은 제시할 수 없었다.

그 뒤, 원주율에 대한 매우 정확한 근사값을 구했던 조충지의 아들 조항지(祖恒之)가 다음과 같이 계산했다고, 이순풍은『구장산술』제4권 <소광> 제23, 24문의 주석에서 밝혔다.

> 2를 구의 부피에 곱하여 세제곱근을 구하면 구의 지름이다.
> 以二乘積開立方除之卽立圓經

이는 고법에 따라 $\pi=3$이라 할 때, 구의 부피를 구할 수 있는 정확한 공식이다. 왜냐하면 구의 지름을 d, 반지름을 r, 부피를 V라고 하면 다음을 얻기 때문이다.

$$\sqrt[3]{2V}=d,\quad 2V=d^3,\quad V=\frac{(2r)^3}{2}=4r^3=\frac{4}{3}\pi r^3$$

조항지의 이 연구 결과는 후세에 제대로 전달되지 않은 것으로 보이며, 경선징도 이를 몰랐던 것으로 보인다.

【1-1-22】 구고현법(句股弦法)

구의 너비가 3자이고 고의 길이가 4자이면, 현의 길이는 5자이다.
句闊三尺 股長四尺 弦斜五尺

이 술법을 살펴보면, 구와 고로 현을 구할 수 있고, 구와 현으로 고를 구할 수 있으며, 고와 현으로 구를 구할 수 있다. 또, 구가 3, 고가 4, 현이 5라고 하면, 하나를 들어 나머지 둘을 알 수 있다. 둘을 들어 하나를 구하는 것은 어떠냐 하면 구의 너비가 매우 작고 고의 길이가 약간 더 크면, 어쩔 수 없이 구와 고로 현을 구할 수밖에 없다. 그러므로 둘을 들어 하나를 구한다는 것이 바로 이것이다. 그 이치는 이와 같다. 지금 모든 경우를 늘어놓은 뒤에 구하려면 〈개방해은문〉을 찾아보아라.
按此法 可以句股求弦 可以句弦求股 可以股弦求句也 且云句三股四弦五 則可以擧一而知其二 擧二求一者 何也曰 句闊甚少 股長若多 則不可不以句股求弦 故擧二求一是也 其理之其然 今具列於後 求者訪見開方解隱門

☞ **역자 설명**: 직각 삼각형을 '구고'(句股)라고 하는데, '구'(句)는 직각 삼각형에서 직각을 낀 짧은 변이고 '고'(股)는 긴 변을 뜻한다. 물론, '현'(弦)은 빗변을 뜻한다. 구, 고, 현은 각각 그 길이까지 뜻하기도 하는데, 때로는 구의 길이를 '구활'(句闊, 구의 너비), 고의 길이를 '고장'(股長, 고의 길이), 현의 길이를 '현사'(弦斜, 현의 길이)로 나타낸다.

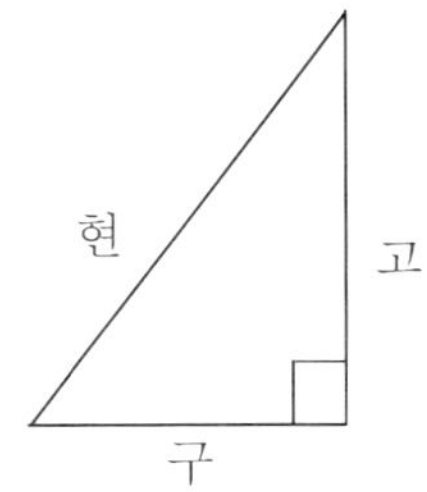

위에서 제시한 구, 고, 현의 비가 3∶4∶5인 경우에 '정구고'(正句股)라고 한다. 이 책에서는 하권 [3-4] <화취호해문>의 5문제(문 [3-4-7]~[3-4-11])와 [3-5] <개방해은문>의 6문제(문 [3-5-30]~[3-5-35])에서 직각 삼각형과 관련된 문제를 다루고 있다. 대부분 정구고를 가정하고 있거나 그와 관련된 문제이다.[25] 그리고 일반적인 구고술, 즉 피타고라스의 정리는 진술하지 않았는데, 뒤에서도 이를 진술하지 않고 이용하고 있다.

【1-1-23】 개방법(開方法)

방〔한 변 또는 모서리의 길이〕으로 적〔넓이 또는 부피〕을 구하려면 스스로 방을 서로 곱하는데, 입방〔정육면체〕에 이르러서는 곧 이에 따라 방을 세제곱한다. 적[26]으로 방을 구하려면, 적의 총수를 놓고 스스로 상〔商〕의 값을 헤아려 상을 삼는다. 또 산대를 하나 빌려서 염이라 하고, 염과 상을 곱해서 방이 되고, 방과 상의 곱으로 이〔적의 총수〕에서 뺀다. 원래의 적이 모두 없어지면 멈춘다. 개입방〔세제곱근 풀이〕의 방법도 또한 이와 같이 계산하는 것인데, 정신을 모아서 한다. 또 우법을 더해야 포산이 정밀하고, 그 방을 얻는다. 다만 글로 써봐야 어려움이 없어질 것이다.

以方要積 自方相乘 至於立方 則從此從方再自來[27] 以積求方 置積總數 自度商量而爲商 又借一算而爲廉 以廉乘商以爲方 以方呼商而除之 元積盡而止 開立方之法 亦如此算者 專心致意 又加隅法 布算正密 而乃得其方 但以書難盡也

---

25) 예외적인 경우로 세 문제가 있는데, 문 [3-4-11]에서는 8∶15∶17 삼각형, 문 [3-5-33]과 [3-5-34]에서는 한 변의 길이가 무리수로 표현되는 삼각형을 다루고 있다.

26) 여기서는 정사각형의 넓이를 뜻한다.

27) 來는 乘의 誤記

☞ **역자 설명:** 정사각형의 넓이로부터 한 변의 길이를 구하기 위한 제곱근 풀이와 정육면체의 부피로부터 한 모서리의 길이를 구하기 위한 세제곱근 풀이 과정을 개략적으로 제시하고 있다. 이에 관해서는 하권의 [3-5] <개방해은문>에서 자세히 설명하겠다. 여기서는 위에서 제시한 과정에 따라 36의 제곱근과 64의 세제곱근을 구해보겠다.

<36의 제곱근>

상 적 36 방 염	→ 상을 6으로, 1을 염으로	6 36 0 1	→ 상과 염을 곱해 방으로	6 36 6 1	→ 상과 방을 곱해 적에서 뺀다	6 0 6 1	→ 적이 0이므로	36의 제곱근은 6이다.

<64의 세제곱근>

상 적 64 방 염 우	→ 상을 4로, 1을 우로	4 64 0 0 1	→ 상과 우를 곱해 염으로	4 64 0 4 1	→ 상과 염을 곱해 방으로	4 64 16 4 1	→ 상과 방을 곱해 적에서 뺀다	4 0 16 4 1	→ 적이 0이므로	64의 세제곱근은 4이다.

【1-1-24】 평방적평원적공화석분법(平方積平圓積共和釋分法)

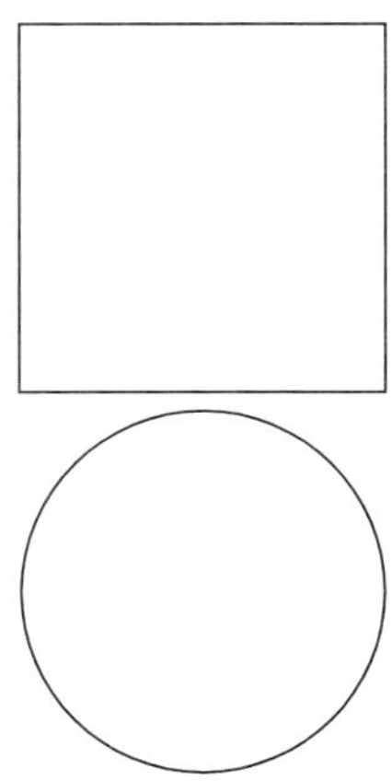

정사각형의 넓이가 4분이고 원의 넓이가 3분이면, 정사각형의 변은 원의 지름과 똑같다. 각각 알맞게 곱하고 나누거나 혹은 나누고 곱한다.

方積四分圓積三分 其方面與圓徑適等 各以要因而皈或皈而因

☞ **역자 설명:** 정사각형과 원의 넓이 사이의 비가 4:3이면, 정사각형의 한 변과 원의 지름이 서로 같음을 말하고 있다. 사실, 고법에서 이는 필요 충분 조건이다. 정사각형의 변과 원의 지름의 길이를 모두 $2r$이라고 하면, 정사각형과 원의 넓이의 비는 고법에 따라 다음과 같다.

$$(\text{정사각형의 넓이}):(\text{원의 넓이})=(2r)^2:\pi r^2=4:\pi=4:3$$

【1-1-25】 입방적입원적공화석분법(立方積立圓積共和釋分法)

정육면체의 부피가 16분이고 구의 부피가 9분이면, 그 정육면체의 모서리는 구의 지름과 똑같다. 각각 알맞게 곱하고 나누거나 혹은 나누고 곱한다.

立方積十六分立圓積九分 其立方面與立圓徑適等 各以要因之皈或皈而因

☞ **역자 설명**: 정육면체와 구의 부피 사이의 비가 16:9이면, 정육면체의 한 모서리와 구의 지름이 서로 같음을 말하고 있다. 사실, [1-1-21] 입원해적법을 따르면 이는 필요충분 조건이다. 정육면체의 모서리와 구의 지름의 길이를 모두 $2r$이라고 하면, 정육면체와 구의 부피의 비는 다음과 같다.

$$(\text{정육면체의 부피}):(\text{구의 부피})=(2r)^3:\frac{9}{2}r^3=8:\frac{9}{2}=16:9$$

☞ **역자 설명**: 위 <포산선습문>의 25조 중에서 『산학계몽』의 <산학계몽총괄>에서도 다룬 항목은 다음과 같다.

[1] 구구합수, [2] 구귀법, [3] 소대수명, [4] 종횡법,
[7] 근하유양법, [8] 수양상구법, [9] 약분작명법,
[11] 두곡법, [12] 장척법, [13] 근칭법, [14] 전무법,
[15] 고원경법, [16] 유휘신술, [17] 충지밀률, [23] 개방법

한편, <산학계몽총괄>에서 다룬 명정부술(明正負術, 양수와 음수의 덧셈과 뺄셈 규칙)과 명승제단(明乘除段, 양수와 음수의 곱과 몫의 부호, 가로와 세로의 합・차・곱・제곱・몫의 명칭)은 『묵사집산법』에서 찾아볼 수 없다.

2 종횡인법문(縱橫因法門) 8문(八問)

여기서는 아래에서 설명할 한 자리 수를 곱하는 인법으로 해결할 수 있는 문제를 다루고 있다. 물건의 값은 수량에 정비례하므로, 주어진 물건 전체의 수량에 단위 수량의 값을 곱하여 물건 전체의 값을 구하고 있다.

『묵사집산법』 천에서 다루는 거의 모든 문제는 비례식을 세워서 해결할 수 있다. 이에 따라 역자 설명에서는 각 문제와 관련된 비례식과 그 풀이 과정을 소개하겠다. [1-9] <이승동제문>에서 비례식의 방법과 동양 전통 수학의 방법을 비교·설명하겠다.

이 방법은 위로부터 아래로 내려가는 것으로, 십은 그 자신을 넘어가고 영은 그 자신을 변화시킨다. 此法從上而下 言十過其身 言零變作其身

☞ **역자 설명 1:** 위의 글은 한 자리 수를 곱하는 인법을 개략적으로 설명하고 있을 뿐이며, 실행 방법을 구체적으로 알려주지는 않는다. 인법에 관한 좀더 자세한 설명과 예를 『주해수용』에서 인용하면 다음과 같다.

인법은 법〔곱수〕이 한 자리 수인 것이다. 중격과 하격을 버리고, 실〔곱하임수〕의 자릿수에 따라서 곱하여 10이 되면 위의 자리로 올리고 영수〔일의 자리의 수〕는 그 자리에 놓는다. 실의 가장 큰 자리의 수부터 시작해서 차례로 다음 자리로 옮겨간다. 이것이 간단하게 곱하는 빠른 방법이다.
因法者 法之單位者 去中下二格 就實呼乘因其位 而變之十數升上 零數當位 從頭而下 此單乘之捷法也

정조 46섬이 있는데, 화법으로 한 섬을 20말이라고 전체는 몇 말인가?
正租四十六石 每石和法二十斗法 文爲斗幾何

답 920말
答曰 九百二十斗

해법 46을 실로 놓는다. 「주: 단석으로부터 10말을 올려서 머리 숫자까지 이르면 100이 되고, 이 100말이 위가 된다.」 2를 법으로 한다. 〔주: 격으로 놓지 않는다.」 실의 가장 큰 자리의 수부터 곱한다. 〔주: 2×4=8, 2×6=12〕 4는 변하여 8이 되고, 6은 변하여 12가 된다. 10으로 되는 것은 위의 자리로 올라가므로, 8은 9가 된다.
術曰 列四六爲實 「起十斗於單石至頭爲百 以百頭爲位」 以二爲法 「不列格」 從頭而乘之「二四八○二六十二」變四爲八 變六爲十二 十陞於上幷八爲九

위의 예에서 알 수 있듯이, 인법은 한 자리 수뿐만 아니라 유효숫자가 한 개인 수를 곱하는 경우에도 이용한다. 해법에서 시행된 곱셈 46×20=920을 다음과 같이 나타낼 수 있다.

<table>
<tr><td>4 6</td><td>→
정위(1-1-10)</td><td>4 6 0</td><td>→
2×4=8</td><td>8 6 0</td><td>→
2×6=12</td><td>8 2 0
+
1</td><td>→
8+1=9</td><td>9 2 0</td></tr>
</table>

☞ **역자 설명 2:** 『구수략』과 『산학입문』에서는 인법을 위와 반대 방향으로 시행한다. 즉, 곱하임수[실]의 가장 작은 자리의 수부터 곱한다. 『구수략』에서 64×6을 계산하는 과정을 인용하면 다음과 같다.

64를 원수[1]로 삼고 6이 법이 된다. 먼저 4×6=24라고 부르면, 원래의 신 4가 변하여 2가 되고 아래 자리에 4를 더한다. 다음에 6×6=36이라고 부르면, 원래의 신 6이 변하여 3이 되고 아래 자리에 6을 더한다. 자리를 정하면, 괘수 아래 자리에 단수를 얻는다. 아울러 얻으면 384를 얻는다.

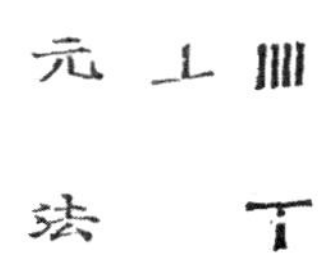

以六十四爲元數 以六爲法 先呼四六二十四 變本身四爲二 下位加四 次呼六六三十六 變本身六爲三 下位加六 定位卦數下位得單數 併得三百八十四合問

작은 자리의 수부터 곱할 때는 곱한 결과를 한 자리씩 아래로 내려 적는다. 이는 아직 곱하지 않은 위의 자리의 수에 변화를 주지 않기 위한 것으로 보인다. 이렇게 시행된 곱셈 64×6=384를 다음과 같이 나타낼 수 있다.

<table>
<tr><td>6 4
6</td><td>→
6×4=24</td><td>6 2 4
6</td><td>→</td><td>6 2 4
6</td><td>→
6×6=36</td><td>3 2 4
+
6</td><td>→</td><td>3 8 4</td></tr>
</table>

1) 『구수략』에서는 곱하임수를 원수라고 부른다.

☞ **역자 설명 3:** 이와 같이 인법은 실의 큰 자리의 수부터 곱하거나 작은 자리의 수부터 곱할 수 있다. 이런 점에서 제목 “종횡인법문”이 붙은 것 같다.

다음에 설명할 ‘신외가법’과 ‘유두승법’은 모든 산학서에서 법을 실의 작은 자리의 수부터 곱한다.

☞ **역자 설명 4:** 각 문제에서 이용한 소재와 곱수를 보여주는 다음 표에서 알 수 있듯이, 이 <종횡인법문>은 『산학계몽』 상권의 <종횡인법문>과 형식과 내용에서 매우 유사하다. [문항 번호는 각 문(門)에 나열된 순서에 따라 매겼다.]

	[문항 번호]	1	2	3	4	5	6	7	8
『산학계몽』	[소재]	벼	실	양	은	명주	삼	베	말
<종횡인법문>8문	[곱수]	2	300	4	50	6	700	80	90
『묵사집산법』	[소재]	벼	지전	실	삼	베	명주	얇은 비단	은
<종횡인법문>8문	[곱수]	2	30	400	50	60	7	800	90

【1-2-1】 지금 벼가 231섬 5말 6되 있는데, 한 되의 값은 2문이다. 전체의 값은 얼마인가?

今有粟二百三十一石五斗六升 每升價錢二文 問計錢幾何

답 46관 312문

答曰 四十六貫三百一十二文

☞ **역자 설명 1:** [1-1-11] 두곡법(1섬=10말=100되)에 의하여 다음을 얻는다.

231섬 5말 6되=2315말 6되=23156되

벼 한 되의 값이 2문이므로, 곱셈 23156×2로 답을 구할 수 있다.

위에서 설명한 두 가지 인법에 따라 답을 구하면 다음과 같다.

23156	→ 2×2=4 2×3=6 2×1=2	46256	→ 2×5 =10	46206 + 1	→ 2+1 =3	46306	→ 2×6 =12	46302 + 1	→ 0+1 =1	46312

<table>
<tr>
<td>23156

2</td>
<td>→
2×6
=12</td>
<td>231512

2</td>
<td>→
2×5
=10</td>
<td>231112
+
0
2</td>
<td>→
2×1
=02</td>
<td>230112
+
2
2</td>
<td>→
2×3
=06</td>
<td>200312
+
6
2</td>
<td>→
2×2
=04</td>
<td>006312
+
4
2</td>
<td>46312</td>
</tr>
</table>

☞ **역자 설명 2:** 벼 한 되의 값이 2문이므로, 23156되 전체의 값을 x문이라고 하면 다음 비례식이 성립한다.

$$1:2=23156:x$$

따라서 구하는 값은 다음과 같다. [1관=1000문, 아래의 역주 3 참조]

$$x=23156\times 2=46312(\text{문})=46\text{관 } 312\text{문}$$

☞ **역자 설명 3:** 『산학입문』의 전율(錢率)에서는 돈의 단위에 대해 다음과 같이 말하고 있다.

> 우리나라 동전은 상평통보〔주: 즉, 대전〕라 부르고 무게는 2전 5푼이고 100문을 냥이라 하고 10냥을 관이라 한다. 조선통보의 소전은 바로 400문을 냥이라 하고 1문의 무게는 6푼 2리 반이다. 우리나라에서 옛날부터 종이돈을 사용하였고 다시 상목으로 바뀌고 다시 상목이 엽전이 되었다. 『훈몽자회』에서 말하기를 초(鈔)는 곧 지전[2]이다.
> 10리는 1푼이다. 〔주: 이하는 앞을 보라.〕 10푼은 1문이다. 〔주: 1매이다. 『훈몽자회』에서 말하기를 1자가 문이고 또 동전 1개가 1문이다.〕 10문을 1전이라 한다. 100문을 1냥이라 한다. 〔주: 역시 환(環)이라 한다. 또한 환(鍰)이라고도 한다.〕 1000문은 1관이다. 〔주: 10냥은 1관이고 바로 환(環)이다. 민이다. 강이다. 환(環), 환(繯)은 잘못된 것이다.〕 10관은 1정이다. 〔주: 원나라 법이다.〕
> 本國銅錢文曰常平通寶(卽大錢) 重二錢五分 百文爲兩 十兩爲貫 其朝鮮通寶小錢 則四百文爲兩 一文重六分二厘半 ◯國舊用楮幣 變爲常木 常木又改爲錢 ◯訓蒙字會曰鈔 卽楮貨〕
> 十厘曰分〔以下見上〕十分曰文〔一枚 訓蒙字會曰一字爲文 又銅錢一箇爲一文〕十文曰錢 百文曰兩〔亦曰環 亦作鍰〕千文曰貫〔十兩貫卽環也 緡也鏹也 環繯誤〕十貫曰定〔元法〕

2) 종이돈, 지폐, 어음과 같은 유가 증권

【1-2-2】 지금 지전이 62냥 8전 있는데, 지전 1냥의 값은 30문이다. 전체의 값은 얼마인가?
今有鈔六十二兩八錢 每鈔一兩價錢三十文 問計錢幾何

답 1관 884문
答曰 一貫八百八十四文

☞ **역자 설명:** '1냥=10전'이므로, '62냥 8전=62.8냥'이다. 지전 1냥의 값이 30문이므로, 62.8냥 전체의 값을 x문이라고 하면 다음 비례식이 성립한다.

$$1 : 30 = 62.8 : x$$

따라서 구하는 값은 다음과 같다.

$$x = 62.8 \times 30 = 628 \times 3 = 1884(\text{문}) = 1\text{관 } 884\text{문}$$

【1-2-3】 지금 실이 144근 있는데, 한 근의 값은 400문이다. 전체의 값은 얼마인가?
今有絲一百四十四斤 每斤價錢四百文 問計錢幾何

답 57관 600문
答曰 五十七貫六百文

☞ **역자 설명:** 실 1근의 값이 400문이므로, 144근 전체의 값을 x문이라고 하면 다음 비례식이 성립한다.

$$1 : 400 = 144 : x$$

따라서 구하는 값은 다음과 같다.

$$x = 144 \times 400 = 14400 \times 4 = 57600(\text{문}) = 57\text{관 } 600\text{문}$$

【1-2-4】 지금 삼이 895근 있는데, 한 근의 값은 50문이다. 전체의 값은 얼마인가?
今有麻八百九十五斤 每斤價錢五十文 問計錢幾何

답 44관 750문
答曰 四十四貫七百五十文

☞ **역자 설명:** 삼 1근의 값이 50문이므로, 895근 전체의 값을 x문이라고 하면 다음 비례식이 성립한다.

$$1 : 50 = 895 : x$$

따라서 구하는 값은 다음과 같다.

$$x = 895 \times 50 = 8950 \times 5 = 44750(\text{문}) = 44\text{관 } 750\text{문}$$

【1-2-5】 지금 베가 634자 있는데, 한 자의 값은 60문이다. 전체의 값은 얼마인가?
今有布六百三十四尺 每尺價錢六十文 問計錢幾何

답 38관 40문
答曰 三十八貫四十文

☞ **역자 설명:** 베 1자의 값이 60문이므로, 634자 전체의 값을 x문이라고 하면 다음 비례식이 성립한다.

$$1 : 60 = 634 : x$$

따라서 구하는 값은 다음과 같다.

$$x = 634 \times 60 = 6340 \times 6 = 38040(\text{문}) = 38\text{관 } 40\text{문}$$

【1-2-6】 지금 명주 비단이 736필 있는데, 한 필의 값은 7관이다. 전체의 값은 얼마인가?
今有絹七百三十六匹 每匹價錢七貫 問計錢幾何

답 5152관
答曰 五千一百五十二貫

☞ **역자 설명:** 명주 비단 1필의 값이 7관이므로, 736필 전체의 값을 x관이라고 하면 다음 비례식이 성립한다.

$1:7=736:x$

따라서 구하는 값은 다음과 같다.

$x=736\times7=5152$(관)

【1-2-7】 지금 얇은 비단이 8857자 있는데, 한 자의 값은 800문이다. 전체의 값은 얼마인가?
今有羅八千八百五十七尺 每尺價錢八百文 問計錢幾何

답 7085관 600문
答曰 七千八十五貫六百文

☞ **역자 설명:** 얇은 비단 1자의 값이 800문이므로, 8857자 전체의 값을 x문이라고 하면 다음 비례식이 성립한다.

$1:800=8857:x$

따라서 구하는 값은 다음과 같다.

$x=8857\times800=885700\times8=7085600$(문)$=$7085관 600문

【1-2-8】 지금 은이 425정 있는데, 한 정의 값은 90관이다. 전체의 값은 얼마인가?
今有銀四百二十五錠 每錠價錢九十貫 問計錢幾何

답 3만 8250관
答曰 三萬八千二百五十貫

☞ **역자 설명:** 은 1정의 값이 90관이므로, 425정 전체의 값을 x관이라고 하면 다음 비례식이 성립한다.

$1:90=425:x$

따라서 구하는 값은 다음과 같다.

$x=425\times90=4250\times9=38250$(관)

3 신외가법문(身外加法門) 10문(十問)

여기서는 아래에서 설명할 신외가법, 즉 곱수에서 가장 큰 자리의 수가 1인 곱셈으로 해결할 수 있는 문제를 다룬다.

> 이 방법은 아래에서 위로 올라가는 것으로, 십은 그 자신에 더하고 영은 그 자신 아래에 더한다.
> 此法從下而上 言十就身加 言零身下加

☞ **역자 설명 1:** 위의 글은 신외가법의 과정을 개략적으로 설명하고 있다. 『구수략』에서 365×15=5475를 계산하는 과정을 인용하면 다음과 같다.

365가 원수가 되고 15가 법이 되면, 1을 사용하지 않고 단지 5를 사용한다. 먼저 5×5=25라고 부르면, 끝자리로 내려가서 원래 자리의 5에 2를 더하고 아래 자리에 5를 더한다. 다음에 5×6=30이라고 부르면, 다음 자리로 나아가서 원래 자리의 6에 3을 더한다. 다음으로 3×5=15를 부르면, 머리자리로 나아가서 원래 자리의 3에 1을 더하고 아래 자리에 5를 더한다. 섬 아래 말의 자리를 정하면 단수를 얻는다. 아울러 5475를 얻는다.

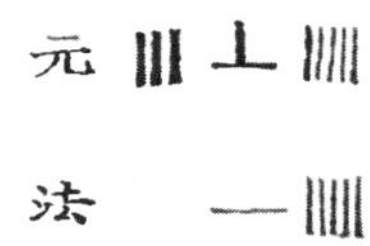

以三百六十五爲元數 以一十五爲法 去一不用只用五 先呼五五二十五 就尾位五本位加二下位加五 次呼五六三十 就次位六本位加三 次呼三五一十五 次首位三本位加一下位加五 定位石下斗位得單數 併得五千四百七十五

위에서 시행된 곱셈을 다음과 같이 순차적으로 나타낼 수 있다.

3 6 5 1 5	→ 5×5 =25	3 6 5 + + 2 5 1 5	→ 5+2 =7	3 6 7 5 1 5	→ 5×6 =30	3 6 7 5 + + 3 0 1 5

→ 6+3=9 7+0=7	3 9 7 5 1 5	→ 3×5 =15	3 9 7 5 + + 1 5 1 5	→ 3+1=4 9+5=14	5 4 7 5 1 5

이와 같이 15의 곱셈은, 365와 5의 곱을 한 자리씩 내려서 365와 더하고 자리를 다시 정하는 과정과 같다. 이는 365와 10의 곱 3650에 365와 5의 곱을 더하는 과정과 일치한다.

☞ **역자 설명 2:** 신외가법은 이전부터 전해진 계산법에 나중에 붙여진 이름인데, 이를테면 양휘(楊輝)는 『승제통변산보』(乘除通變算寶) 중권(中卷)에서 다음과 같이 가법오술(加法五術)을 기술하고 있다.

(1) 가일위(加一位): 곱수가 11~19인 경우
(2) 가이위(加二位): 곱수가 111~199인 경우
(3) 가격위(加隔位): 곱수가 101~109인 경우
(4) 중가(重加): 247×195=247×13×15와 같이 변환하여 계산하는 것
(5) 연신가(連身加): 곱수가 21~29인 경우에 29×23=29×13+29×10과 같이 계산하는 것

☞ **역자 설명 3:** 여기서 문제들을 곱수의 크기에 따라 배열한 형식은 『산학계몽』 상권의 <신외가법문>과 같지만, 각 문제에서 이용한 소재는 매우 다르다.

【1-3-1】 지금 쌀이 4섬 8말 4되 있는데, 한 되의 값은 11문이다. 전체의 값은 얼마인가?
今有米四石八斗四升 每升價錢一十一文 問計錢幾何

답 5관 324문
答曰 五貫三百二十四文

☞ **역자 설명 1:** [1-1-11] 두곡법(1섬=10말=100되)에 의하여 다음을 얻는다.

4섬 8말 4되=484되

쌀 되의 값이 11문이므로, 곱셈 484×11로 답을 구할 수 있다.
위에서 설명한 신외가법에 따라 답을 구하면 다음과 같다.

4 8 4 1 1	→ 4×1 =4	4 8 4 + + 0 4 1 1	→ 4+0 =4	4 8 4 4 1 1	→ 8×1 =8	4 8 4 4 + + 0 8 1 5

→ 8+0=8 4+8=12	4 9 2 4 1 1	→ 4×1 =4	4 9 2 4 + + 0 4 1 5	→ 4+0=4 9+4=13	5 3 2 4 1 1

☞ **역자 설명 2:** 쌀 1되의 값이 11문이므로, 484되 전체의 값을 x문이라고 하면 다음 비례식이 성립한다.

$$1:11=484:x$$

따라서 구하는 값은 다음과 같다.

$$x=484\times 11=5324(\text{문})=5\text{관 } 324\text{문}$$

【1-3-2】 지금 기장쌀이 64섬 6말 있는데, 한 말의 값은 12문이다. 전체의 값은 얼마인가?
今有稷六十四石六斗 每斗價錢一十二文 問計錢幾何

답 7관 752문
答曰 七貫七百五十二文

☞ **역자 설명:** [1-1-11] 두곡법(1섬=10말=100되)에 의하여 다음을 얻는다.

64섬 6말=646말

기장쌀 1말의 값이 12문이므로, 646말 전체의 값을 x문이라고 하면 다음 비례식이 성립한다.

$$1:12=646:x$$

따라서 구하는 값은 다음과 같다.

$$x=646\times 12=7752(\text{문})=7\text{관 } 752\text{문}$$

【1-3-3】 지금 흰쌀이 157섬 5말 있는데, 한 말을 붉은팥 1말 3되와 바꾼다. 붉은팥은 얼마인가?
今有白米一百五十七石五斗 每斗換赤豆一斗三升 問赤豆幾何

답 204섬 7말 5되
答曰 二百四石七斗五升

☞ **역자 설명:** 두곡법에 의하여 다음을 얻는다.

157섬 5말=1575말, 1말 3되=1.3말

흰쌀 1말을 붉은팥 1.3말과 바꾸므로, 흰쌀 1575말 전체와 바꾸는 붉은팥을 x말이라고 하면 다음 비례식이 성립한다.

$$1 : 1.3 = 1575 : x$$

따라서 구하는 값은 다음과 같다.

$x = 1575 \times 1.3 = 157.5 \times 13 = 2047.5$(말)=204섬 7말 5되

【1-3-4】 지금 기장쌀이 357섬 8말 8되 있는데, 한 말을 노란 콩 1말 4되와 바꾼다. 노란 콩은 얼마인가?
今有稷米三百五十七石八斗八升 每斗換黃豆一斗四升 問黃豆幾何

답 501섬 3되 2홉
答曰 五百一石三升二合

☞ **역자 설명:** 두곡법에 의하여 다음을 얻는다.

357섬 8말 8되=3578.8말, 1말 4되=1.4말

기장쌀 1말을 노란 콩 1.4말과 바꾸므로, 3578.8말 전체를 노란 콩 x말과 바꾼다고 하면 다음 비례식이 성립하다.

$$1 : 1.4 = 3578.8 : x$$

따라서 구하는 값은 다음과 같다.

$x = 3578.8 \times 1.4 = 357.88 \times 14 = 5010.32$(말)=501섬 3되 2홉

【1-3-5】 지금 목향[1]이 258칭 있는데, 한 칭의 무게는 15근이다. 전

1) 목향(木香), 국화과의 여러 해 살이 풀, 밭에 재배하며 뿌리는 위장약·이뇨제로 쓰임.

체를 근으로 나타내면 얼마인가?
今有木香二百五十八秤 每秤重一十五斤 問該斤幾何

답 3870근
答曰 三千八百七十斤

☞ **역자 설명:** 1칭이 15근이므로, 258칭 전체를 x근이라고 하면 다음 비례식이 성립한다.

$$1 : 15 = 258 : x$$

따라서 구하는 값은 다음과 같다.

$$x = 258 \times 15 = 3870(\text{근})$$

【1-3-6】 지금 회향[2)]이 357근 있는데, 한 근의 무게는 16냥이다. 전체를 냥으로 나타내면 얼마인가?
今有茴香三百五十七斤 每斤重一十六兩 問該兩幾何

답 5712냥
答曰 五千七百一十二兩

☞ **역자 설명:** 회향 1근의 무게가 16냥이므로, 357근 전체를 x냥이라고 하면 다음 비례식이 성립한다.

$$1 : 16 = 357 : x$$

따라서 구하는 값은 다음과 같다.

$$x = 357 \times 16 = 5712(\text{냥})$$

【1-3-7】 지금 배가 3890개 있는데, 10개를 감자 17개와 바꾼다. 바꾼 감자 전체는 얼마인가?
今有生梨三千八百九十枚 每十枚換甘子一十(3))枚 問甘子幾何

2) 회향(茴香), 미나릿과의 여러 해 살이 풀, 열매는 약재로 쓰며 기름을 짜고, 향신료도 쓰임.

답 6613개
答曰 六千六百一十三枚

☞ **역자 설명:** 원래의 문제대로 '10개를 감자 10개와 바꾼다.'면 의미 없는 문제가 되고 정답을 '3890개'로 수정해야 한다. 주어진 답을 볼 때, 배 10개를 감자 17개와 바꾼다고 해야 문제가 성립한다.

배 3890개 전체를 감자 x개와 바꾼다고 하면 다음 비례식이 성립한다.

$$10 : 17 = 3890 : x$$

따라서 구하는 값은 다음과 같다.

$$x = 3890 \times 17 \div 10 = 389 \times 17 = 6613(\text{개})$$

【1-3-8】 지금 영지가 6723근 있는데, 한 근의 값은 1냥 8전이다. 전체의 값은 얼마인가?
今有芝草六千七百二十三斤 每斤價錢一兩八錢 問價錢幾何

답 1만 2101냥 4전
答曰 一萬二千一百一兩四錢

☞ **역자 설명:** 영지 1근의 값이 1냥 8전=1.8냥이므로, 6723근 전체의 값을 x냥이라고 하면 다음 비례식이 성립한다.

$$1 : 1.8 = 6723 : x$$

따라서 구하는 값은 다음과 같다.

$$x = 6723 \times 1.8 = 672.3 \times 18 = 12101.4\text{냥} = 12101\text{냥 } 4\text{전}$$

【1-3-9】 지금 군인이 4만 7938명 있는데, 한 사람에게 식량을 1섬 9말씩 지급한다. 전체의 식량은 얼마인가?
今有軍人四萬七千九百三十八名 每名支粮[4]一石九斗 問計粮幾何

3) '七' 落字
4) '糧'과 같은 글자

답 9만 1082섬 2말
答曰 九萬一千八十二石二斗

☞ **역자 설명:** 군인 1명에게 식량을 1.9섬씩 지불하므로, 47938명 전체에게 x섬 지불한다고 하면 다음 비례식이 성립한다.

$$1:1.9=47938:x$$

따라서 구하는 값은 다음과 같다.

$$x=47938\times1.9=4793.8\times19=91082.2(\text{섬})=91082\text{섬 }2\text{말}$$

【1-3-10】 지금 세미[5]가 4만 6181섬 2말 4되 있는데, 한 섬마다 모미[6]를 7되씩 함께 거둔다. 해당하는 전체 수량은 얼마인가?
今有收稅租四萬六千一百八十二[7]石二斗四升 每石帶納耗租七升 問總該共數幾何

답 4만 9413섬 9말 2되 6홉 8작
答曰 四萬九千四百一十三石九斗二升六合八勺

해법 세미의 수량을 놓고 1.07을 곱하면, 물음에 합당한 답을 얻는다.
法曰 置收租數 身下隔位加七 乃得合問也

☞ **역자 설명 1:** 위의 해법은 다음 계산 과정을 의미하는 것으로 보인다.

$$46181.24\times1.07=49413.9268(\text{섬})=49413\text{섬 }9\text{말 }2\text{되 }6\text{홉 }8\text{작}$$

이것은 다음과 같이 설명할 수 있다. 세미가 1섬이면 함께 거두는 모미가 7되 =0.07섬이므로 두 가지를 더하면 1.07섬이다. 그러므로 세미 46181.24섬 전체에 해당하는 전체 수량을 x섬이라고 하면 다음 비례식이 성립한다.

$$1:1.07=46182.24:x$$

---

5) 세미(稅米)=세저(稅租), 조세로 받치던 쌀.
6) 모미(耗米)=모저(耗租)=모곡(耗穀), 세곡(稅穀) 또는 환곡(還穀)을 받을 때, 곡식을 쌓아둘 동안 축이 나는 것을 미리 짐작하여 한 섬에 얼마씩 덧붙여 받던 곡식
7) 二는 一의 誤記

따라서 구하는 값은 다음과 같다.

$x=46181.24\times1.07=49413.9268$(섬)$=49413$섬 9말 2되 6홉 8작

☞ **역자 설명 2:** 원래의 문제대로 '세미가 46182섬 2말 4되 있다.'라고 하면 답을 '49414.9968섬＝49414섬 9말 9되 6홉 8작'으로 바꾸어야 한다.

4 유두승법문(留頭乘法門)　8문(八問)

곱수의 가장 큰 자리의 수가 1인 경우에 적용하는 곱셈인 신외가법과 달리, 여기서는 두 자리 곱수에서 작은 자리의 수가 1인 경우의 곱셈으로 해결할 수 있는 문제를 다룬다.

두 자리 곱수에서 작은 자리의 수가 1인 경우에 적용하는 곱셈 방법을 일반적으로 유두승법이라 부르지 않는다. 『산학계몽』에서 유두승법은 곱수가 20 이상인 일반적인 경우에 적용하는 특별한 방법을 지칭한다. 『산학입문』과 『구수략』에서는 유두승법을 간단히 승법이라고 부른다. 실제로, 두 자리 곱수에서 작은 자리의 수가 1인 경우에 적용하는 곱셈을 심괄(沈括, 1031～1095)의 『몽계필담』(夢溪筆談)에서는 '상구'(上驅)라 하고, 양휘(楊輝)의 『승제통변산보』(乘除通變算寶)에서는 '신전인'(身前因)이라고 불렀다.

> **이 방법은 먼저 사물을 취하고 다음 자리를 따라서는 원래의 신을 고정시키며, 큰 자리부터 곱하기 시작하는데, 십이 넘으면 그 자신과 한 자리를 떼어놓고 위치시키고 영은 그 자신 위에 놓는다.**
> **此法取物先 從次位呼不動本身 起首乘 言十過身隔位置 言零過身如呼置**

☞ **역자 설명 1:** 위의 글은 두 자리 곱수에서 작은 자리의 수가 1인 경우에 시행할 수 있는 곱셈 방법을 설명하고 있다. 그 방법은 곱하임수에서 가장 큰 자리의 수부터 곱하기 시작하는데, 곱수의 큰 자리의 수를 곱했을 때 십을 넘는 수는 두 자리 앞으로 보내고 십을 넘지 않는 수는 바로 앞 자리로 보내며 원래의 수는 그 자리에 남겨둔다. 곱셈 865×21을 예를 들어 설명하면 다음과 같다.

8 6 5 2 1	→ 8×2 =16	1 6 8 6 5 2 1	→ 6×2 =12	1 6 8 6 5 + + 1 2 2 1	→ 6+1=7 8+2=10	1 8 0 6 5 2 1

→ 5×2 =10	1 8 0 6 5 + + 1 0 2 1	→ 0+1=1 6+0=6	1 8 1 6 5 2 1

☞ **역자 설명 2:** 유두승법을 『산학입문』에서 뽑은 다음의 예로 소개하겠다.

지금 은이 36냥 5전 있다. 한 냥을 팔면 돈 2냥 5전이다. 모두 얼마인가? 〔주: 2자리 곱한다. 『상명산법』에 있다.〕
今有銀三十六兩五錢 每兩賣鈔二兩五錢 問幾何 〔乘二位◯詳明〕

답 91냥 2전 5푼 〔주: 유두승법으로 한다. 은의 수량을 실로, 한 냥의 값을 법으로 한다.〕
答曰九十一兩二錢五分 〔留頭乘法 銀數爲實 兩價爲法〕

5전 〔주: 5×5=25를 아랫자리에 놓는다.
다음에 본신을 바꾸어 2×5=10으로 한다.〕
6냥 〔주: 5×6=30을 아랫자리에 놓는다.
다음에 본신을 바꾸어 2×6=12로 한다.〕
30 〔주: 3×5=15를 아랫자리에 놓는다. 다음 본신을 바꾸어 2×3=6으로 한다. 3을 셈하여 6은 아랫자리에 놓는다.〕
五錢 0.5 〔五五下二十五於下位 次變本身作二五一十〕
六兩 6 〔五六下三十於下位 次變本身作二六一十二〕
三十 30 〔三五下一十五於下位 次變本身作二三如六 ◯蓋起丁三數卻於下位下六〕

위의 곱셈 36.5×2.5=91.25의 과정을 표로 만들면 다음과 같다.

365 25	→ 5×5 =25	365.25 25	→ 2×5 =10	361.25 + 0 25	→ 2+0 =2	361.25 25	→ 5×6 =30	361.25 + + 3 0 25	→ 1+3=4 2+0=2	364.25 25

→ 2×6 =12	314.25 + 2 25	→ 4+2 =6	316.25 25	→ 3×5 =15	316.25 + + 15 25	→ 1+1=2 6+5=11	331.25 25	→ 3×2 =6	031.25 + 6 25	→ 3+6 =9	9.125 25

삼격산인 보승법에서는 법과 실의 가장 큰 자리의 수부터 곱하기 시작했다. 여기서는 법의 큰 자리의 수인 2가 아니라 그 아래 자리의 수인 5로 곱하기 시작했다. 실제로, 유두승법은 [가장 큰 자리인 머리 자리의 수를 유보하고] 법에서 두 번째로 큰 자리의 수부터 곱하기 시작하는 방법이다. 『산학계몽』과 이를

인용한 『산학입문』의 설명은 다음과 같다.

> 유두승법은 규모가 다르다. 셈하는 수는 먼저 다음 자리〔주: 법의 다음 자리〕 수와 불러서 셈한다. 십을 말하면 몸〔주: 실〕을 기대어 자리를 옮긴다. 〔주: '여(如)'의 뜻은 앞에서와 같다.〕 첫째 자리에 이르면 몸은 부서져 펴진다.
>
> 留頭乘法別規模　起首[1]先從次位〔法算次位〕呼　言十靠身〔實也〕如〔義見上〕隔位 遍臨頭位破身鋪

즉, 법에서 두 번째로 큰 자리의 수와 실의 가장 작은 자리의 수를 곱하고 그 곱의 십의 자리의 수를 실의 바로 아래 자리에 위치시키는 방법이다.

『구수략』에서 예 216×345=74520을 유두승법으로 계산한 과정은 다음과 같다. (단, 실의 십의 자리 1 및 백의 자리 2와 법의 곱셈은 결과만 제시한다.)

<table>
<tr><td>216
345</td><td>→
6×4
=24</td><td>21624
345</td><td>→
6×5
=30</td><td>21624
++
30
345</td><td>→
4+3=7
0+0=0</td><td>216270
345</td><td>→
6×3
=18</td><td>211270
+
8
345</td><td>→
2+8
=10</td><td>212070
345</td></tr>
</table>

<table>
<tr><td>→
1×345
=345</td><td>202070
+++
345
345</td><td>→
2+3=5
0+4=4
7+5=12</td><td>205520
345</td><td>→
2×345
=690</td><td>005520
+++
690
345</td><td>→
0+6=6
5+9=14
5+0=5</td><td>074520
345</td></tr>
</table>

수판셈에서 이와 유사한 곱셈으로 신두승법(두미승법)이 있는데, 이 경우에는 법의 가장 큰 자리의 수부터 곱하고, 그 결과를 [10 이상일 때] 실의 바로 아래 자리에 위치시킨다. 예를 들어 23×52를 신두승법으로 계산하면 다음과 같다.

<table>
<tr><td>23
52</td><td>→
3×5
=15</td><td>2315
52</td><td>→
3×2
=6</td><td>20156
52</td><td>→
2×5
=10</td><td>21156
52</td><td>→
2×2
=4</td><td>01156
+
4
52</td><td>→
5+4
=9</td><td>1196
52</td></tr>
</table>

수판셈의 신두승법은 계산의 편의를 위해 이전의 (파)두승법을 개선한 것으로 보이는데, 두승법에서는 각 곱의 위치가 신두승법보다 한 자리씩 앞에 놓인다.

1) 황윤석의 『산학입문』에는 '數'로 되어 있다.

【1-4-1】 지금 흰 콩이 86섬 5말 4되 있는데, 한 되의 값은 21문이다. 전체의 값은 얼마인가?
今有白豆八十六石五斗五[2]升 每升價錢二十一文 問計錢幾何

답 181관 734문
答曰 一百八十一貫七百三十四文

☞ **역자 설명:** 흰 콩 한 되의 값이 21문이므로, 86섬 5말 4되(=8654되) 전체의 값을 x문이라고 하면 다음 비례식이 성립한다.

$$1:21=8654:x$$

따라서 구하는 값은 다음과 같다.

$$x=8654\times21=181734(\text{문})=181\text{관 }734\text{문}$$

【1-4-2】 지금 검정콩이 432섬 1말 있는데, 한 말의 값은 310문이다. 전체의 값은 얼마인가?
今有黑豆四百三十二石一斗 每斗價錢三百一十文 問計錢幾何

답 1339관 510문
答曰 一千三百三十九貫五百一十文

☞ **역자 설명:** 검정콩 1말의 값이 돈 310문이므로, 432섬 1말(=4321말) 전체의 값을 x문이라고 하면 다음 비례식이 성립한다.

$$1:310=4321:x$$

따라서 구하는 값은 다음과 같다.

$$x=4321\times310=43210\times31=1339510(\text{문})=1339\text{관 }510\text{문}$$

【1-4-3】 지금 참밀이 27섬 반 있는데, 한 섬으로 밀가루 41근을 만든다. 만든 가루는 얼마인가?

2) '五'는 '四'의 誤記

今有小麥二十七石半 每石作眞末四十一斤 問作末幾何

답 1127.5근
答曰 一千一百二十七斤半

☞ **역자 설명:** 참밀 1섬으로 밀가루를 41근 만들기 때문에, 27섬 반(=27.5섬) 전체로 밀가루를 x근 만든다고 하면 다음 비례식이 성립한다.

$$1:41=27.5:x$$

따라서 구하는 값은 다음과 같다.

$$x=27.5\times41=1127.5(\text{근})$$

【1-4-4】 지금 겉보리가 257섬 8말 있는데, 한 말을 보리쌀 5되 1홉과 바꾼다. 보리쌀은 얼마인가?
今有大麥二百五十七尺[3]八斗 每斗換牟米五升一合 問牟米幾何

답 131섬 4말 7되 8홉
答曰 一百三十一石四斗七升八合

☞ **역자 설명:** 겉보리 1말을 보리쌀 5되 1홉(=0.51말)과 바꾸므로, 257섬 8말(=2578말) 전체를 보리쌀 x말과 바꾼다고 하면 다음 비례식이 성립한다.

$$1:0.51=2578:x$$

따라서 구하는 값은 다음과 같다.

$$x=2578\times0.51=25.78\times51=1314.78(\text{말})=131\text{섬 }4\text{말 }7\text{되 }8\text{홉}$$

【1-4-5】 지금 무명베가 476필 있는데, 한 필은 실 61냥으로 짠다. 전체의 실은 얼마인가?
今有木綿([4])四百七十六匹 每匹織絲六十一兩 問計絲幾何

3) 尺은 石의 誤記
4) '布' 落字

답 2만 9036냥
答曰 二萬九千三十六兩

☞ **역자 설명:** 무명베 1필을 짜는 데 실이 61냥 필요하므로, 476필 전체를 짜는 데 실이 x냥 필요하다면 다음 비례식이 성립한다.

$$1 : 61 = 476 : x$$

따라서 구하는 값은 다음과 같다.

$$x = 476 \times 61 = 29036(\text{냥})$$

【1-4-6】 지금 솜이 2364근 반 있는데, 한 근의 값은 벼 7섬 1말이다. 전체의 벼는 얼마인가?
今有綿子二千三百六十四斤半 每斤價粟七石一斗 問計粟幾何

답 1만 6787섬 9말 5되
答曰 一萬六千七百八十七石九斗五升

☞ **역자 설명:** 솜 1근의 값이 벼 7섬 1말(=7.1섬)이므로, 2364.5근 전체의 값을 벼 x섬이라고 하면 다음 비례식이 성립한다.

$$1 : 7.1 = 2364.5 : x$$

따라서 구하는 값은 다음과 같다.

$$x = 2364.5 \times 7.1 = 236.45 \times 71 = 16787.95(\text{섬}) = 16787\text{섬 } 9\text{말 } 5\text{되}$$

【1-4-7】 지금 기장쌀이 3662섬 1말 9되 9홉 2작 있는데, 한 말과 보리 8되 1홉이 대등하다. 대등한 보리는 얼마인가?
今有黍三千六百六十二石一斗九升九合二勺 每斗對麥八升一合 問對麥幾何

답 29섬 3말 8되 1홉 3작 5초 2촬
答曰 二千九百六十六石三斗八升一合三勺五抄二撮

☞ **역자 설명:** 기장쌀 1말과 보리 8되 1홉(=0.81말)이 대등하므로, 기장쌀 3662

섬 1말 9되 9홉 2작(=36621.992말) 전체에 대한 겉보리를 x말이라고 하면 다음 비례식이 성립한다.

$$1 : 0.81 = 36621.992 : x$$

따라서 구하는 값은 다음과 같다.

$x = 36621.992 \times 0.81 = 366.21992 \times 81 = 29663.81352$(말)

$=2966.381352$섬 $=2966$섬 3말 8되 1홉 3작 5초 2촬

【1-4-8】 지금 땅이 36경 89무 있는데, 1무의 세금이 식량 9홉 1작이다. 전체의 식량은 얼마인가?
今有地三十六頃八十九畝 每畝稅粮九合一勺 問計粮幾何

답 33섬 5말 6되 9홉 9작
答曰 三十三石五斗六升九合九勺

☞ **역자 설명:** '1경=100무'이므로, 36경 89무=3689무이다. 1무의 세금이 식량 9홉 1작(=9.1홉)이므로, 3689무 전체의 세금이 식량 x홉이라고 하면 다음 비례식이 성립한다.

$$1 : 9.1 = 3689 : x$$

따라서 구하는 값은 다음과 같다.

$x = 3689 \times 9.1 = 368.9 \times 91 = 33569.9$(홉)$=3356.99$(되)

$=335.699$(말)$=33.5699$(섬)$=33$섬 5말 6되 9홉 9작

5 열위승법문(列位乘法門) 17문(十七問)

여기서는 곱수가 일반적인 경우의 곱셈인 유두승법 또는 보승법으로 해결할 수 있는 문제를 다룬다. 이 <열위승법문>은 『산학계몽』 상권의 <유두승법문>에 대응한다. 마지막 두 문제는 등비 수열과 관계 있다.

이 방법은 위와 아래에 사는 사물과 파는 사물을 늘어놓고, 서로 그 사이에 자기의 행의 수를 쓰면 포산이 명확하고 차이가 없다. 此法買物賣物並列上下 相呼自之行數於其間 則布算明而不差矣

☞ **역자 설명:** 위의 글은 [1-1-4] 승제법에서 소개한 보승법을 개략적으로 묘사한 것으로 보인다. 다음 문 [1-5-1]의 곱셈 156×28=4368을 이용해서 이 방법을 다시 예시하면 다음과 같다.

2 8 1 5 6	→ 곱수의 2와 곱하임수의 6을 같은 자리에 위치시킨다.	2 8 1 5 6	→ 2×1=2 2×5=10 2×6= 12 (+ 312	2 8 3 1 2 1 5 6	→ 곱수의 2를 지우고, 곱하임수를 한 자리 물린다.	8 3 1 2 1 5 6

→ 312 8×1= 8 (+ 392	8 3 9 2 1 5 6	→ 392 8×5= 40 (+ 432	8 4 3 2 1 5 6	→ 432 8×6= 48(+ 4368	8 4 3 6 8 1 5 8	4 3 6 8 1 5 8

【1-5-1】 지금 얇은 비단이 156단 있는데, 한 단을 지전 28냥에 판다. 지전은 모두 얼마인가?
今有羅一百五十六端 每端賣鈔二十八兩 問該鈔幾何

답 4368냥
答曰 四千三百六十八兩

해법 얇은 비단 156단을 놓고 지전 28냥으로 이에 곱하면, 물음에 합당한 답을 얻는다.

法曰 置羅一百五十六端 以鈔二十八兩乘之 得合問

☞ **역자 설명:** 위의 해법은 다음과 같다. 얇은 비단 1단을 지전 28냥에 팔기 때문에, 얇은 비단 156단 전체는 지전 x냥에 판다면 다음 비례식이 성립한다.

$$1 : 28 = 156 : x$$

따라서 구하는 값은 다음과 같다.

$$x = 156 \times 28 = 4368(\text{냥})$$

【1-5-2】 지금 실이 7근 14냥 5전 있는데, 한 냥을 지전 5전 4푼 5리에 판다. 지전은 모두 얼마인가?

今有絲七斤一十四兩五錢 每兩賣鈔五錢四分五釐 問該鈔幾何

답 68냥 9전 4푼 2리 5호

答曰 六十八兩九錢四分二釐五毫

해법 실 7근을 놓고, 16을 곱하여 단위를 냥으로 환산한다. 14냥 5전을 넣으면 126냥 5전을 얻는다. 지전 5전 4푼 5리를 이에 곱하여 물음에 합당한 답을 얻는다.

法曰 置絲七斤 身外加六 通兩 搭入十四兩五錢 得一百二十六兩五錢 以鈔五錢四分五釐乘之 得合問

☞ **역자 설명:** 위의 해법에서는 주어진 실의 단위를 냥으로 환산하고 있다. [1-1-8] 수양상구법에 의하여 단위를 근에서 냥으로 바꿀 때는 신외가육(身外加六), 즉 16을 곱하므로(또는 [1-1-13] 근칭법에 의하여 '1근=16냥'이므로), 주어진 실의 수량은 다음과 같다.

7근 14냥 5전 = (7×16)냥 14냥 0.5냥 = 112냥 14.5냥 = 126.5냥

해법의 나머지는 다음과 같다. 실 1냥을 지전 5전 4푼 5리(=0.545냥)에 팔기 때문에, 실 126.5냥 전체를 지전 x냥에 판다면 다음 비례식이 성립한다.

$1 : 0.545 = 126.5 : x$

따라서 구하는 값은 다음과 같다.

$x = 126.5 \times 0.545 = 68.9425$(냥)=68냥 9전 4푼 2리 5호

【1-5-3】 지금 명주 비단을 2886장 4자 짰는데, 10장마다 실이 3근 5냥 사용된다. 전체의 실은 얼마인가?
今有織絹二千八百八十六丈四尺 每十丈用絲三斤五兩 問計絲幾何

답 956근 1냥 9전 2푼
答曰 九百五十六斤一兩九錢二分

해법 사용한 실을 놓고, 단위를 냥으로 환산하면 53냥을 얻는다. 짠 비단 2886장 4자를 늘어놓고 53냥을 이에 곱하면, 1만 5297냥 9전 2푼을 얻는다. 근법 16으로 이를 나누고 법에 모자라는 것은 단위를 냥으로 환산하면, 물음에 합당한 답을 얻는다.
法曰 置用絲 通兩內子 得五十三兩 列織絹二千八百八十六丈四尺 以五十三兩乘之 得一萬五千二百九十七兩九錢二分 以斤法十六約之 不滿法者命之 得合問

☞ **역자 설명:** 위의 해법에서는 먼저 명주 비단 10장을 짜는 데 사용되는 실의 무게 3근 5냥을, [1-1-13] 근칭법 '1근=16냥'에 따라 다음과 같이 단위를 냥으로 환산한다.

3근 5냥=(3×16)냥 5냥=48냥 5냥=53냥

해법의 나머지는 다음과 같다. 명주 비단 10장을 짜는 데 실이 53냥 사용되므로, 명주 비단 2886장 4자(=2886.4장)를 짜는 데 실이 x냥 사용된다면 다음 비례식이 성립한다.

$10 : 53 = 2886.4 : x$

따라서 구하는 값은 다음과 같다.

$x = 2886.4 \times 53 \div 10 = 288.64 \times 53 = 15297.92$(냥)=(15296÷16)근 1.92냥
=956근 1냥 9전 2푼

【1-5-4】 지금 강사가 123근 14냥 있는데, 한 근의 값은 은 1냥 8전 6푼이다. 전체의 값은 은으로 얼마인가?
今有降絲一百二十三斤一十四兩 每斤直銀一兩八錢六分 問直銀幾何

답 230냥 4전 7리 5호
答曰 二百三十兩四錢七釐五毫

해법 실의 수량을 놓고, 근 아래의 수량을 환산하여 875를 짓고 합하여 놓으면 123.875근이다. 한 근의 값인 은 1냥 8전 6푼으로 이에 곱하면, 물음에 합당한 답을 얻는다.
法曰 置絲數 斤下留兩作八七五 共列一百二十三斤八七五 以直銀一兩八錢六分乘之 得合問

☞ **역자 설명:** 해법에서는 먼저 [1-1-6] 근하유양법 '십사유팔칠오'에 따라(또는 [1-1-13] 근칭법 '1근=16냥'에 따라) 다음과 같이 위에서 주어진 실의 수량의 단위를 근으로 환산하고 있다.

123근 14냥=123근 (14÷16)근=123근 0.875근=123.875근

해법의 나머지는 다음과 같다. 강사 1근의 값이 은 1.86냥이므로, 강사 123.875근 전체의 값을 은 x냥이라고 하면 다음 비례식이 성립한다.

$1:1.86=123.875:x$

따라서 구하는 값은 다음과 같다.

$x=123.875\times1.86=230.4075$(냥)=230냥 4전 7리 5호

【1-5-5】 지금 가는 실이 247근 1냥 2전 있다. 한 근의 값은 은 8전 7푼이다. 전체의 값은 은으로 얼마인가?
今有細絲二百四十七斤一兩二錢 每斤直銀八錢七分 問直銀幾何

답 214냥 9전 5푼 5리 2호 5사
答曰 二百一十四兩九錢五分五釐二毫五絲

해법 실의 수량을 놓고, 근 아래의 수량을 환산하여 한 자리 물린 75를

짓고 합하여 놓으면 247.075근이다. 한 근의 값인 은 8전 7푼으로 이에 곱하면, 물음에 합당한 답을 얻는다.

法曰 置絲數 斤下留兩退位作七五 共列二百四十七斤空七五 以直銀八錢七分乘之 得合問

☞ **역자 설명:** 해법에서는 먼저 [1-1-13] 근칭법 '1근=16냥'에 따라 다음과 같이 주어진 실의 수량의 단위를 근으로 환산하고 있다.

247근 1냥 2전=247근 1.2냥=247근 (1.2÷16)근=247근 0.075근=247.075근

해법의 나머지는 다음과 같다. 가는 실 1근의 값이 은 8전 7푼(=0.87냥)이므로, 가는 실 247.075근 전체의 값을 은 x냥이라 하면 다음 비례식이 성립한다.

$1:0.87=247.075:x$

따라서 구하는 값은 다음과 같다.

$x=247.075\times0.87=214.95525$(냥)=214냥 9전 5푼 5리 2호 5사

【1-5-6】 지금 계수나무[1] 가지가 326근 반 있는데, 한 근의 값은 명주 비단 2자 1치 2푼 4리이다. 전체의 값은 명주 비단으로 얼마인가?
今有桂枝三百二十六斤半 每斤價傳絹二尺一寸二分四厘 問傳絹幾何

답 69장 3자 4치 8푼 6리
答曰 六十九丈三尺四寸八分六氂

해법 계수나무 가지 326근 반을 놓고 명주 비단 2자 1치 2푼 4리로 이에 곱하면 물음에 합당한 답을 얻는다.

法曰 置桂枝三百二十六斤半 以絹二尺一寸二分四厘乘之 得合問

☞ **역자 설명:** 위의 해법은 다음과 같다. 계수나무 가지 1근의 값이 명주 비단으로 2자 1치 2푼 4리(=0.2124장)이므로([1-1-12] 장척법), 계수나무 가지 326근 반(=326.5근)의 값을 명주 비단으로 x장이라고 하면 다음 비례식이 성립한다.

---

1) 건위 강장제로 쓰임

$1 : 0.2124 = 326.5 : x$

따라서 구하는 값은 다음과 같다.

$x = 326.5 \times 0.2124 = 69.3486$(장) = 69장 3자 4치 8푼 6리

【1-5-7】 지금 감초가 257근 4냥 8전 있는데, 한 근의 값은 자주색 베로 2자 4치 5푼이다. 전체의 값은 자주색 베로 얼마인가?
今有甘草二百五十七斤四兩八錢 每斤價紫布二尺四寸五分 問紫布幾何

답 63장 3치 8푼 5리
答曰 六十三丈三寸八分五釐

해법 감초의 수량을 놓고, 근 아래의 수량을 환산하여 3을 짓고 합하여 놓으면 257근 3푼이다. 베 2자 4치 5푼으로 이에 곱하면, 물음에 합당한 답을 얻는다.
法曰 置甘草數 斤下留兩作三 共列二百五十七斤三分 以布二尺四寸五分乘之 得合問

☞ **역자 설명:** 해법에서는 먼저 [1-1-13] 근칭법 '1근＝16냥'에 따라 다음과 같이 주어진 감초의 수량의 단위를 근으로 환산하고 있다.

257근 4냥 8전＝257근 4.8냥＝257근 (4.8÷16)근＝257근 0.3근＝257.3근

해법의 나머지는 다음과 같다. 감초 1근의 값이 자주색 베 2자 4치 5푼(＝0.245장)이므로([1-1-12] 장척법 참조), 감초 257.3근 전체의 값을 자주색 베로 x장이라고 하면 다음 비례식이 성립한다.

$1 : 0.245 = 257.3 : x$

따라서 구하는 값은 다음과 같다.

$x = 257.3 \times 0.245 = 63.0385$(장) = 63장 3치 8푼 5리

【1-5-8】 지금 침향[2]이 439근 13냥 6전 있는데, 한 근을 백단[3] 2

2) 침향(沈香), 팥꽃나뭇과의 상록 교목, 곽란·심복통(心腹痛)·적취(積聚) 등에 약재로 쓰임.

근 반과 바꾼다. 전체와 바꾼 백단은 얼마인가?
今有沈香四百三十九斤一十三兩六錢 每斤換白檀二斤半 問白檀幾何

답 1099근 10냥
答曰 一千九十九斤一十兩

해법 침향의 수량을 놓고, 근 아래의 수량을 환산하여 85를 짓고 합하여 놓으면 439.85근이다. 백단 2근 반으로 이에 곱하면 1099근 6푼 2리 5호를 얻는다. 근 아래의 수량은 16을 곱하여 단위를 냥으로 환산하면, 물음에 합당한 답을 얻는다.
法曰 置沈香數 斤下留兩作八五 共列四百三十九斤八五 以白檀二斤半乘之 得一千九十九斤六分二厘五毫 斤下分者 身外加六爲兩 得合問

☞ **역자 설명:** 해법에서는 먼저 [1-1-13] 근칭법 '1근=16냥'에 따라 다음과 같이 주어진 감초의 수량의 단위를 근으로 환산하고 있다.

439근 13냥 6전=439근 13.6냥=439근 (13.6÷16)근=439근 0.85근=439.85근

해법의 나머지는 다음과 같다. 침향 1근을 백단 2.5근과 바꾸므로, 침향 439.85근 전체를 백단 x근과 바꾼다고 하면 다음 비례식이 성립한다.

$$1 : 2.5 = 439.85 : x$$

따라서 구하는 값은 다음과 같다.

$$x = 439.85 \times 2.5 = 1099.625(\text{근}) = 1099\text{근 } 0.625\text{근}$$
$$= 1099\text{근 } (0.625 \times 16)\text{냥} = 1099\text{근 } 10\text{냥}$$

【1-5-9】 지금 들깨가 1361섬 7말 반 있는데, 한 말로 들기름을 2되 1홉 4작 짠다. 전체 기름은 얼마인가?
今有水荏一千三百六十一石七斗半 每一斗汁油二升一合四勺 問油幾何

답 291섬 4말 1되 4홉 5작
答曰 二百九十一石四斗一升四合五勺

3) 백단(白檀)=백단향(白檀香), 단향과의 상록 활엽 소교목, 향료·약품·세공물 등에 쓰임.

해법 들깨 1361섬 7말 반을 놓고, 짠 기름 2되 1홉 4작을 이에 곱하면 물음에 합당한 답을 얻는다.

法曰 置水荏一千三白六十一石七斗半 以汁油二升一合四勺乘之 得合問

☞ **역자 설명:** 해법은 다음과 같다. 들깨 1말로 들기름 2되 1홉 4작(=0.0214섬)을 짜므로, 들깨 1361섬 7말 반(=13617.5말) 전체로 들기름을 x섬 짠다고 하면 다음 비례식이 성립한다([1-1-11] 두곡법 참조).

$$1:0.0214=13617.5:x$$

따라서 구하는 값은 다음과 같다.

$$x=13617.5\times0.0214=291.4145(\text{섬})=291\text{섬 } 4\text{말 } 1\text{되 } 4\text{홉 } 5\text{작}$$

【1-5-10】 지금 참깨가 893섬 9말 4되 있는데, 한 말로 기름을 3홉 5작 짠다. 전체 기름은 얼마인가?

今有眞荏八百九十三石九斗四升 每一斗汁油三升三合五勺 問油幾何

답 299섬 4말 6되 9홉 9작

答曰 二百九十九石四斗六升九合九勺

해법 참깨 893섬 9말 4되를 놓고, 짠 기름 3되 3홉 5작으로 이에 곱하면 물음에 합당한 답을 얻는다.

法曰 置眞油[4]八百九十三石九斗四升 以汁油三升三合五勺乘之 得合問

☞ **역자 설명:** 해법은 다음과 같다. 참깨 1말로 기름을 3되 3홉 5작(=0.0335섬) 짜므로, 참깨 893섬 9말 4되(=8939.4말) 전체로 기름을 x섬 짠다고 하면 다음 비례식이 성립한다([1-1-11] 두곡법 참조).

$$1:0.0335=8989.4:x$$

따라서 구하는 값은 다음과 같다.

$$x=8939.4\times0.0335=299.4699(\text{섬})=299\text{섬 } 4\text{말 } 6\text{되 } 9\text{홉 } 9\text{작}$$

---

4) 油는 荏의 誤記

【1-5-11】 지금 금인[5])이 12개 있는데, 무게는 각각 1000석이다. 단위를 수로 나타내면 모두 얼마인가?
今有金人一十二 重各千碩 問該銖幾何

답 5억 5296만 수
答曰 九[6])億五千二百九十六萬銖

해법 금인 12를 놓고, 1000석의 무게 12만 근을 이에 곱한다.「주: 1석의 무게는 120근이다.」그러면 144만 근을 얻는다. 단위를 냥으로 환산하기 위하여 16을 곱하면 2304만 냥을 얻는다. 양수법 24를 곱하면 물음에 합당한 답을 얻는다.
法曰 置金人一十二 以千石重一十二萬斤乘之「一碩重卽一百二十斤」得一百四十四萬斤 以求兩法身外加六 得二千三百四萬兩 以銖法二十四乘之 得合問

1석＝4균
1균＝30근
1근＝16냥
1냥＝4푼
1푼＝6수

☞ **역자 설명:** [1-1-13] 근칭법에 따라 무게를 계산하고 있다. 먼저 주에서 밝힌 대로 1석을 근으로 나타내면 다음과 같다.

1석＝4균＝(4×30)근＝120근

그런데 1000석은 12만 근이므로, 금인 12개 전체의 무게는 다음과 같다.

12×120000＝1440000(근)＝144만 근

이제, 단위 사이의 관계를 이용하면 다음을 얻는다.

144만(근)×16(냥/근)×4(푼/냥)×6(수/푼)＝2304만(냥)×24(수/냥)
＝55296만(수)

【1-5-12】 지금 군인이 2638명 있는데, 한 사람마다 하루에 식량을 2되 5홉씩 제공하고 76일 동안 머물고자 한다. 전체 식량은 얼마인가?
今有軍人二千六百三十八人 每人一日饋粮二升五合 欲留七十六日 問計粮幾何

---

5) 금인(金人), 금동으로 만든 불상
6) 九는 五의 誤記

답 5012섬 2말
答曰 五千一十二石二斗

해법 군인의 명수를 놓고, 식량 2되 5홉으로 이에 곱하면 65섬 9말 5되를 얻는다. 76일을 이에 곱하면, 물음에 합당한 답을 얻는다.
法曰 置軍數 以粮二升五合乘之 得六十五石九斗五升 以七十六日乘之 得合問

☞ **역자 설명:** 위의 해법은 다음과 같다. 한 사람에게 하루에 식량을 2되 5홉(=0.025섬) 제공하므로, 전체 군인에게 하루에 제공하는 식량은 다음과 같다.

2638×0.025=65.95(섬)

그러므로 76일 동안 제공하는 식량은 다음과 같다.

65.95×76=5012.2(섬)=5012섬 2말

【1-5-13】 지금 부역하는 사람이 597명 있는데, 366일 동안 부역한다. 한 사람에게 하루의 식량으로 제공하는 쌀이 2되 7홉이고, 부역한 수당으로 제공하는 쌀이 사람마다 하루에 6되 6홉이다. 식량으로 제공하는 쌀과 수당으로 제공하는 쌀은 각각 얼마인가?
今有役人五百九十七名 赴役三百六十六日 每名一日粮米二升七合 役價米每人每日六升六合 問粮米及役價米各該幾何

답 식량으로 제공하는 쌀: 5899섬 5말 5되 4홉
수당으로 제공하는 쌀: 1만 4421섬 1말 5되 2홉
答曰 粮米 五千八百九十九石五斗五升四合
役價米 一萬四千四百二十一石一斗三升五[7]合

해법 부역하는 사람의 명수를 놓고, 366일로 이에 곱하면 21만 8502일을 얻는다. 2되 7홉으로 이에 곱하면 식량으로 제공하는 쌀을 얻는다. 6되 6홉으로 이에 곱하면 수당으로 제공하는 쌀을 얻어,

---

7) 五는 二의 誤記

물음에 합당하게 된다.

法曰 置役人數 以三百六十六日乘之 得二十一萬八千五百二日 以二升七合乘之 得粮米 以六升六石[8])乘之 得役價米 爲合問

☞ **역자 설명:** 위의 해법은 다음과 같다. 먼저 부역하는 사람 597명과 부역 일수 366일을 곱하여, (한 사람이 부역하는 것과 같은) 일수를 구한다.

597×366=218502(일)

한 사람에게 하루의 식량으로 제공하는 쌀 2되 7홉(=0.027섬)을 곱하여, 다음과 같이 식량으로 제공하는 쌀 전체의 수량을 구한다.

218502×0.027=5899.554(섬)=5899섬 5말 5되 4홉

또, 한 사람에게 하루의 수당으로 제공하는 쌀 6되 6홉(=0.066섬)을 곱하여, 다음과 같이 수당으로 제공하는 쌀 전체의 수량을 구한다.

218502×0.066=14421.132(섬)=14421섬 1말 3되 2홉

【1-5-14】 지금 후추가 24칭 8근 4냥 있는데, 한 근의 값은 380문이다. 전체의 값은 얼마인가?

今有胡椒二十四秤八斤四兩 每斤價錢三百八十文 問計錢幾何

답 139관 935문

答曰 一百三十九貫九百三十五文

해법 후추의 수량 24칭을 놓고, 15를 곱하여 단위를 근으로 환산한다. 8근 4냥을 더하여 넣고, 근 아래의 수량을 근으로 환산하여 합하면 368근 2푼 반을 얻는다. 한 근의 값 380문으로 이에 곱하면, 물음에 합당한 답을 얻는다.

法曰 置胡椒數二十四秤 身外加五 通斤 搭入八斤四兩 斤下兩者留之 共得三百六十八斤二分半 以斤價三百八十文乘之 得合問

☞ **역자 설명:** 위의 풀이 과정은 다음과 같다. 먼저 [1-1-8] 수양상구법에 의하여 단위를 칭에서 근으로 바꿀 때는 15를 곱하므로(또는 [1-1-13] 근칭법에 의

8) 石은 合의 誤記

하여 '1칭=15근'이므로). 주어진 후추의 수량은 다음과 같다.

24칭 8근 4냥=(24×15)근 8근 4냥=360근 8근 4냥=368근 4냥

또, 근 아래의 수량 '4냥'을 [1-1-7] 근하유양법에서 '사유이오'를 이용하여 단위를 근으로 환산하면(또는 [1-1-13] 근칭법에서 '1근=16냥'으로 환산하면), 다음을 얻는다.

368근 4냥=368근 (4÷16)근=368근 0.25근=368.25근

해법의 나머지는 다음과 같다. 후추 한 근의 값이 380문이므로, 후추 368.25근 전체의 값을 x문이라고 하면 다음 비례식이 성립한다.

$1:380=368.25:x$

따라서 구하는 값은 다음과 같다.

$x=368.25\times380=139935$(문)=139관 935문

【1-5-15】 지금 용뇌[9]가 6근 5냥 16수 있는데, 한 수의 값은 은 8리 6호이다. 전체의 값은 얼마인가?
今有龍腦六斤五兩一十六銖 每銖直銀八釐六毫 問計錢幾何

답 20냥 9전 8푼 4리
答曰 二十兩九錢八分四厘

해법 용뇌 6근을 놓고, 16을 곱하여 단위를 냥으로 환산하고 5냥을 넣으면 101냥을 얻는다. 양수법 24로 이에 곱하고 16수를 더하여 합하면 2440수를 얻는다. 한 수의 값인 은 8리 6호로 이에 곱하면, 물음에 합당한 답을 얻는다.
法曰 置龍腦六斤 身外加六 通兩 塔入五兩 得一百一兩 以銖法二十四乘之 加入一十六銖 共得二千四百四十銖 以直銀八釐六毫乘之 得合問

☞ **역자 설명:** 위의 해법은 다음과 같다. 먼저 [1-1-8] 수양상구법에 의하여 단위를 근에서 냥으로 바꿀 때는 16을 곱하므로(또는 [1-1-13] 근칭법에 의하여 '1근=16냥'이므로). 주어진 용뇌의 수량은 다음과 같다.

---

9) 용뇌(龍腦), 용뇌향(龍腦香)의 준말, 용뇌수의 정유에서 얻은 무색 투명한 결정, 방충제·향장료·훈향용·먹의 향료 등에 쓰임.

1근=16냥
1냥=4푼
1푼=6수

6근 5냥 16수=(6×16)냥 5냥 16수=96냥 5냥 16수
=101냥 16수

또, [1-1-13] 근칭법 '1냥=4푼, 1푼=6수'에서 '1냥=24수'이므로, 다음을 얻는다.

101냥 16수=(101×24)수 16수=2424수 16수=2440수

해법의 나머지는 다음과 같다. 용뇌 한 수의 값이 은 8리 6호(=0.0086냥)이므로 용뇌 2440수 전체의 값을 x냥이라고 하면 다음 비례식이 성립한다.

$1 : 0.0086 = 2440 : x$

따라서 구하는 값은 다음과 같다.

$x = 2440 \times 0.0086 = 20.984$(냥)=20냥 9전 8푼 4리

【1-5-16】 지금 사람이 돈을 1문 가지고 있는데, 첫날부터 하루에 1배씩 증가하여 30일까지 매일 배가 된다. 전체의 돈은 얼마인가?10)
今有人持錢一文 自初日日增一倍 倍至三十日 問計錢幾何

답 107만 3741관 824문
答曰 一百七萬三千七百四十一貫八百二十四文

해법 첫날은 2문이 되고, 2일은 4문이 되고, 3일은 8문이 되고, 4일은 16문이 되고, 5일은 32문이 된다. 이 32문을 놓고 제곱하면 1024문을 얻는다. 「주: 이것이 10일에 얻은 바이다.」 또, 이 수를 놓고 제곱하면 104만 8576문을 얻는다. 「주: 이것은 20일에 얻은 바이다.」 또, 이 수를 놓고 10일에 얻은 1024문으로 이에 곱하면 10억 7374만 1824문을 얻는다. 이것은 곧 30일에 얻은 바로, 물음에 합당하게 된다. 「주: 이 20일의 소득을 살펴보자. 만약 제곱하면 곧 40일의 소득이 된다. 그러므로 대개 10일과 20일의 소득을 이와 같이 서로 곱한다.」
法曰 初日爲二文 二日爲四文 三日爲八文 四日爲一十六文 五日爲三十二文 置此三十二文 自乘 得一千二十四文「乃十日所得也」又置此數 自乘

10) 『산학입문』에 따르면, 이 문제는 원래 『사경』(謝經)에 있었다고 한다.

得一百四萬八千五百七十六文「是乃二十日所得也」又置此數 以十日所得一千二十四文乘之 得一十億七千三百七十四萬一千八百二十四文是卽三十日所得也 爲合問「按此二十日所得 若自來[11] 則爲四十日所得 故蓋十日二十日所得 相乘是也」

☞ **역자 설명:** 위의 해법은 다음과 같다. 5일까지 돈은 다음과 같이 증가한다.

1일	2일	3일	4일	5일
$1+1=2$	$2+2=4$	$4+4=8$	$8+8=16$	$16+16=32$
$(=2^1)$	$(=2^2)$	$(=2^3)$	$(=2^4)$	$(=2^5)$

그러므로 10일, 20일, 30일까지 증가한 돈은 다음과 같다.

10일 : $32\times32=1024$(문)　　$[2^5\cdot2^5=2^{10}=1024$(문)$]$

20일 : $1024\times1024=1048576$(문)　　$[2^{10}\cdot2^{10}=2^{20}=1048576$(문)$]$

30일 : $1048576\times1024=1073741824$(문)　　$[2^{20}\cdot2^{10}=2^{30}=1073741824$(문)$]$

$=1073741$관 824문

이것은 첫째 항이 2이고 공비가 2인 등비 수열의 30째 항 2^{30}을 지수 법칙을 이용하여 다음과 같이 구한 것과 같다.

$$\{(2^5)^2\}^2\cdot(2^5)^2=\{2^{5\times2}\}^2\cdot2^{5\times2}=\{2^{10}\}^2\cdot2^{10}=2^{10\times2}\cdot2^{10}=2^{20}\cdot2^{10}=2^{20+10}=2^{30}$$

【1-5-17】 지금 사람이 있는데, 첫날에 돈 3문을 만들고 그 뒤 날마다 차례로 3배하여 한 달 동안 계속한다. 전체의 돈은 얼마인가?
今有人 初日作錢三文 以後每日遞作三倍 乃至一月 問計錢幾何

답 2058억 9113만 2094관 649문
答曰 二千五十八億九千一百一十三萬二千九十四貫六百四十九文

해법 첫날의 돈 3문을 놓고, 3을 곱하면 9문을 얻는다.「주: 이것이 2일의 소득이다.」또, 3을 곱하면 27을 얻는다.「주: 이것이 3일의 소득이다.」또, 3을 곱하면 81을 얻는다.「주: 이것이 4일의 소득이다.」또, 3을 곱하면 243을 얻는다.「주: 이것이 5일의 소

11) 來는 乘의 誤記

득이다.」 이에 이 수를 놓고 제곱하면 5만 9049를 얻는다. 「주: 이것이 10일의 소득이다.」 또, 이 수를 늘어놓고 5일의 소득 243으로 이에 곱하면 1434만 8907문을 얻는다. 「주: 이것이 15일의 소득이다.」 또, 이 수를 늘어놓고 제곱하면 205조 8911억 3209만 4649문을 얻는다. 이것이 바로 한 달의 소득이 되어 물음에 합당하게 된다.

法曰 置初日錢三文 三因 得九文「乃二日所得也」又三因 得二十七「乃三日所得也」又三因 得八十一「乃四日所得也」又三因 得二百四十三「乃五日所得也」仍列此數 自乘 得五萬九千四十九「乃十日所得也」又列此數 以五日所得二百四十三乘之 得一千四百三十四萬八千九百七文「乃十五日所得也」又列此數 自乘 得二百五萬八千九百一十一億三千二百九萬四千六百四十九文 是乃一月所得也 爲合問

☞ **역자 설명:** 위의 해법은 다음과 같다. 5일까지의 소득은 다음과 같다.

1일	2일	3일	4일	5일
3	$3\times3=9$	$9\times3=27$	$27\times3=81$	$81\times3=243$
$(=3^1)$	$(=3^2)$	$(=3^3)$	$(=3^4)$	$(=3^5)$

그러므로 10일, 15일, 30일까지의 소득은 다음과 같다.

10일 : $243\times243=59049$(문) $[3^5\cdot3^5=3^{10}$(문)$]$

15일 : $59049\times243=14348907$(문) $[3^{10}\cdot3^5=3^{15}$(문)$]$

30일 : $14348907\times14348907=205891132094649$(문) $[3^{15}\cdot3^{15}=3^{30}$(문)$]$

$=205891132094$관 649문

이것은 첫째 항이 3이고 공비가 3인 등비 수열의 30째 항 3^{30}을 지수 법칙을 이용하여 다음과 같이 구한 것과 같다.

$$\{(3^5)^2\cdot3^5\}^2=\{3^{5\times2}\cdot3^5\}^2=\{3^{10+5}\}^2=\{3^{15}\}^2=3^{15\times2}=3^{30}$$

[6] 단위귀법문(單位歸法門) 8문(八問)

여기서는 [1-1-2] 구귀법에서 설명한 나눗셈을 활용는 문제를 다룬다. 즉 나눗수가 한 자리 수인 나눗셈으로 해결할 수 있는 분배 문제 및 물건의 단위 값을 알 때 현재의 돈으로 구매할 수 있는 물건의 수량 등과 같은 간단한 문제를 다룬다. 이것들은 『산학계몽』 상권 <구귀제법문>의 처음 8문제에 대응하는데, 나눗수의 크기에 따라 배열한 형식은 서로 같다.

> **이 방법은 위로부터 아래로 귀귀하여 이를 귀작한다. 만으로써 귀를 작하고 불만은 작을 다하고 그친다.**
> **此法從上而流下皈皈 而皈作之 作以滿爲皈 不滿爲作盡而止**

☞ **역자 설명:** 문 [1-6-5]의 나눗셈 8926200÷600을 예로 들어 구귀법을 설명하면 다음과 같다. 우선 이 나눗셈은 89262÷6=14877 … 0으로 바꿀 수 있다.

89262 ⑥	→ 8=6+2 봉륙진일십	129262 ⑥	→ 육이삼십이	139262 + 2 ⑥	→ 9+2 =11	13(11)262 ⑥

→ 11=6+5 봉륙진일십 육오팔십이	130262 + 1 + + 82	→ 3+1=4 0+8=8 2+2=4	148462 ⑥	→ 육사륙십사	148662 + 4 ⑥	→ 6+4 =10	1486(10)2 ⑥

→ 10=6+4 봉륙진일십 육사륙십사	148602 + 1 + + 64	→ 6+1=7 0+6=6 2+4=6	148766 ⑥	→ 봉륙진일십	148760 + 1	14877

【1-6-1】 지금 쌀이 436섬 9말 7되 있는데, 두 사람에게 나누어주려고 한다. 한 사람이 얻는 몫은 얼마인가?

今有米四百三十六石九斗七升 令二人分之 問每人得幾何

답 218섬 4말 8되 5홉
答曰 二百一十八石四斗八升五合

☞ **역자 설명:** [1-1-11] 두곡법(1섬=10말=100되)에 의하여 다음을 얻는다.

436섬 9말 7되=436.97섬

2인의 몫이 436.97섬이므로, 1인의 몫을 x섬이라 하면 다음 비례식이 성립한다.

$$2 : 436.97 = 1 : x$$

따라서 구하는 값은 다음과 같다.

$x = 436.97 \div 2 = 218.485$(섬)=218섬 4말 8되 5홉

【1-6-2】 지금 쌀이 5747섬 2말 5되 있는데, 30명의 사람에게 나누어주려고 한다. 한 사람이 얻는 몫은 얼마인가?
今有米五千七百四十七石二斗五升 令三十人分之 問每人得幾何

답 191섬 5말 7되 5홉
答曰 一百九十一石五斗七升五合

☞ **역자 설명:** [1-1-11] 두곡법(1섬=10말=100되)에 의하여 다음을 얻는다.

5747섬 2말 5되=5747.25섬

30인의 몫이 5747.25섬이므로, 1인의 몫을 x섬이라고 하면 다음 비례식이 성립한다.

$$30 : 5747.25 = 1 : x$$

따라서 구하는 값은 다음과 같다.

$x = 5747.25 \div 30 = 574.725 \div 3 = 191.575$(섬)=191섬 5말 7되 5홉

【1-6-3】 지금 돈이 469관 850문 있는데, 40문으로 흰콩을 한 말 구매한다. 〔구매할 수 있는〕 흰콩은 얼마인가?
今有錢四百六十九貫八百五十文 每四十文買白豆一斗 問白豆幾何

답 1174섬 6말 2되 5홉
答曰 一千一百七十四石六斗二升五合

☞ **역자 설명:** 40문으로 흰 콩을 1말 구매하므로, 469관 850문(=469850문)으로 흰 콩을 x말 구매한다면 다음 비례식이 성립한다.

$$40:1=469850:x$$

따라서 구하는 값은 다음과 같다.

$$x=469850\div 40=46985\div 4=11746.25(\text{말})=1174\text{섬 }6\text{말 }2\text{되 }5\text{홉}$$

【1-6-4】 지금 돈이 27375냥 있는데, 정을 매겨서 50냥을 1정으로 하려고 한다. 〔모두 정으로 나타내면〕 얼마인가?
今有錢二萬七千三百七十五兩 欲爲課鋌每五十兩爲一鋌 問幾何

답 547.5정
答曰 五百四十七鋌半

☞ **역자 설명:** 돈 50냥이 1정이므로, 27375냥을 x정이라고 하면 다음 비례식이 성립한다.

$$50:1=27375:x$$

따라서 구하는 값은 다음과 같다.

$$x=27375\div 50=2737.5\div 5=547.5(\text{정})$$

【1-6-5】 지금 돈이 8926관 200문 있는데, 실을 사려고 한다. 한 근의 값은 돈 600문이다. 〔살 수 있는〕 실은 얼마인가?
今有銀[1]八千九百二十六貫二百文 欲貿絲 每斤價錢六百文 問絲幾何

답 1만 4877근
答曰 一萬四千八百七十七斤

---

1) 銀은 錢의 誤記

☞ **역자 설명:** 실 한 근의 값이 돈 600문이므로, 실 x근의 값을 8926관 200문(=8926200문)이라고 하면 다음 비례식이 성립한다.

$$600:1=8926200:x$$

따라서 구하는 값은 다음과 같다.

$$x=8926200\div600=89262\div6=14877(\text{근})$$

【1-6-6】 지금 돈이 2628관 500문 있는데, 큰 비단을 사려고 한다. 한 필의 값은 돈 7관이다. 〔살 수 있는〕 비단은 얼마인가?
今有錢二千六百二十八貫五百文 欲買大羅 每匹價錢七貫 問羅幾何

답 375.5필
答曰 三百七十五匹半

☞ **역자 설명:** 큰 비단 한 필의 값이 돈 7관이므로, 큰 비단 x필의 값을 2638관 500문(=2628.5관)이라고 하면 다음 비례식이 성립한다.

$$7:1=2628.5:x$$

따라서 구하는 값은 다음과 같다.

$$x=2628.5\div7=375.5(\text{필})$$

【1-6-7】 지금 돈이 44관 960문 있는데, 고운 베를 사려고 한다. 한 자의 값은 돈 80문이다. 〔살 수 있는〕 베는 얼마인가?
今有錢四十四貫九百六十文 欲買細布 每尺價錢八十文 問布幾何

답 56장 2자
答曰 五十六丈二尺

☞ **역자 설명:** 고운 베 한 자의 값이 돈 80문이므로, 베 x자의 값을 44관 960문(=44960문)이라고 하면 다음 비례식이 성립한다.

$$80:1=44960:x$$

따라서 구하는 값은 다음과 같다.

$$x = 44960 \div 80 = 4496 \div 8 = 562(\text{자}) = 56\text{장 } 2\text{자}$$

【1-6-8】 지금 돈이 4만 3380관 있는데, 90관으로 말을 1필 산다. [살 수 있는] 말은 얼마인가?
今有錢四萬三千三百八十貫 每九十貫貿馬一匹 問馬幾何

답 482필
答曰 四百八十二匹

☞ **역자 설명:** 돈 90관으로 말을 1필 살 수 있으므로, 돈 43380관으로 말을 x필 산다면 다음 비례식이 성립한다.

$$90 : 1 = 43380 : x$$

따라서 구하는 값은 다음과 같다.

$$x = 43380 \div 90 = 4338 \div 9 = 482(\text{필})$$

7 신외감법문(身外減法門) 13문(十三問)

여기서는 아래에서 설명할 신외감법, 즉 나눗수에서 가장 큰 자리의 수가 1인 나눗셈으로 해결할 수 있는 문제들을 다룬다. 이것들을 『산학계몽』 상권의 <신외감법문>에 대응하는데, 처음 9문제는 나눗수의 크기에 따라 배열한 형식은 서로 같다.

이 방법은 위에서 아래로 진행하는데, 먼저 신을 정하고 신 이외에 모름지기 감할 것을 정한다. 그리고 10은 신을 따라 본위로 나누고 영은 신 아래에서 모름지기 감한다. 此法從上而下 先定定身 身外須減 而言十從身本位除 言零身下須當減

☞ **역자 설명:** 위의 글은 신외감법을 개략적으로 설명하고 있다. 신외감법을 정신제법(定身除法)이라고도 한다. 다음은 『주해수용』에서 인용한 이에 관한 설명과 문제의 예이다.

정신제라는 것은 법의 머릿수 1을 제외하고 구하는 것을 말하며, 우선 신(身)을 정하고 다음에 〔곱한 결과를 실에서〕 빼는 방법이다. 법이 두 자리 수이고 머릿수가 1이면 역시 실을 일격으로 나열하여 실의 머리 숫자를 관찰하여 몫(商)인 신을 정하고 법의 머릿수 1을 제외하고 그 나머지 수로 신과 곱하고 「주: 곱셈 구구로」 자리를 맞추어서 실수에서 뺀다. 이것은 상제의 지름길 방법이며, 〔신외〕가법의 환원이다. 세 자리 이상의 수에도 역시 사용할 수 있는데, 단 이격이 되고 법은 역시 그 머리 숫자가 1이어야 하며 같은 방법으로 몫(商身)을 구한다.
定身除者一曰 求一除先定身 而後除之也 法之有兩位而頭位爲一數者 亦列實一格 取其頭位商定身數 去法頭一其餘與身相呼「九九數」照位除實 此商除之捷法 加法之還原也 三位以上亦可用 但爲二格法數在下以頭一呼實而 商身

쌀 480말을 15말마다 한 섬으로 한다면, 몇 섬이 되는가?
米四百八十斗 每十五斗作一石 問爲石幾何

답 32섬
答曰 三十二石

해법 48을 실로 하고 〔15 중에서 1을 제외한〕 5를 법으로 하여, 실에 따라 몫인 신을 3으로 정하고 〔3과 15를 곱한 결과를 실에서〕 뺀다. 「주: 3×5=15」 그러면 실의 나머지는 30말이다. 신 2를 정하여 빼면 「주: 2×5=10」 완전히 없어진다.
術曰 四八爲實 以五爲法 就實商定定身三而除之「三五十五」實餘三十斗 定身二而除之「二五十」恰盡

위의 설명에 따르면, 신외가법은 몫(商)인 신(身)을 정하고 이를 [나눗수의 가장 큰 자리의 수 1을 제외한] 나머지와 곱해서 나뉨수[실]에서 빼는 과정을 반복하는 나눗셈이다. 위에서 시행한 나눗셈 480÷15=32 … 0을 다음과 같이 순차적으로 나타낼 수 있다.

4 8 0	→	(3+1) 8 0	→	3 3 0	→	3 (2+1) 0	→	3 2 0
	신: 3	1 5			신: 2	1 0		
	3×5				2×5:			
1 5	=15	1 5		1 5	=10	1 5		1 5

【1-7-1】 지금 은이 136냥 7전 3푼 있는데, 은 1냥 1전으로 쌀 1섬을 구매한다. 〔구매한〕 전체의 쌀은 얼마인가?
今有銀一百三十六兩七錢三分 每銀一兩一錢貿米一石 問合米幾何

답 124섬 3말
答曰 一百二十四石三斗

☞ **역자 설명:** '1냥=10전, 1전=10푼'이다. 은 1냥 1전(=11전)으로 쌀을 1섬 구매하므로, 은 136냥 7전 3푼(=1367.3전)으로 쌀을 x섬 구매한다면 다음 비례식이 성립한다.

$$11:1=1367.3:x$$

따라서 구하는 값은 다음과 같다.

$$x=1367.3\div 11=124.3(\text{섬})=124\text{섬 }3\text{말}$$

【1-7-2】 지금 쌀이 637섬 8말 있는데, 12섬의 값은 은 10냥이다. 전체의 은은 얼마인가?
今有米六百三十七石八斗 每一十二石直銀一十兩 問合銀幾何

답 531냥 5전
答曰 五百三十一兩五錢

☞ **역자 설명:** 쌀 12섬의 값이 은 10냥이므로, 쌀 637섬 8말(=637.8섬)의 값을 은 x냥이라고 하면 다음 비례식이 성립한다.

$$12:10=637.8:x$$

따라서 구하는 값은 다음과 같다.

$x=637.8\times10\div12=6378\div12=531.5$(냥)$=531$냥 5전

【1-7-3】 지금 돈이 7관 865문 있는데, 벼를 구매하려고 한다. 한 말의 값은 돈 130문이다. 〔구매한〕 벼는 얼마인가?
今有錢七貫八百六十五文 欲貿粟 每斗價錢一百三十文 問粟幾何

답 6섬 5되
答曰 六石五升

☞ **역자 설명:** 벼 한 말의 값이 돈 130문이므로, 벼 x말의 값을 7관 865문(=7865문)이라고 하면 다음 비례식이 성립한다.

$$130:1=7865:x$$

따라서 구하는 값은 다음과 같다.

$x=7865\div130=786.5\div13=60.5$(말)$=6$섬 5되

【1-7-4】 지금 좁쌀이 467섬 6말 7되 있는데, 1말 4되를 쌀 1말과 바꾼다. 〔바꾼〕 쌀은 얼마인가?
今有粟米四百六十七石六斗七升 每一斗四升換大米一斗 問大米幾何

답 334섬 5되

答曰 三百三十四石五升

☞ **역자 설명:** 좁쌀 1말 4되(=1.4말)을 쌀 1말과 바꾸므로, 좁쌀 467섬 6말 7되(=4676.7말)을 쌀 x말과 바꾼다고 하면 다음 비례식이 성립한다.

$$1.4 : 1 = 4676.7 : x$$

따라서 구하는 값은 다음과 같다.

$$x = 4676.7 \div 1.4 = 46767 \div 14 = 3340.5(\text{말}) = 334.05\text{섬} = 334\text{섬 } 5\text{되}$$

【1-7-5】 지금 구리쇠가 3만 3855근 있는데, 1칭의 무게는 15근이다. 〔모두〕 칭으로 환산하면 얼마인가?

今有銅鐵三萬三千八百五十五斤 每秤重一十五斤 問作秤幾何

답 2257칭

答曰 二千二百五十七秤

☞ **역자 설명:** 한 칭의 무게가 15근이므로, x칭의 무게를 33855근이라고 하면 다음 비례식이 성립한다.

$$15 : 1 = 33855 : x$$

따라서 구하는 값은 다음과 같다.

$$x = 33855 \div 15 = 2257(\text{칭})$$

【1-7-6】 지금 홍화[1]가 8936냥 있는데, 한 근의 무게는 16냥이다. 〔모두〕 근으로 환산하면 얼마인가?

今有紅花八千九百三十六兩 每斤重一十六兩 問作斤幾何

답 558.5근

答曰 五百五十八斤半

1) 홍화(紅花), 잇꽃 또는 잇의 꽃과 씨, 어혈·산후 악혈을 푸는 데 효과가 있으며 통경약(通經藥)으로도 쓰임.

☞ **역자 설명:** 홍화 한 근의 무게가 16냥이므로, x근의 무게를 8936냥이라고 하면 다음 비례식이 성립한다.

$16:1=8936:x$

따라서 구하는 값은 다음과 같다.

$x=8936\div16=558.5$(근)

【1-7-7】 지금 백반[2]이 170칭 있는데, 은을 557냥 9전 4푼 살 수 있다. 한 칭의 값은 은으로 얼마인가?
今有白礬[3]一百七十秤 貿銀五百五十七兩九錢四分 問每秤價錢幾何

답 3냥 2전 8푼 2리
答曰 三兩二錢八分二釐

☞ **역자 설명:** 백반 170칭으로 은 557냥 9전 4푼(=557.94냥)을 구매하므로, 1칭으로 은 x냥을 구매한다면 다음 비례식이 성립한다.

$170:557.94=1:x$

따라서 구하는 값은 다음과 같다.

$x=557.94\div170=55.794\div17=3.282$(냥)=3냥 2전 8푼 2리

【1-7-8】 지금 만든 누룩이 801근 있는데, 18근마다 보리를 1섬씩 사용한다. 전체의 보리는 얼마인가?
今有造麯八百零一斤 每一十八斤用麥一石 問合麥幾何

답 44.5섬
答曰 四十四石半

☞ **역자 설명:** 누룩 18근을 만드는 데 보리가 1섬 사용되므로, 누룩 801근을 만드는 데 보리가 x섬 사용된다면 다음 비례식이 성립한다.

2) 백반(白礬), 명반을 구은 것
3) 礬은 礬의 誤記

$18 : 1 = 801 : x$

따라서 구하는 값은 다음과 같다.

$x = 801 \div 18 = 44.5$(섬)

【1-7-9】 지금 조세로 거둔 벼가 1만 6672섬 5말 있는데, 민가에 종자로 나누어 보급하려고 한다. 다만, 한 민가마다 1섬 9말씩 나누어준다. 전체의 민가는 얼마인가?
今有正租一萬六千六百七十二石五斗 令民户種子分給 只云每户一石九斗 問計户幾何

답 8775호
答曰 八千七百七十五户

☞ **역자 설명:** 1섬 9말(=1.9섬)을 한 민가에 보급하므로, 벼 16672섬 5말(=16672.5섬)을 민가 x호에 보급한다면 다음 비례식이 성립한다.

$1.9 : 1 = 16672.5 : x$

따라서 구하는 값은 다음과 같다.

$x = 16672.5 \div 1.9 = 166725 \div 19 = 8775$(호)

【1-7-10】 지금 붉은 실이 3869냥 4전 2푼 있는데, 무늬 비단을 짜려고 한다. 한 자마다 실이 1냥 5전 8푼씩 사용된다. 짤 수 있는 비단은 모두 얼마인가?
今有紅絲三千八百六十九兩四錢二分 欲織紋紗 每尺用絲一兩五錢八分 問織絲幾何

답 244장 9자
答曰 二百四十四丈九尺

☞ **역자 설명:** 실 1냥 5전 8푼(=1.58냥)으로 무늬 비단을 한 자 짜므로, 실 3869냥 4전 2푼(=3869.42냥)으로 무늬 비단을 x자 짠다고 하면 다음 비례식이

성립한다.

$$1.58 : 1 = 3869.42 : x$$

따라서 구하는 값은 다음과 같다

$$x = 3869.42 \div 1.58 = 386942 \div 158 = 2449(자) = 244장\ 9자$$

【1-7-11】 지금 명주실이 5488냥 1전 4푼 있는데, 비단을 짜려고 한다. 1장을 짜는 데 실이 17냥 9전 사용된다. 짤 수 있는 비단은 모두 얼마인가?
今有眞絲五千四百八十八兩一錢四分 欲織緞 每一文[4]用絲一十七兩九錢 問織緞幾何

답 306장 6자
答曰 三百六丈六尺

☞ **역자 설명:** 명주실 17냥 9전으로 비단을 1장 짜므로, 명주실 5488냥 1전 4푼(=5488.14냥)으로 비단을 x장 짠다고 하면 다음 비례식이 성립한다.

$$17.9 : 1 = 5488.14 : x$$

따라서 구하는 값은 다음과 같다.

$$x = 5488.14 \div 17.9 = 54881.4 \div 179 = 306.6(장) = 306장\ 6자$$

【1-7-12】 지금 삼실이 2만 5937냥 5전 있는데, 삼베를 짜려고 한다. 한 필을 짜는 데 실이 125냥 사용된다. 짤 수 있는 베는 모두 얼마인가?
今有麻絲二萬五千九百三十七兩五錢 欲織麻布 每匹用絲一百二十五兩 問織布幾何

답 207.5필
答曰 二百七匹半

---

4) 文은 丈의 誤記

☞ **역자 설명:** 삼실 125냥으로 베를 한 필 짜므로, 삼실 25937냥 5전(=25937.5냥)으로 베를 x필 짠다고 하면, 다음 비례식이 성립한다.

$$125 : 1 = 25937.5 : x$$

따라서 구하는 값은 다음과 같다.

$$x = 25937.5 \div 125 = 207.5(\text{필})$$

【1-7-13】 지금 모시실이 6만 7387냥 있는데, 모시베를 짜려고 한다. 100자를 짜는 데 실이 197냥 반 사용된다. 짤 수 있는 베는 모두 얼마인가?

今有苧絲六萬七千三百八十七兩 欲織苧布 每百尺用絲一百九十七兩半 問織布幾何

답 3만 4120자

答曰 三萬四千一百二十尺

☞ **역자 설명:** 모시실 197냥 반(=197.5냥)으로 베를 100자 짜므로, 실 67387냥으로 베를 x자 짠다고 하면 다음 비례식이 성립한다.

$$197.5 : 100 = 67387 : x$$

따라서 구하는 값은 다음과 같다.

$$x = 67387 \times 100 \div 197.5 = 67387000 \div 1975 = 34120(\text{자})$$

[8] 수신귀제문(隨身歸除門) 26문(二十六問)

여기서는 [1-1-5] 승제법에서 설명한 상제법 또는 [1-1-6] 귀제법으로 해결할 수 있는 구매 문제, 판매 문제, 교환 문제 등을 다루고 있다. 이것들은『산학계몽』상권 <구귀제법문>에서 제9문 이후에 대응한다.

예를 들어 문 [1-8-5]의 나눗셈 33603÷69=487 …0을 귀제법으로 계산하면 다음과 같다.

33603	구귀법에 따라 6으로 3을	33603=30000+3603
69	나눈다. '육삼첨작오'	=60×500+3603
↓	즉 3을 5로 만든다.	
53603	나눗수의 9와 몫 5의 곱 45가	=60×400+6000+3603
69	36보다 크다. 5에서 1을 세워	=60×400+9603
↓	아래 자리에 6을 더한다.	
49603	나눗수의 9와 몫 4의 곱 36을	=60×400+9×400+6003
69	96에서 뺀다.	=69×400+6003
↓		=69×400+6000+3
46003	나눗수를 한 자리 물린다.	=69×400+60×90+600+3
69	6을 보고 나눌 수 없으므로,	=69×400+60×90+603
↓	당귀법에 따라 9*6을 짓는다.	
49603	나눗수의 9와 몫 9의 곱 81은	=69×400+60×80+60×10
69	60보다 크다. 9에서 1을 세워	+603
↓	아래 자리에 6을 더한다.	
48(12)03	나눗수의 9와 몫 8의 곱 72를	=69×400+60×80+1203
69	120에서 뺀다.	=69×400+60×80+9×80
↓		+483
48483	나눗수를 한 자리 물린다.	=69×400+69×80+483
69	구귀법에 따라 6으로 4를 나눈다.	=69×480+400+83
↓	'육사륙십사' 즉 4는 6으로,	=69×480+60×6+40+83
	4를 아래 자리에 더한다.	=69×480+60×6+123
486(12)3	나눗수의 9와 몫 6의 곱 54를	=69×480+60×6+9×6+69
69	123에서 뺀다.	=69×480+69×6+69
↓		
48669	나눗수를 한 자리 물린다.	=69×480+69×6+60×1+9
69	6을 보고 나눌 수 있으므로,	=69×480+69×6+60×1

↓	10을 올린다.	$+9\times1$
48709	나눗수의 9와 몫 1의 곱을	$=69\times480+69\times6+69\times1$
69	9에서 뺀다.	$=69\times480+69\times7$
↓		$=69\times487$
48700	따라서 몫은 487이고 나머지는	
69	0이다.	

【1-8-1】 지금 식량이 38섬 4말 3되 있는데, 21명의 사람에게 이를 나누어주려고 한다. 한 사람이 얻는 몫은 얼마인가?
今有粮三十八石四斗三升 令二十一人分之 每人得幾何

답 1섬 8말 3되
答曰 一石八斗三升

해법 식량 38섬 4말 3되를 놓고 21인을 법으로 하여 나누면, 물음에 합당한 답을 얻는다.
法曰 置粮三十八石四斗三升 以二十一人爲法 歸除 得合問

☞ **역자 설명:** 위의 해법은 다음과 같다. 21인의 몫이 38섬 4말 3되(=38.43섬)이므로, 한 사람의 몫을 x섬이라고 하면 다음 비례식이 성립한다.

$$21:38.43=1:x$$

따라서 구하는 값은 다음과 같다.

$$x=38.43\div21=1.83(\text{섬})=1\text{섬 }8\text{말 }3\text{되}$$

【1-8-2】 지금 벼가 493섬 3말 5되 있는데, 330명의 사람에게 이를 나누어주려고 한다. 한 사람이 얻는 몫은 얼마인가?
今有粟四百九十三石三斗五升 令三百三十人分之 問每人得幾何

답 1섬 4말 9되 5홉
答曰 一石四斗九升五合

해법 벼 493섬 3말 5되를 놓고 330인을 법으로 하여 나누면, 물음에 합당한 답을 얻는다.

法曰 置粟四百九十三石三斗五升 以三百三十人爲法 皈歸[1] 得合問

☞ **역자 설명:** 위의 해법은 다음과 같다. 330인의 몫이 벼 493섬 3말 5되(=493.35섬)이므로, 1인의 몫은 벼 x섬이라고 하면 다음 비례식이 성립한다.

$$330 : 493.35 = 1 : x$$

따라서 구하는 값은 다음과 같다.

$$x = 493.35 \div 330 = 49.335 \div 33 = 1.495(\text{섬}) = 1\text{섬 } 4\text{말 } 9\text{되 } 5\text{홉}$$

【1-8-3】 지금 쌀이 5895섬 있는데, 45명의 사람으로 하여금 창고에 운반하여 들이게 한다. 한 사람마다 얼마씩 운반하여 들이는가?

今有米五千八百九十五石 令四十五人赴倉運納 問每人運納幾何

답 131섬

答曰 一百三十一石

해법 쌀 5895섬을 놓고 45인을 법으로 하여 나누면, 물음에 합당한 답을 얻는다.

法曰 置米五千八百九十五石 以四十五人爲法 歸除 得合問

☞ **역자 설명:** 위의 해법은 다음과 같다. 45인의 몫이 쌀 5895섬이므로, 한 사람의 몫을 쌀 x섬이라고 하면 다음 비례식이 성립한다.

$$45 : 5895 = 1 : x$$

따라서 구하는 값은 다음과 같다.

$$x = 5895 \div 45 = 131(\text{섬})$$

【1-8-4】 지금 돈이 46관 740문 있는데, 실을 사려고 한다. 한 근의

---

1) 歸는 除의 誤記

값은 돈 570문이다. 실은 얼마인가?
今有錢四十六貫七百四十文 欲買絲 每斤價錢五百七十文 問絲幾何

답 82근
答曰 八十二斤

해법 돈 46관 740문을 놓고 한 근의 값 570문을 법으로 하여 나누면, 물음에 합당한 답을 얻는다.
法曰 置錢四十六貫七百四十文 以斤價五百七十文爲法 歸除 得合問

☞ **역자 설명:** 위의 해법은 다음과 같다. 실 한 근의 값이 돈 570문이므로, 실 x근을 돈 46관 740문(=46740문)으로 산다고 하면 다음 비례식이 성립한다.

$$570 : 1 = 46740 : x$$

따라서 구하는 값은 다음과 같다.

$$x = 46740 \div 570 = 4674 \div 57 = 82(\text{근})$$

【1-8-5】 지금 돈이 33관 603문 있는데, 비단을 사려고 한다. 한 자의 값은 돈 69문이다. 비단은 얼마인가?
今有錢三十三貫六百三文 欲買羅 每尺價錢六十九文 問羅幾何

답 48장 7자
答曰 四十八丈七尺

해법 돈 33관 603문을 놓고 한 자의 값 69문을 법으로 하여 나누면, 물음에 합당한 답을 얻는다.
法曰 置錢三十三貫六百三文 以尺價六十九文爲法 歸除 得合問

☞ **역자 설명:** 위의 해법은 다음과 같다. 비단 한 자의 값이 69문이므로, 비단 x자를 돈 33관 603문(=33603문)으로 산다고 하면 다음 비례식이 성립한다.

$$69 : 1 = 33603 : x$$

따라서 구하는 값은 다음과 같다.

$x = 33603 \div 69 = 487$(자) = 48장 7자

【1-8-6】 지금 돈이 586관 800문 있는데, 황밀[2])을 사려고 한다. 한 칭의 값은 돈 7관 200문이다. 황밀은 얼마인가?
今有錢五百八十六貫八百文 欲買黃蜜 每秤價錢七貫二百文 問黃蜜幾何

답 81.5칭
答曰 八十一秤半

해법 돈 586관 800문을 놓고 한 칭의 값 7관 200문을 법으로 하여 나누면, 물음에 합당한 답을 얻는다.
法曰 置錢五百八十六貫八百文 以秤價七貫二百文爲法 歸除 得合問

☞ **역자 설명:** 위의 해법은 다음과 같다. 황밀 1칭의 값이 돈 7관 200문(=7200문)이므로, 황밀 x칭을 돈 586관 800문(=586800문)으로 산다고 하면 다음 비례식이 성립한다.

$$7200 : 1 = 586800 : x$$

따라서 구하는 값은 다음과 같다.

$x = 586800 \div 7200 = 5868 \div 72 = 81.5$(칭)

【1-8-7】 지금 돈이 241관 920문 있는데, 백밀[3])을 사려고 한다. 한 칭의 값은 돈 8관 400문이다. 백밀은 얼마인가?
今有錢二百四十一貫九百二十文 欲買白蜜 每秤價錢八貫四百文 問白蜜幾何

답 28칭 12근
答曰 二十八秤一十二斤

해법 돈 241관 920문을 놓고 한 칭의 값 8관 400문을 법으로 하여

2) 벌통에서 따낸 그대로의 꿀
3) 황밀을 하얗게 한 것, 고약의 기본 재료로 쓰임.

나누면 28칭 8푼을 얻는다. 칭 아래의 수량은 15를 곱하여 단위를 근으로 나타내면, 물음에 합당한 답을 얻는다.

法曰 置錢二百四十一貫九百二十文 以秤價八貫四百文爲法 歸除 得二十八秤八分 秤下分者 身外加五 爲斤 得合問

☞ **역자 설명:** 위의 해법은 다음과 같다. 백밀 1칭의 값이 돈 8관 400문(=8400문)이므로, 백밀 x칭을 돈 241관 920문(=241920문)으로 산다고 하면 다음 비례식이 성립한다.

$$8400 : 1 = 241920 : x$$

따라서 구하는 값은 다음과 같다. [참고: 근칭법 '1칭=15근']

$$x = 241920 \div 8400 = 2419.2 \div 84 = 28.8(\text{칭}) = 28\text{칭}\ (0.8 \times 15)\text{근} = 28\text{칭}\ 12\text{근}$$

【1-8-8】 지금 돈이 990관 376문 있는데, 주초[4]를 사려고 한다. 한 칭의 값은 돈 8관 600문이다. 주초는 얼마인가?

今有錢九百九十貫三百七十六文 欲買朱草 每秤價錢八貫六百文 問朱草幾何

답 115칭 2근 6냥 4전

答曰 一百一十五秤二斤六兩四錢

해법 돈 990관 376문을 놓고 한 칭의 값 8관 600문을 법으로 하여 나누면 115.16칭을 얻는다. 칭 아래의 수량은 15를 곱하여 단위를 근으로 나타내면 2.4근을 얻는다. 또 근 아래의 수량은 16을 곱하여 단위를 냥으로 나타내면 6.4냥을 얻는다. 합하면 115칭 2근 6냥 4전이다. 이는 물음에 합당하게 된다.

法曰 置錢九百九十貫三百七十六文 以秤價八貫六百文爲法 歸除 得一百一十五秤一分六厘 秤下分者 身外加五 爲斤 得二斤四分 又斤下分者 身外加六 爲兩 得六兩四錢 共一百一十五秤二斤六兩四錢 此爲合問也

☞ **역자 설명:** 위의 해법은 다음과 같다. 주초 1칭의 값이 돈 8관 600문(=8600

---

4) 붉은 풀, 한약재인 듯 함. 한편, 고시관이 과거를 본 사람의 시험 성적을 붉은 먹으로 글씨를 써서 평가하는 일을 주초(朱草)하고 한다.

문)이므로, 주초 x칭을 돈 990관 376문(=990376문)으로 산다고 하면 다음 비례식이 성립한다.

$$8600 : 1 = 990376 : x$$

따라서 다음을 얻는다.

$$x = 990376 \div 8600 = 9903.76 \div 86 = 115.16(\text{칭})$$

근칭법 '1칭=15근'과 근양법 '1근=16냥' 및 관계 '1냥=10전'을 이용하여 위에서 얻은 값을 다음과 같이 나타낼 수 있다.

115.16칭=115칭 (0.16×15)근=115칭 2.4근=115칭 2근 (0.4×16)냥
=115칭 2근 6.4냥=115칭 2근 6냥 4전

【1-8-9】 지금 실이 21근 15냥 3전 3푼 있는데, 비단을 짜려고 한다. 한 장을 짜는 데 실이 9냥 8전 사용된다. 짤 수 있는 비단은 모두 얼마인가?
今有絲二十一斤一十五兩三錢三分 欲織絹 每文[5]用絲九兩八錢 問織絹幾何

답 35장 8자 5치
答曰 三十五丈八尺五寸

해법 실 21근을 놓고 16을 곱하여 단위를 냥으로 나타내고 15냥 3전 3푼을 합하면 351냥 3전 3푼을 얻는다. 〔비단 1장을 짜는 데〕 사용되는 실 9냥 8전을 법으로 하여 나누면, 물음에 합당한 답을 얻는다.
法曰 置絲二十一斤 身外加六 通兩 搭入一十五兩三錢三分 共得三百五十一兩三錢三分 以用絲九兩八錢爲法 歸除 得合問

☞ **역자 설명:** 위의 해법은 다음과 같다. 실 21근 15냥 3전 3푼은 근양법 '1근=16냥'에 따라 다음과 같이 나타내어진다.

21근 15냥 3전 3푼=(21×16)냥 15.33냥=336냥 15.33냥=351.33냥

비단 1장을 짜는 데 실이 9냥 8전(=9.8냥) 사용되므로, 비단 x장을 짜는 데 실

5) 文은 丈의 誤記

이 351.33냥 필요하다고 하면 다음 비례식이 성립한다.

$$9.8 : 1 = 351.33 : x$$

따라서 구하는 값은 다음과 같다.

$$x = 351.33 \div 9.8 = 3513.3 \div 98 = 35.85(\text{장}) = 35\text{장 } 8\text{자 } 5\text{치}$$

【1-8-10】 지금 실이 53근 9냥 7전 5푼 있는데, 비단을 짜려고 한다. 한 필을 짜는 데 실이 1근 7냥 반 사용된다. 짤 수 있는 비단은 모두 얼마인가?
今有絲五十三斤九兩七錢五分 欲織錦 每匹用絲一斤七兩半 問織錦幾何

답 36.5필
答曰 三十六匹半

해법 실 53근을 놓고 16을 곱하여 단위를 냥으로 나타내고, 9냥 7전 5푼을 더하여 얻은 857냥 7전 5푼을 포라고 하자. [비단 1필을 짜는 데] 사용되는 실 1근을 근양법으로 단위를 냥으로 바꾸고 7냥 반을 합하면 23냥 반을 얻는다. 이를 법이라고 하자. 포를 법으로 나누면, 물음에 합당한 답을 얻는다.
法曰 置絲五十三斤 身外加六 通兩 搭入九兩七錢五分 共得八百五十七兩七錢五分爲寀[6] 以用絲一斤 通兩內子 得二十三兩半 以此爲法 寀如法而一 得合問

☞ **역자 설명:** 위의 해법은 다음과 같다. 주어진 전체의 실 53근 9냥 7전 5푼과 비단 1필을 짜는 데 사용되는 실 1근 7냥 반은 근양법 '1근=16냥'에 따라 각각 다음과 같이 나타내어진다.

53근 9냥 7전 5푼=(53×16)냥 9냥 0.7냥 0.05냥=848냥 9.75냥=857.75냥,

1근 7냥 반=(1×16)냥 7냥 0.5냥=16냥 7.5냥=23.5냥

그래서 비단 1필을 짜는 데 실이 23.5냥 사용되므로, 비단 x필을 짜는 데 실이

6) 『묵사집산법』에서는 寀(감출 포)를 實과 혼용하고 있다. 실제로 寀는 實의 고자(古字)이기도 하다. 여기서는 원문이 寀로 되어 있는 경우에는 번역문에 '포'로 나타내겠다.

857.75냥 사용된다고 하면 다음 비례식이 성립한다.

$$23.5 : 1 = 857.75 : x$$

따라서 구하는 값은 다음과 같다.

$$x = 857.75 \div 23.5 = 8577.5 \div 235 = 36.5(\text{필})$$

【1-8-11】 지금 강사가 77근 13냥 3전 4푼 있는데, 비단을 짜려고 한다. 한 필을 짜는 데 실이 1근 12냥 4전 사용된다. 한 필의 길이는 4장 2자이다. 짤 수 있는 비단은 모두 얼마인가?
今有降絲七十七斤一十三兩三錢四分 欲織段 每匹用絲一斤一十二兩四錢 一匹長四丈二尺 問織段幾何

답 43필 3장 5자 7치
答曰 四十三匹三丈五尺七寸

해법 실 77근을 놓고 16을 곱하여 단위를 냥으로 나타내고, 13냥 3전 4푼을 더하여 얻은 1245냥 3전 4푼을 포라고 하자. 〔한 필을 짜는 데〕 사용되는 실 1근을 근양법으로 단위를 냥으로 바꾸고, 12냥 4전을 더하여 얻은 28냥 4전을 법이라고 하자. 포를 법으로 나누면 43필 8푼 반을 얻는다. 필 아래의 수량은 필법 42로 이에 곱하면 물음에 합당한 답을 얻는다.
法曰 置絲七十七斤 身外加六 通兩 搭入一十三兩三錢四分 共得一千二百四十五兩三錢四分爲實 以用絲一斤 通兩内子 得二十八兩四錢爲法 實如法而一 得四十三匹八分半 匹下分者 以匹法四二乘之 得合問

☞ **역자 설명:** 위의 해법은 다음과 같다. 주어진 전체의 강사 77근 13냥 3전 4푼과 비단 1필을 짜는 데 사용되는 실 1근 12냥 4전을 근양법 '1근=16냥'에 따라 각각 다음과 같이 나타내어진다.

77근 13냥 3전 4푼 $=(77\times16)$냥 13냥 0.34냥 $=$ 1232냥 13.34냥 $=$ 1245.34냥,

1근 12냥 4전 $=(1\times16)$냥 12냥 0.4냥 $=$ 16냥 12.4냥 $=$ 28.4냥

그래서 비단을 1필 짜는 데 실이 28.4냥 사용되므로, 비단을 x필 짜는 데 실이

1245.34냥 사용된다고 하면 다음 비례식이 성립한다.

$$28.4 : 1 = 1245.34 : x$$

따라서 다음을 얻는다.

$$x = 1245.34 \div 28.4 = 12453.4 \div 284 = 43.85(\text{필})$$

필법 '1필=42자'를 이용하면 구하는 값은 다음과 같다.

43.85필=43필 (0.85×42)자=43필 35.7자=43필 3장 5자 7치

【1-8-12】 지금 흰쌀이 7섬 3말 9되 5홉 8작 4초 있는데, 8되 6홉 4작을 현미[7] 1말과 같게 본다. 현미는 얼마인가?
今有白米七石三斗九升五合八勺四抄 每八升六合四勺準糙米一斗 問糙米幾何

답 8섬 5말 6되
答曰 八石五斗六升

해법 흰쌀 7섬 3말 9되 5홉 8작 4초를 놓고 8되 6홉 4작을 법으로 하여 나누면, 물음에 합당한 답을 얻는다.
法曰 置白米七石三斗九升五合八勺四抄 以八升六合四勺爲法 皈除 ([8])合問

☞ **역자 설명:** 위의 해법은 다음과 같다. 흰쌀 8되 6홉 4작(=0.864말)와 현미 1말이 같으므로, 흰쌀 7섬 3말 9되 5홉 8작 4초(=73.9584말)를 현미 x말과 같다고 하면 다음 비례식이 성립한다.

$$0.864 : 1 = 73.9584 : x$$

따라서 구하는 값은 다음과 같다.

$$x = 73.9584 \div 0.864 = 73958.4 \div 864 = 85.6(\text{말}) = 8\text{섬 } 5\text{말 } 6\text{되}$$

---

7) 조미(糙米)=매조미쌀=현미(玄米), 벼의 껍질만 벗기고 쓿지 않는 쌀.
8) '得' 落字

【1-8-13】 지금 현미가 8섬 9말 9되 7홉 7초 있는데, 7되 3홉 5작을 노란 콩 1말로 대체한다. 노란 콩은 얼마인가?
今有糙米八石九斗九升七合八勺七抄 每七升三合五勺折黃豆一斗 問黃豆幾何

답 12섬 2말 4되 2홉
答曰 一十二石二斗四升二合

해법 현미 8섬 9말 9되 7홉 8작 7초를 놓고 7되 2홉 5작을 법으로 하여 나누면, 물음에 합당한 답을 얻는다.
法曰 置糙米八石九斗九升七合八勺七抄 以七升二合五勺爲法 歸除 得合問

☞ **역자 설명:** 위의 해법은 다음과 같다. 현미 7되 3홉 5작(=0.735말)과 노란 콩 1말을 같게 보므로, 현미 8섬 9말 9되 7홉 8작 7초(=89.9787말)을 노란 콩 x 말과 같게 본다면 다음 비례식이 성립한다.

$$0.735 : 1 = 89.9787 : x$$

따라서 구하는 값은 다음과 같다.

$$x = 89.9787 \div 0.735 = 89978.7 \div 735 = 122.42(\text{말}) = 12\text{섬 } 2\text{말 } 4\text{되 } 2\text{홉}$$

【1-8-14】 지금 밀가루가 407근 있는데, 6근 14냥을 만드는 데 보리가 1말 사용된다. 사용된 보리는 얼마인가?
今有造麵四百零七斤 每六斤一十四兩用麥一斗 問用麥幾何

답 5섬 9말 2되
答曰 五石九斗二升

해법 밀가루 407근을 놓고 6근 8푼 7리 반을 법으로 하여 나눈다. 「주: 8푼 7리 반은 14냥을 단위 근으로 나타낸 값이다.」 그러면 물음에 합당한 답을 얻는다.
法曰 置麵四百七斤 以六斤八分七厘半爲法 歸除 「八分七厘半者 乃十四兩留數」 得合問

☞ **역자 설명:** 위의 해법은 다음과 같다. 먼저, 6근 14냥을 근양법 '1근=16냥'을 이용하여 (또는 [1-1-7] 근하유양법을 이용하여) 단위를 근으로 나타내면 다음과 같다.

$$6근\ 14냥 = 6근\ (14 \div 16)근 = 6근\ 0.875근 = 6.875근$$

그래서 밀가루 6.875근을 만드는 데 보리 1말이 사용되므로, 밀가루 407근을 만드는 데 보리가 x말 사용된다고 하면 다음 비례식이 성립한다.

$$6.875 : 1 = 407 : x$$

따라서 구하는 값은 다음과 같다.

$$x = 407 \div 6.875 = 407000 \div 6875 = 59.2(말) = 5섬\ 9말\ 2되$$

【1-8-15】 지금 은이 81냥 9전 5푼 4리 있는데, 은 6전 2푼 8리를 십품금[9] 1수와 바꾼다. 바꿀 수 있는 금은 모두 얼마인가?
今有銀八十一兩九錢五分四釐 每銀六錢二分八釐換十品金一銖 問金幾何

답 5냥 10.5수
答曰 五兩一十銖半

해법 은 81냥 9전 5푼 4리를 놓고 6전 2푼 4리를 법으로 하여 나누면 130수 반을 얻는다. 양수법 24로 나누고 법에 모자라는 것은 소수로 나타내면, 물음에 합당한 답을 얻는다.
法曰 置銀八十一兩九錢五分四釐 以六錢二分八厘爲法 歸除 得一百三十銖半 以銖法二十四約之 得五兩 不滿法者命之 得合問

☞ **역자 설명:** 위의 해법은 다음과 같다. 은 6전 2푼 8리(=0.628냥)을 십품금 1수와 바꾸므로, 은 81냥 9전 5푼 4리(=81.954냥)을 십품금 x수와 바꾼다고 하면 다음 비례식이 성립한다.

$$0.628 : 1 = 81.954 : x$$

따라서 다음을 얻는다.

---

9) 십품금(十品金), 불려서 가장 좋은 십성(十成)의 금. [여기서 십성은 황금의 품질을 10등급한 첫째 등급이다.]

$x=81.954\div0.628=81954\div628=130.5$(수)

이를 [1-1-13]의 양수법 '1냥=24수'를 이용하여 단위를 바꾸면 다음과 같다.

130.5수=(5×24)수 10.5수=5냥 10.5수

【1-8-16】 지금 금이 52냥 7전 7리 8호 있는데, 금 8리 4호 4사로 인삼 1수와 바꾼다. 인삼은 얼마인가?
今有金五十二兩七錢七釐八毫 每金八釐四毫四絲換人參一銖 問人參幾何

답 16근 4냥 5수
答曰 一十六斤四兩五銖

해법 금 52냥 7전 7리 8호를 놓고 8리 4호 4사를 법으로 하여 나누면 6245수이다. 근수법 384로 나누면 16근과 소수 부분을 얻는다. 또, 근 아래의 수량을 양수법 24로 나누면 4냥과 소수 부분을 얻고 이를 환산하면, 물음에 합당한 답을 얻는다.
法曰 置金五十二兩七錢七厘八毫 以八厘四毫四絲爲法 歸除 得六千二百四十五銖 以斤銖法三百八十四約之 得一十六斤不滿法者 又以兩銖法二十四約之 得四兩不滿法者 命之 得合問

1근=16냥 1냥=4푼 1푼=6수

☞ **역자 설명:** 위의 해법은 다음과 같다. 금 8리 4호 4사(=8.44리)를 인삼 1수와 바꾸므로, 금 52냥 7전 7리 8호(=52707.8리)를 인삼 x수와 바꾼다고 하면 다음 비례식이 성립한다.

$8.44:1=52707.8:x$

따라서 다음을 얻는다.

$x=52707.8\div8.44=5270780\div844=6245$(수)

이를 [1-1-13]의 근수법 '1근=384수'와 양수법 '1냥=24수'를 이용하여 단위를 바꾸면 다음과 같다.

6245수=(16×384)수 101수=16근 (4×24)수 5수=16근 4냥 5수

【1-8-17】 지금 인삼이 7만 수 있는데, 35수 8루 4서를 백향 1근과 바꾼다. 백향은 얼마인가?
今有人參七萬銖 每三十五銖八絫四黍換白香一斤 問白香幾何

답 1953근 2냥
答曰 一千九百五十三斤二兩

해법 인삼 7만 수를 놓고 35수 8루 4서를 법으로 하여 나누면 1953근 1푼 2리 5호를 얻는다. 근 아래의 수량은 16을 곱하여 단위를 냥으로 환산하면, 물음에 합당한 답을 얻는다.
法曰 置人參七萬銖 以三十五銖八絫四黍爲法 歸除 得一千九百五十三斤一分二厘五毫 斤下分者 身外加六 爲兩 得合問

☞ **역자 설명:** 위의 해법은 다음과 같다. 인삼 35수 8루 4서(=35.84수)를 백향 1근과 바꾸므로, 인삼 70000수를 백향 x근과 바꾼다고 하면 다음 비례식이 성립한다.

$$35.84 : 1 = 70000 : x$$

따라서 다음을 얻는다.

$$x = 70000 \div 35.84 = 7000000 \div 3584 = 1953.125(\text{근})$$

이제, [1-1-13]의 근양법 '1근=16냥'을 이용하여 다음과 같이 나타낼 수 있다.

$$1953.125\text{근} = 1953\text{근 } 0.125\text{근} = 1953\text{근 } (0.125 \times 16)\text{냥} = 1953\text{근 } 2\text{냥}$$

【1-8-18】 지금 비단이 5만 5749자 6치 있는데, 주사[10])를 사려고 한다. 한 냥의 값이 8자 7치이다. 주사는 몇 과인가? 「주: 1과는 36냥이다.」
今有錦五萬五千七百四十九尺六寸 欲買朱砂 每兩價八尺七寸 問朱砂幾裹「一裹爲三十六兩」

답 178과

10) 주사(朱砂)=진사(辰砂), 수은의 황화 광물, 수은의 원료 또는 적색 안료로 쓰임.

答曰 一百七十八裹

해법 비단 5만 5749자 6치를 놓고 8자 7치를 법으로 하여 나누면 6408냥을 얻는다. 과법 36냥으로 나누면, 물음에 합당한 답을 얻는다.

法曰 置錦五萬五千七百四十九尺六寸 以八尺七寸爲法 歸除 得六千四百八兩 以裹法三十六約之 得合問

☞ **역자 설명:** 위의 해법은 다음과 같다. 주사 1냥의 값이 비단 8자 7치(=8.7자)이므로, 주사 x냥의 값이 비단 55749자 6치(=55749.6자)라고 하면 다음 비례식이 성립한다.

$$8.7 : 1 = 55749.6 : x$$

따라서 다음을 얻는다.

$$x = 55749.6 \div 8.7 = 557496 \div 87 = 6408(\text{냥})$$

이제, 과법 '1과=36냥'을 이용하면 다음과 같이 구하는 값을 얻는다.

$$6408\text{냥} = (6408 \div 36)\text{과} = 178\text{과}$$

【1-8-19】 지금 명주가 6만 4499자 4치 있는데, 소금을 사려고 한다. 한 인의 값은 42자이다. 소금은 몇 인인가?「주: 1인은 405근이다.」

今有紬六萬四千四百九十九尺四寸 欲買鹽 每引價四十二尺 問鹽幾引「一引爲四百五斤」

답 1535인 283.5근

答曰 一千五百三十五引二百八十三斤半

해법 명주 6만 4499자 4치를 놓고 42자를 법으로 하여 나누면, 1535인 7푼을 얻는다. 인 아래의 수량은 인법 405로 이에 곱하면, 물음에 합당한 답을 얻는다.

法曰 置紬六萬四千四百九十九尺四寸 以四十二尺爲法 歸除 得一千五百三

十五引七分 引下分者 以引法四百五乘之 得合問

☞ **역자 설명:** 위의 해법은 다음과 같다. 소금 1인의 값이 명주 42자이므로, 소금 x인의 값을 명주 64499자 4치(=64499.4자)라 하면 다음 비례식이 성립한다.

$42 : 1 = 64499.4 : x$

따라서 다음을 얻는다.

$x = 64499.4 \div 42 = 1535.7$(인)

이제, 인법 '1인=405근'을 이용하면 다음과 같이 구하는 값을 얻는다.

1535.7인=1535인 0.7인=1535인 (0.7×405)근=1535인 283.5근

【1-8-20】 지금 조세가 9만 섬 있는데, 1무에 조세를 5섬 7말 6되 거둔다. 밭은 얼마인가?
今有租九萬石 每一畝收租五石七斗六升 問田幾何

답 156경 25무
答曰 一百五十六頃二十五畝

해법 조세 9만 섬을 놓고 5섬 7말 6되를 법으로 하여 나누면, 물음에 합당함을 얻는다.
法曰 置租九萬石 以五石七斗六升爲法 歸除 得合問

☞ **역자 설명:** 위의 해법은 다음과 같다. 밭 1무에 조세를 5섬 7말 6되(=5.76)섬 거두므로, 밭 x무에서 90000섬을 거둔다고 하면 다음 비례식이 성립한다.

$5.76 : 1 = 90000 : x$

따라서 구하는 값은 다음과 같다. [참고: 전무법 '1경=100무']

$x = 90000 \div 5.76 = 9000000 \div 576 = 15625$(무)=156경 25무

【1-8-21】 지금 들깨가 893섬 9말 4되 있는데, 기름을 281섬 5말 9되 1홉 1작 짠다. 한 말로 짠 기름은 얼마인가?

今有荏子八百九十三石九斗四升 汁油二百八十一石五斗九升一合一勺 問每斗汁油幾何

답 3되 1홉 5작
答曰 三升一合五勺

해법 짠 기름의 수량을 놓고 표라고 하자. 들깨 893섬 9말 4되를 법으로 하여 나누면, 물음에 합당한 답을 얻는다.
法曰 置汁油數爲実 以荏子八百九十三石九斗四升爲法 歸除 得合問

☞ **역자 설명:** 위의 해법은 다음과 같다. 들깨 893섬 9말 4되(=8939.4말)로 기름을 281섬 5말 9되 1홉 1작(=2815.911말) 짜므로, 들깨 1말로 기름을 x말 짠다고 하면 다음 비례식이 성립한다.

$$8939.4 : 2815.911 = 1 : x$$

따라서 구하는 값은 다음과 같다.

$$x = 2815.911 \div 8939.4 = 28159.11 \div 89394 = 0.315(\text{말}) = 3\text{되 } 1\text{홉 } 5\text{작}$$

【1-8-22】 지금 비단이 468단 있는데, 지전을 13104냥 산다. 한 단의 값은 지전으로 얼마인가?
今有羅四百六十八端 買鈔一萬三千一百四兩 問每端價鈔幾何

답 28냥
答曰 二十八兩

해법 지전의 수량을 놓고 표라고 하자. 비단 468단을 법으로 하여 나누면, 물음에 합당한 답을 얻는다.
法曰 置鈔數爲実 以羅四百六十八端爲法 歸除 得合問

☞ **역자 설명:** 위의 해법은 다음과 같다. 비단 468단의 값이 지전 13104냥이므로, 비단 1단의 값을 지전 x냥이라고 하면 다음 비례식이 성립한다.

$$468 : 13104 = 1 : x$$

따라서 구하는 값은 다음과 같다.

$x=13104\div 468=28$(냥)

【1-8-23】 지금 명주실이 223근 14냥 있는데, 은을 416냥 4전 7리 5호 산다. 한 근의 값은 은으로 얼마인가?
今有眞絲二百二十三斤一十四兩 買銀四百一十六兩四錢七釐五毫 問每斤直銀幾何

답 1냥 8전 6푼
答曰 一兩八錢六分

해법 은의 수량을 놓고 표라고 하자. 별도로 실의 수량을 늘어놓고 근 아래의 14냥을 근으로 환산한 8푼 7리 반을 합하면 223근 8푼 7리 반이다. 이를 법이라고 하자. 표를 법으로 나누면, 물음에 합당한 답을 얻는다.
法曰 置銀數爲寀 副列絲數 斤下留兩作八分七厘半 共列二百二十三斤八分七厘半 以此爲法 寀如法而一 得合問

☞ **역자 설명:** 위의 해법은 다음과 같다. 먼저 명주실을 다음과 같이 근양법 '1근=16냥'을 이용하여 단위를 근으로 바꾼다.

223근 14냥=223근 (14÷16)근=223.875근

그래서 실 223.875근의 값이 은 416냥 4전 7리 5호(=416.4075냥)이므로, 실 1근의 값을 은 x냥이라고 하면 다음 비례식이 성립한다.

$223.875 : 416.4075=1 : x$

따라서 구하는 값은 다음과 같다.

$x=416.4075\div 223.875=416407.5\div 223875=1.86$(냥)=1냥 8전 6푼

【1-8-24】 지금 보통 실이 247근 1냥 2전 있는데, 은을 214냥 9전 5푼 5리 2호 5사 산다. 한 근의 값은 은으로 얼마인가?
今有常絲二百四十七斤一兩二錢 買銀二百一十四兩九錢五分五釐(11))五絲

問每斤直銀幾何

답 8전 7푼
答曰 八錢七分

해법 은의 수량을 놓고 실이라고 하자. 별도로 실의 수량을 늘어놓고 근 아래의 수량을 근으로 환산한 0.075근을 합하면 247.075근이다. 이를 법이라고 하자. 포를 법으로 나누면, 물음에 합당한 답을 얻는다.
法曰 置銀數爲實 副列絲數 斤下留兩隔位作七五 共列二百四十七斤隔七五 以此爲法 宲如法而一 得合問

☞ **역자 설명:** 위의 해법은 다음과 같다. 먼저, 보통 실을 근양법 '1근=16냥'을 이용하여 다음과 같이 나타내자.

247근 1냥 2전=247근 1.2냥=247근 (1.2÷16)근=247근 0.075근=247.075근

그래서 보통 실 247.075근의 값이 은 214냥 9전 5푼 5리 2호 5사(=214.95525냥)이므로, 보통 실 1근의 값을 은 x냥이라고 하면 다음 비례식이 성립한다.

$$247.075 : 214.95525 = 1 : x$$

따라서 구하는 값은 다음과 같다.

$x=214.95525\div247.075=214955.25\div247075=0.87$(냥)=8전 7푼

【1-8-25】 지금 침향이 274근 12냥 7전 있는데, 붉은 비단을 492필 4치 9푼 산다. 한 필의 길이는 4장 2자이다. 한 냥에 붉은 비단은 얼마인가?
今有沈香二百七十四斤一十二兩七錢 買紅羅四百九十二匹四寸九分 一匹長四丈二尺 問每兩紅羅幾何

답 4자 7치
答曰 四尺七寸

---

11) '二毫' 삭제

해법 비단의 필수를 놓고 필법 42로 이에 곱하고 4치 9푼을 더하여 얻은 2만 664자 4치 9푼을 포라고 하자. 별도로 침향 274근을 늘어놓아 16을 곱하여 단위를 냥으로 환산하고 12냥 7전을 더하면 4396냥 7전을 얻는다. 이를 법이라고 하자. 포를 법으로 나누면, 물음에 합당한 답을 얻는다.

法曰 置羅匹數 以匹法四十二乘之 塔入四寸九分 共得二萬六百六十四尺四寸九分爲実 副列香二百七十四斤 身外加六 通兩内子 得四千三百九十六兩七錢 以此爲法 実如法而一 得合問

☞ **역자 설명:** 위의 해법은 다음과 같다. 먼저, 침향 274근 12냥 7전과 붉은 비단 492필 4치 9푼을 근양법 '1근=16냥'과 필법 '1필=42자'를 이용하여 단위를 환산하면 각각 다음과 같다.

274근 12냥 7전=(274×16)냥 12냥 0.7냥=4384냥 12.7냥=4396.7냥,

492필 4치 9푼=(492×42)자 0.4자 0.09자=20664자 0.49자=20664.49자

침향 4396.7냥으로 붉은 비단을 20664.49자 사므로, 침향 1냥으로 붉은 비단을 x자 산다고 하면 다음 비례식이 성립한다.

$$4396.7 : 20664.49 = 1 : x$$

따라서 구하는 값은 다음과 같다.

$$x = 20664.49 \div 4396.7 = 206644.9 \div 43967 = 4.7(\text{자}) = 4\text{자 } 7\text{치}$$

【1-8-26】 지금 용뇌가 6근 5냥 16수 있는데, 비단을 59필 3장 3자 4치 산다. 한 필의 길이는 3장 5자이다. 한 수로 살 수 있는 비단은 얼마인가?

今有龍腦六斤五兩一十六銖 買絹五十九匹三丈三尺四寸 一匹長三丈五尺 問每銖絹幾何

답 8치 6푼

答曰 八寸六分

해법 비단의 필수를 놓고 필법 3장 5자로 이에 곱한다. 3장 3자 4치를 더하여 얻은 2098자 4치를 포라고 하자. 별도로, 용뇌 6근을

늘어놓고 16을 곱하여 단위를 냥으로 환산한다. 또, 양수법에 의하여 24를 곱하고 16수를 더하면 2440수를 얻는다. 이를 법이라고 하자. 포를 법으로 나누면 물음에 합당한 답을 얻는다.

法曰 置絹匹數 以匹法三丈五尺乘之 塔入三丈三尺四寸 共得二千九十八尺四寸爲実 副列龍腦六斤 身外加六 通兩内子 又以銖法二十四乘之 塔入一十六銖 共得二千四百四十銖 以此爲法 実如法而一 得合問

☞ **역자 설명:** 위의 해법은 다음과 같다. 먼저, 비단과 용뇌의 주어진 수량을 필법 '1필=35자'와 근양법 '1근=16냥' 및 양수법 '1냥=24수'를 이용하여 단위를 바꾸면 다음과 같다.

59필 3장 3자 4치=(59×35)자 30자 3자 0.4자=2065자 33.4자=2098.4자,

6근 5냥 16수=(6×16)냥 5냥 16수=101냥 16수=(101×24)수 16수=2440수

용뇌 2440수로 비단 2098.4자를 사므로, 용뇌 1수로 비단 x자를 산다고 하면 다음 비례식을 얻는다.

$2440 : 2098.4 = 1 : x$

따라서 구하는 값은 다음과 같다.

$x = 2098.4 \div 2440 = 209.84 \div 244 = 0.86$자=8치 6푼

9 이승동제문(異乘同除門) 14문(十四問)

여기서는 아래에서 설명할 '이승동제'의 방법을 이용해서 해결할 수 있는 구매 문제, 판매 문제, 교환 문제 등을 다루고 있는데, 지금까지 다룬 문제보다 좀더 복잡한 형태로 곱셈과 나눗셈이 모두 사용된다. 이것들은 『산학계몽』 상권의 <이승동제문>에 대응한다.

한편, 문 [1-9-9]부터 [1-9-14]까지의 문제는 [3-3] <차등균배문>에서 설명할 '쇠분' 또는 '차분'의 방법으로 해결할 수도 있다.

☞ **역자 설명:** 이승동제는 『구장산술』에서 말한 금유술(今有術)이다. 제2권 <속미>에서는 속미의 교환 비율(粟米之法)을 제시한 뒤에 다음과 같이 금유술을 제시하고 있다.

금유술에 따르면, 소유수를 소구율에 곱하여 실이라 하고 소유율을 법으로 하여, 실을 법으로 나눈다.
今有術曰 以所有數乘所求率爲實 以所有率法 實如法而一

여기서 '소유수'는 주어진 수, 즉 주어진 곡물의 양이고, '소구율'은 구하는 비율, 즉 구하는 대상 곡물의 교환 비율이며, '소유율'은 주어진 비율, 즉 주어진 곡물의 교환 비율이다. 위의 방법에 따르면, 소구수(所求數), 즉 구하는 수 또는 구하는 곡물의 양을 다음과 같이 계산한다.

$$소구수 = \frac{소구율 \times 소유수}{소유율}$$

이에 따라 소유수를 기준으로 생각하면, 먼저 다른 곡물의 교환 비율을 곱하므로 '이승'(異乘)이고 같은 곡물의 교환 비율로 나누므로 '동제'(同除)이다. 『구장산술』 제2권 <속미>의 제1문은 다음과 같다.

지금 속이 1말 있는데, 여미로 만들려고 한다. 얼마나 얻겠는가?
今有粟一斗 欲爲糲米 問得幾何

답 여미 6되
答曰 爲糲米六升

해법 속에서 여미를 구하려면, 3을 곱한 뒤에 5로 나눈다.
術曰 以粟求糲米 三之 五而一

속미의 교환 비율에 "속 50, 여미 30"(粟率五十 糲米三十)이라고 정해져 있다.

이에 따라 이 문제에서는 소유수가 속 1말이고 소구율이 30이며 소유율이 50이므로, 소구수, 즉 여미의 양을 다음과 같이 구하고 있다.

$$소수수 = \frac{소구율 \times 소유수}{소유율} = \frac{30 \times 1}{50} = \frac{3}{5} = 0.6(말) = 6(되)$$

금유술, 즉 이승동제는 다음과 같이 비례식을 세워 소구수를 계산하는 비례법(삼수법, rule of three)과 일치한다.

소유율 : 소유수 = 소구율 : 소구수
所有率 : 所有數 = 所求率 : 所求數

이런 경우에 소유율을 1률, 소유수를 2율, 소구율을 3률, 소구수를 4율이라고 한다. 비례법에 대해 『산학입문』에서는 다음과 같이 말하고 있다.

처음 서양에서 시작되어 『동문산지』나 『수리정온』에서 그것을 일컫는다.
始自西洋而 同文算指數理精蘊因而名之

명(明)대에 마테오 리치(Matteo Ricci, 利瑪竇)와 서광계(徐光啓)는 유클리드의 원론을 제1권부터 제6권까지 번역한 『기하원본』(幾何原本)을 1607년에 발간했으며, 역시 서양 수학을 소개한 『동문산지』는 1613년에 출판되었다. 1616년에 태어나 1640년에 입각한 이 『묵사집산법』의 저자 경선징이 이런 책을 봤으며 서양의 비례법을 알고 있었는지는 확인할 수 없다. 『수리정온』은 청대인 1723년에 발간되었다.

『묵사집산법』에서 [1-8] <수신귀제문>까지 다룬 문제에서 필요한 비례식은 한 항이 1인 단순한 경우로, 한 번의 곱셈이나 나눗셈으로 해결되었다. 『구장산술』에서는 나눗셈으로 환원되는 이런 경우를 경률술(經率術)이라 부르고 있다.

여기 <이승동제문>의 14문제는 2문제씩을 짝을 이루어 같은 상황을 다루고 있는데, 문제의 조건과 구하려는 값만 차이가 난다. 금유술을 연습하기 위해 계획적으로 의도한 것으로 보인다.

【1-9-1】 지금 쌀 26섬 2말 8되로 은을 19냥 7전 1푼 살 수 있는데, 다만 쌀이 7섬 7말 4되 있다. 사는 은은 얼마인가?
今有米二十六石二斗八升 貿銀一十九兩七錢一分 只有米七石七斗四升 問貿銀幾何

답 5냥 8전 5리

答曰 五兩八錢五厘

해법 다만 있는 쌀 7섬 7말 4되를 놓고, 은 19냥 7전 1푼을 이에 곱하면 152냥 5전 5푼 5리 4호를 얻는다. 지금 있는 쌀 26섬 2말 8되를 법으로 하여 나누면, 물음에 합당한 답을 얻는다.

별해 구매할 수 있는 은의 수량을 표라고 하자. 지금 있는 쌀 26섬 2말 8되를 법으로 하여 나누면, 7전 5푼을 얻는다. 다만 있는 쌀을 놓고 7전 5푼으로 이에 곱하면, 역시 물음에 합당한 답을 얻는다.

法曰 置只有米 以銀一十九兩七錢一分乘之 得一百五十二兩五錢五分五厘四毫 以今有米二十六石二斗八升爲法 皈除 得合問

又曰 買銀數爲寀 以今有米二十六石二斗八升爲法 皈除 得七錢五分 置只有米 以七錢五分乘之 亦得合問

☞ **역자 설명:** 쌀 26섬 2말 8되(26.28섬)로 은을 19냥 7전 1푼(=19.71냥) 살 수 있으므로, 쌀 7섬 7말 4되(=7.74섬)로 은을 x냥 산다고 하면 다음 비례식이 성립한다.

$$26.28 : 19.71 = 7.74 : x$$

위의 해법에서는 구하는 값을 다음과 같이 계산하고 있다.

$$x = (7.74 \times 19.71) \div 26.28 = 152.5554 \div 26.28 = 5.805(\text{냥}) = 5\text{냥 } 8\text{전 } 5\text{리}$$

즉, 해법에서는 지금 있는 쌀을 소유율, 이것으로 살 수 있는 은을 소유수, 다만 있는 쌀을 소구율로 하여 답을 구하고 있다.

한편, 별해에서는 이를 변형해서 다음과 같이 계산하고 있다.

$$x = 7.74 \times (19.71 \div 26.28) = 7.74 \times 0.75 = 5.805(\text{냥}) = 5\text{냥 } 8\text{전 } 5\text{리}$$

【1-9-2】 지금 은 5냥 8전 5리로 쌀을 7섬 7말 4되 살 수 있는데, 다만 은이 19냥 7전 1푼 있다. 사는 쌀은 얼마인가?

今有銀五兩八錢五釐 貿米七石七斗四升 只有銀一十九兩七錢一分 問貿米幾何

답 26섬 2말 8되

答曰 二十六石二斗八升

해법 다만 있는 은을 놓고, 쌀 7섬 7말 4되를 이에 곱하면 152섬 5말 5되 5홉 4작을 얻는다. 지금 있는 은 5냥 8전 5리를 법으로 하여 나누면, 물음에 합당한 답을 얻는다.

별해 지금 있는 은을 놓고 쌀 7섬 7말 4되로 이를 나누면 7전 5푼을 얻는다. 다만 있는 은의 수량을 놓고 포라 하고 7전 5푼을 법이라고 하여, 포를 법으로 나누면 또한 물음에 합당한 답을 얻는다.

法曰 置只有銀 以米七石七斗四升乘之 得一百五十二石五斗五升五合四勺 以今有銀五兩八錢五厘爲法 歸除 得合問

又曰 置今有銀 以米七石七斗四升除之 得七錢五分 置只有銀數爲実 以七錢五分爲法 実如法而一 亦得合問

☞ **역자 설명:** 은 5냥 8전 5리(=5.805냥)으로 쌀을 7섬 7말 4되(=7.74섬) 살 수 있으므로, 은 19냥 7전 1푼(=19.71냥)으로 쌀을 x섬 산다고 하면 다음 비례식이 성립한다.

$$5.805 : 7.74 = 19.71 : x$$

위의 해법에서는 구하는 값을 다음과 같이 계산하고 있다.

$x = (19.71 \times 7.74) \div 5.805 = 152.5554 \div 5.805 = 26.28$(섬)$=26$섬 2말 8되

즉, 해법에서는 지금 있는 은을 소유율, 이것으로 살 수 있는 쌀을 소유수, 다만 있는 은을 소구율로 하여 답을 구하고 있다.

한편, 별해에서는 이를 변형해서 다음과 같이 계산하고 있다.

$x = 19.71 \div (5.805 \div 7.74) = 19.71 \div 0.75 = 26.28$(섬)$=26$섬 2말 8되

【1-9-3】 지금 돈 9관 875문으로 쌀을 5섬 3말 4되 살 수 있는데, 다만 쌀은 45섬 3말 9되 있다. 전체의 돈은 얼마인가?
今有錢九貫八百七十文 貿米五石三斗四升 只有米四十五石三斗九升 問計錢幾何

답 83관 895문
答曰 八十三貫八百九十(1))文

1) '五' 落字

해법 다만 있는 쌀을 놓고 돈 9관 870문으로 이에 곱하면 447관 999문 3푼을 얻는다. 살 수 있는 쌀 5섬 3말 4되를 법이라고 하여 나누면, 물음에 합당한 답을 얻는다.

별해 다만 있는 쌀을 놓고 포라고 하자. 살 수 있는 쌀 5섬 3말 4되를 법이라고 하자. 포를 법으로 나누면 8섬 반을 얻는다. 돈 9관 870문으로 이에 곱하면, 물음에 합당한 답을 얻는다.

法曰 置只有米 以錢九貫八百七十文乘之 得四百四十七貫九百九十九文三分 以貿米五石三斗四升爲法 歸除 得合問

又曰 置只有米爲實 以貿米五石三斗四升爲法 實如法而一 得八石半 以錢九貫八百七十文乘之 亦得合問

☞ **역자 설명:** 쌀 5섬 3말 4되(=5.34섬)를 돈 9관 870문(=9870문)으로 살 수 있으므로, 쌀 45섬 3말 9되(=45.39섬)를 돈 x문으로 살 수 있다고 하면 다음 비례식이 성립한다.

$$5.34 : 9870 = 45.39 : x$$

위의 해법에서는 구하는 값을 다음과 같이 계산하고 있다.

$x = (45.39 \times 9870) \div 5.34 = 447999.3 \div 5.34 = 83895$(문)$=83$관 895문

즉, 해법에서는 지금 있는 쌀을 소유율, 이것을 사는 데 필요한 돈을 소유수, 다만 있는 쌀을 소구율로 하여 답을 구하고 있다.

한편, 별해에서는 이를 변형해서 다음과 같이 계산하고 있다.

$x = (45.39 \div 5.34) \times 9870 = 8.5 \times 9870 = 83895$(문)$=83$관 895문

【1-9-4】 지금 쌀 5섬 3말 4되의 맞돈이 9관 870문인데, 다만 돈이 83관 895문 있다. 전체 쌀은 얼마인가?
今有米五石三斗四升 直錢九貫八百七十文 只有錢八十三貫八百九十五文 問計米幾何

답 45섬 3말 9되
答曰 四十五石三斗九升

해법 다만 있는 돈을 놓고 쌀 5섬 3말 4되로 이에 곱하면 447섬 9말 9되 9홉 3작을 얻는다. 맞돈 9관 870문을 법이라고 하여 나누면, 물음에 합당한 답을 얻는다.

별해 다만 있는 돈을 놓고 포라고 하자. 맞돈 9관 870문을 법이라고 하자. 포를 법으로 나누면 8관 반을 얻는다. 쌀 5섬 3말 4되로 이에 곱하면, 또한 물음에 합당한 답을 얻는다.

法曰 置只有錢 以米五石三斗四升乘之 得四百四十七石九斗九升九合三勺 以直錢九貫八百七十文爲法 歸除 得合問

又曰 置只有錢爲実 以直錢九貫八百七十文爲法 実如法而一 得八貫半 以米五石三斗四升乘之 亦得合問

☞ **역자 설명:** 쌀 5섬 3말 4되(=534되)의 맞돈이 9관 870문(=9870문)이므로, 쌀 x되의 맞돈이 83관 895문(=83895문)이라고 하면 다음 비례식이 성립한다.

$$9870 : 534 = 83895 : x$$

위의 해법에서는 구하는 값을 다음과 같이 계산하고 있다.

$$x = (83895 \times 534) \div 9870 = 44799930 \div 9870 = 4539(\text{되}) = 45\text{섬 } 3\text{말 } 9\text{되}$$

즉, 지금 있는 돈을 소유율, 이것으로 살 수 있는 쌀을 소유수, 다만 있는 돈을 소구율로 하여 답을 구하고 있다.

한편, 별해에서는 이를 변형해서 다음과 같이 계산하고 있다.

$$x = (83895 \div 9870) \times 534 = 8.5 \times 534 = 4539(\text{되}) = 45\text{섬 } 3\text{말 } 9\text{되}$$

【1-9-5】 지금 은 24냥 1전 5푼으로 실을 8근 10냥 사는데, 다만 실이 309근 14냥 있다. 얻는 은은 얼마인가?

今有銀二十四兩一錢五分 貿絲八斤一十兩 只有絲三百九斤一十四兩 問得銀幾何

답 867냥 6전 5푼

答曰 八百六十七兩六錢五分

해법 다만 있는 실의 수량을 놓고 근 아래의 수량은 단위를 근으로 환산하여 합하면 309근 8푼 7리 반이다. 은 24냥 1전 5푼으로 이에 곱하면 7483냥 4전 8푼 1리 2호 5사를 얻는다. 사는 실 8근 6푼 2리 반을 법으로 하여 나눈다. 「주: 6푼 2리 반은 10냥을 단위 근으로 나타낸 값이다.」 물음에 합당한 답을 얻는다.

별해 은의 수량을 놓고 사는 실 8근 6푼 2리 반을 법으로 하여 이를 나누면 2냥 8전을 얻는다. 다만 있는 실의 수량을 놓고 근 아래의 수량을 근양법으로 단위를 근으로 환산하여 합하면 309근 8푼 7리 반이다. 2냥 8전으로 이에 곱하면, 또한 물음에 합당한 답을 얻는다.

法曰 置只有絲數 斤下留兩 共列三百九斤八分七厘半 以銀二十四兩一錢五分乘之 得七千四百八十二[2]兩四錢八分一厘二毫五絲 以買絲八斤六分二厘半爲法 歸除「六分二厘半者 乃十兩留數也」得合問

又曰 置銀數 以買絲八斤六分二厘半爲法 除之 得二兩八錢 置只有絲數 斤下留兩 共列三百九斤八分七厘半 以二兩八錢乘之 亦得合問

☞ **역자 설명:** 먼저, 실의 수량을 근양법 '1근=16냥'을 이용하여 단위를 근으로 환산하면 다음과 같다.

8근 10냥=8근 (10÷16)근=8근 0.625근=8.625근,

309근 14냥=309근 (14÷16)근=309근 0.875근=309.875근

실 8.625근을 은 24냥 1전 5푼(=24.15냥)으로 살 수 있으므로, 실 309.875근을 은 x냥으로 산다고 하면 다음 비례식이 성립한다.

$$8.625 : 24.15 = 309.875 : x$$

위의 해법에서는 구하는 값을 다음과 같이 계산하고 있다.

$$x = (309.875 \times 24.15) \div 8.625 = 7483.48125 \div 8.625 = 867.65(\text{냥})$$

즉, 지금 있는 실을 소유율, 이를 사는 데 필요한 은을 소유수, 다만 있는 실을 소구율로 하여 답을 구하고 있다.

한편, 별해에서는 이를 변형해서 다음과 같이 계산하고 있다.

$$x = 309.875 \times (24.15 \div 8.625) = 309.875 \times 2.8 = 867.65(\text{냥})$$

2) 二는 三의 誤記

【1-9-6】 지금 있는 실 8근 10냥의 값이 은 24냥 1전 5푼인데, 다만 은이 867냥 6전 5푼 있다. 전체의 실은 얼마인가?
今有絲八斤一十兩 直銀二十四兩一錢五分 只有銀八百六十七兩六錢五分 問計絲幾何

답 309근 14냥
答曰 三百九斤一十四兩

해법 다만 있는 은의 수량을 놓고 실 8근 6푼 2리 반으로 이에 곱한다.「주: 6푼 2리 반은 10냥을 단위 근으로 나타낸 값이다.」그러면 7483근 4푼 8리 1호 2사 반을 얻는다. 값인 은 24냥 1전 5푼을 법으로 하여 나누면, 309근 8푼 7리 반을 얻는다. 근 아래의 수량을 16을 곱하여 단위를 냥으로 환산하면, 물음에 합당한 답을 얻는다.

별해 값인 은의 수량을 놓고, 실 8근 6푼 반으로 이를 나누면 2냥 8전을 얻는다. 다만 있는 은의 수량을 놓고 포라고 하자. 2냥 8전을 법이라 하여 포를 법으로 나누면, 역시 물음에 합당한 답을 얻는다.「주: 근 아래의 수량은 위 방법에 따라 단위 냥으로 나타낸다.」

法曰 置只有銀數 以絲八斤六分二厘半乘之「六分二厘半者 乃十兩留數也」得七千四百八十三斤四分八厘一毫三[3]絲半 以直銀二十四兩一錢五分爲法 皈除 得三百九斤八分七厘半 斤下分者 身外加六 爲兩 得合問

又曰 置直銀數 以絲八斤六分半除之 得二兩八錢 置只有銀數爲宲 以二兩八錢爲法 宲如法而一 亦得合問「斤下分者 依右法通約」

☞ **역자 설명:** 먼저, 주어진 실의 수량 8근 10냥을 근양법 '1근=16냥'을 이용하여 다음과 같이 나타낸다.

8근 10냥=8근 (10÷16)근=8근 0.625근=8.625근

실 8.625근의 값이 은 24냥 1전 5푼(=24.15냥)이므로, 실 x근의 값이 은 867냥 6전 5푼(867.65냥)이라고 하며 다음 비례식이 성립한다.

$$24.15 : 8.625 = 867.65 : x$$

3) 三은 二의 誤記

위의 해법에서는 구하는 값을 다음과 같이 계산하고 있다.

$$x=(867.65\times 8.625)\div 24.15=7483.48125\div 24.15=309.875(\text{근})$$
$$=309\text{근 } 0.875\times 16\text{냥}=309\text{근 } 14\text{냥}$$

즉, 해법에서는 지금 있는 은을 소유율, 이것으로 살 수 있는 실을 소유수, 다만 있는 은을 소구율로 하여 답을 구하고 있다.

한편, 별해에서는 이를 변형해서 다음과 같이 계산하고 있다.

$$x=867.65\div(24.15\div 8.625)=867.65\div 2.8=309.875(\text{근})$$
$$=309\text{근 } 0.875\times 16\text{냥}=309\text{근 } 14\text{냥}$$

【1-9-7】 지금 비단을 8필 1장 3자 짜는 데 실이 16근 5냥 18수 사용되는데, 다만 비단을 72필 2장 2자 5치 짜려고 한다. 한 필의 길이는 4장 2자이다. 사용되는 실은 얼마인가?
今有織錦八匹一丈三尺 用絲一十六斤五兩一十八銖 只云欲織錦七十二匹二丈二尺五寸 一匹長四丈二尺 問用絲幾何

답 142근 12냥 21수
答曰 一百四十二斤一十二兩二十一銖

해법 실 16근을 놓고 단위를 냥으로 환산하여 더하면 261냥을 얻는다. 또, 양수법 24로 이에 곱하고 18수를 더하면 합 6282수를 얻는다. 별도로, 짜려고 하는 비단 72필을 놓고 필법 42자로 단위를 자로 환산하여 합하면 3046자 5치를 얻는다. 6282로 이에 곱하여 얻은 1913만 8113을 포라고 하자. 또, 8필을 늘어놓고 단위를 자로 환산하여 합하면 349자를 얻는다. 이를 법이라고 하자. 포를 법으로 나누면 5만 4837수를 얻는다. 근수법 384로 이를 나누면 142근을 얻고, 법에 모자라는 것은 양수법 24로 이를 나누면 12냥을 얻는다. 또, 법에 모자라는 것을 환산하면, 물음에 합당한 답을 얻는다.

별해 실의 수량을 단위를 수로 환산하여 더하면 6282수를 얻는다. 별도로, 8필을 자로 환산하여 합하면 349자를 얻는다. 이를 법이라고 하여 나누면 18수를 얻는다. 짜려고 하는 비단의 수량을 놓고,

단위를 자로 환산하여 더한다. 18수로 이에 곱하면 5만 4837수를 얻어 근이 되고 냥이 되는 위의 방법에 따라 나누면, 물음에 합당한 답을 얻는다.

法曰 置絲一十六斤 通兩內子 得二百六十一兩 又以銖法二十四乘之 塔入一十八銖 共得六千二百八十二銖 別置欲織錦七十二匹 以匹法四十二通尺內子 得三千四十六尺五寸 以六千二百八十二乘之 得一千九百一十三萬八千一百一十三爲實 又列八匹 通尺內子 得三百四十九尺 以此爲法 實如法而一 得五萬四千八百三十七銖 以斤銖法三百八十四約之 得一百四十二斤 不滿法者 以兩銖法二十四約之 得一十二兩 又不滿法者命之 得合問

又曰 絲數 通銖內子 得六千二百八十二銖 副列八匹 通尺內子 得三百四十九尺 以此爲法 皈除 得一十八銖 置欲織錦 通尺內子 以一十八銖乘之 得五萬四千八百三十七銖爲斤爲兩依右法而約之 亦得合問

☞ **역자 설명:** 실 16근 5냥 18수를 근양법 '1근=16냥'과 양수법 '1냥=24수'를 이용하고, 비단의 수량은 필법 '1필=42자'를 이용하여 다음과 같이 나타낼 수 있다.

16근 5냥 18수=(16×16)냥 5냥 18수=256냥 5냥 18수=261냥 18수
=(261×24)수 18수=6264수 18수=6282수,

72필 2장 2자 5치=(72×42)자 20자 2자 0.5자=3024자 22.5자=3046.5자,

8필 1장 3자=(8×42)자 10자 3자=336자 13자=349자

그러면 비단을 349자 짜는 데 실이 6282수 사용되므로, 비단 3046.5자를 짜는 데 실이 x수 사용된다고 하면 다음 비례식이 성립한다.

$$349 : 6282 = 3046.5 : x$$

위의 해법에서는 구하는 값을 다음과 같이 계산하고 있다.

x=(3046.5×6282)÷349=19138113÷349=54837(수)
=(142×384)수 (12×24)수 21수=142근 12냥 21수

즉, 해법에서는 지금 있는 비단을 소유율, 이에 필요한 실을 소유수, 다만 있는 비단을 소구율로 하여 답을 구하고 있다.

한편, 별해에서는 이를 변형해서 다음과 같이 계산하고 있다.

$x=(6282\div349)\times3046.5=18\times3046.5=54837$(수)

$=(142\times384)$수 (12×24)수 21수=142근 12냥 21수

【1-9-8】 지금 있는 실 142근 12냥 21수로 비단을 72필 2장 2자 5치 짤 수 있다. 한 필의 길이는 4장 2자이다. 다만 실이 16근 5냥 18수 있다. 짤 수 있는 비단은 모두 얼마인가?
今有絲一百四十二斤一十二兩二十一銖 織錦七十二匹二丈二尺五寸 一匹長四丈二尺 只有絲一十六斤五兩一十八銖 問織錦幾何

답 8필 1장 3자
答曰 八匹一丈三尺

해법 비단 72필을 놓고 필법 42자로 단위를 자로 환산하여 더하면 3046자 5치를 얻는다. 별도로, 다만 있는 실 16근을 놓고 단위를 냥으로 환산하여 더하면 261냥을 얻는다. 또, 양수법 24로 이에 곱하고 18수를 넣어 합하면 6282수를 얻는다. 3046자 5치로 이에 곱하여 얻은 1913만 8113을 표라고 하자. 또, 지금 있는 실 142근을 늘어놓고 단위를 냥으로 환산하여 더하면 2284냥을 얻는다. 또, 양수법 24로 이에 곱하고 21수를 넣어 합하면 5만 4837수를 얻는다. 이를 법이라고 하자. 표를 법으로 나누면 349자를 얻는다. 필법 42로 이를 나누면 8필을 얻고 법에 모자라는 것을 환산하면, 물음에 합당한 답을 얻는다.

별해 지금 있는 실의 수량을 놓고 단위를 수로 환산하여 더하면 5만 4837수를 얻는다. 별도로, 비단 72필을 늘어놓고 자로 환산하여 합하면 3046자 5치를 얻는다. 이를 법이라고 하여 나누면 18수를 얻는다. 다만 있는 실의 수량을 놓고, 단위를 수 환산하여 더하면 6282수를 얻는다. 18수를 법으로 하여 나누면 349자를 얻는다. 필법으로 이를 나누면, 또한 물음에 합당한 답을 얻는다.

法曰 置錦七十二匹 以匹法四十二通尺內子 得三千四十六尺五寸 別置只有絲一十六斤 通兩內子 得二百六十一兩 又以銖法二十四乘之 搭入一十八銖 共得六千二百八十二銖 以三千四十六尺五寸乘之 得一千九百一十三萬八千一百一十三爲寔 又列今有絲一百四十二斤 通兩內子 得二

千二百八十四兩 又以銖法二十四乘之 塔入二十一銖 共得五萬四千八百三十七銖 以此爲法 宲如法而一 得三百四十九尺 以匹法四十二約之 得八匹 不滿法者命之 得合問

又曰 置今有絲數 通銖內子 得五萬四千八百三十七銖 副列織錦七十二匹 通尺內子 得三千四十六尺五寸 以此爲法 皈除 得一十八銖 置只有絲數 通銖 得六千二百八十二銖 以一十八銖爲法 而一 得三百四十九尺 以匹法約之 亦得合問

☞ **역자 설명:** 비단의 수량은 필법 '1필=42자'를 이용하고, 실의 수량은 근양법 '1근=16냥'과 양수법 '1냥=24수'를 이용하여 다음과 같이 나타낼 수 있다.

72필 2장 2자 5치=(72×42)자 20자 2자 0.5자=3024자 22.5자=3046.5자,

16근 5냥 18수=(16×16)냥 5냥 18수=256냥 5냥 18수=261냥 18수
=(261×24)수 18수=6264수 18수=6282수,

142근 12냥 21수=(142×16)냥 12냥 21수=2272냥 12냥 21수=2284냥 21수
=(2284×24)수 21수=54816수 21수=54837수

그러면 실 54837수로 비단을 3046.5자 짜므로, 실 6282수로 비단을 x자 짠다고 하면 다음 비례식이 성립한다.

$$54837 : 3046.5 = 6282 : x$$

위의 해법에서는 구하는 값을 다음과 같이 계산하고 있다.

$x=(6282\times 3046.5)\div 54837=19138113\div 54837=349$(자)
=(8×42)자 13자=8필 1장 3자

즉, 해법에서는 지금 있는 실을 소유율, 이것으로 짤 수 있는 비단을 소유수, 다만 있는 실을 소구율로 하여 답을 구하고 있다.

한편, 별해에서는 이를 변형해서 다음과 같이 답을 구하고 있다.

$x=6282\div(54837\div 3046.5)=6282\div 18=349$(자)
=(8×42)자 13자=8필 1장 3자

【1-9-9】 지금 짐배 48척에 싣는 식량이 모두 4만 2560섬이다. 다만 21척의 배를 먼저 운행하고, 27척의 배를 뒤에 운행한다. 먼저와 뒤에 운반하는 식량은 각각 얼마인가?

今有漕舡四十八隻 共載粮四萬二千五百六十石 只云先運舡二十一隻 後運舡二十七隻 問先後運粮各該幾何

답 먼저 운반하는 식량 : 1만 8620섬
뒤에 운반하는 식량 : 2만 3940섬

答曰 先運粮 一萬八千六百二十石
後運粮 二萬三千九百四十石

해법 먼저 운행하는 배 21척을 놓고, 전체의 양식으로 이에 곱하면 89만 3760섬을 얻는다. 배 48척을 법으로 하여 나누면 먼저 운반하는 식량 1만 8620섬을 얻는다. 별도로, 실는 식량 전체에서 이 수량을 빼면, 뒤에 운반하는 식량을 얻는다.

별해 먼저 운반하는 배와 뒤에 운반하는 배를 놓고, 작은 수를 큰 수에서 빼고 서로 교환하여 빼면 이에 제분[4]을 얻는다. 곧 이 수로 먼저 운행하는 배와 뒤에 운행하는 배를 나누면, 먼저 운행하는 배는 7분이 되고 뒤에 운행하는 배는 9분이 된다.「주: 이것은 곧 3분의 7과 3분의 9이다.」그리고 합 16분을 얻는다. 실는 식량 전체의 수량을 포라고 하자. 16을 법이라고 하여, 포를 법으로 나누면 2660섬을 얻는다. 곧 7을 곱하면 먼저 운반하는 식량이고, 9를 곱하면 뒤에 운반하는 식량이다.

法曰 置先運船二十一隻 以共載粮乘之 得八十九萬三千八[5]百六十石 以四十八舡爲法 歸除 得先運粮一萬八千六百二十石 別置載粮元數 於内除訖此數 得後運粮數

又曰 置先後船 以小減多 互相交換 乃得齊分 卽以分數先後船約之 則先運舡爲七分 後運船爲九分「是乃三分之七 三分之九也」共得十六分 置載粮總數爲寔 以十六爲法 寔如法而一 得二千六百六十石 卽七因爲先運粮 九因爲後運粮也

☞ **역자 설명 1:** 해법의 풀이 과정은 다음과 같다. 48척의 배로 식량을 42560섬 실을 수 있으므로, 먼저 운행하는 21척의 배로 식량을 x섬 실을 수 있다고

4) 최대 공약수
5) 八은 七의 誤記

하면 다음 비례식이 성립한다.

$$48 : 42560 = 21 : x$$

따라서 먼저 운반하는 식량은 다음과 같다.

$$x = (21 \times 42560) \div 48 = 893760 \div 48 = 18620(\text{섬})$$

즉, 지금 있는 배 전체를 소유율, 이에 실을 수 있는 식량 전체를 소유수, 먼저 운행하는 배를 소구율로 하여 먼저 운반하는 식량(소구수)을 구하고 있다.

이에 따라 뒤에 운반하는 식량은 다음과 같다.

$$42560 - 18620 = 23940(\text{섬})$$

☞ **역자 설명 2:** 별해에서는 먼저 운행하는 배 21척과 뒤에 운행하는 배 27척의 비율을, 21과 27의 제분(齊分), 즉 최대 공약수로 각 수를 나누어 구하고 있다. 이는 분수를 약분하기 위해, 분모와 분자의 최대 공약수로 각 수를 나누는 과정과 같다. 위에서 두 수의 최대 공약수를 구하는 방법은 『구장산술』 제1권 <방전>의 제5, 6문 뒤에 있는 약분술(約分術)의 설명과 일치한다. 『구장산술』에서는 최대 공약수를 등수(等數)라 부르고 있다.

여기서 두 수 a와 b의 최대 공약수를 구하는 과정은 다음과 같다($a > b$).

(1) 큰 수 a에서 작은 수 b를 빼서, s_1을 얻는다.

(2) b와 s_1을 비교해서 큰 수에서 작은 수를 빼서 s_2를 얻는다.

(3) b, s_1, s_2 중에서 작은 두 수를 선택하고, 그 중 큰 수에서 작은 수를 빼서 s_3을 얻는다.

(4) 위의 과정을 계속하다가 반복되어 나타나는 s_n을 있으면 중지한다.

(5) 위에서 얻은 s_n이 a와 b의 최대 공약수(등수, 제분)이다.

이렇게 최대 공약수를 구하는 방법은 다음 쪽의 상자에서 설명하는 나눗셈을 이용하는 '호제법'과 본질적으로 서로 같다. 이에 따라 뺄셈을 이용하는 이 방법을 '호감법'이라 부르겠다.[6] 예를 들어 21과 27의 최대 공약수를 호감법과 호제법으로 구하면 다음과 같다.

---

6) 실제로 [1-1-16] 유휘신술에서 인용한 『구장산술』의 영문 번역서에서는 이를 'mutual subtraction algorithm'이라 부르고 있다.

호감법	호제법
$27-21=6$ …① $21-6=15$ …② $15-6=9$ …③ $9-6=3$ …④ $6-3=3$ …⑤	$27=1\times21+6$ …① $21=3\times6+3$ …②,③,④ $6=2\times3$ …⑤
최대 공약수: 3	최대 공약수: 3

위에서 알 수 있듯이, 호제법에서의 나눗셈은 호감법에서 거듭된 뺄셈에 대응한다.

호제법

'유클리드의 알고리즘', 즉 '호제법'은 틀림없이 유클리드 시대 이전에 이미 알려졌지만, 그 과정은 유클리드의 **원론** 제 VII 권의 첫 부분에 나타난다. 그 알고리즘은 다음과 같다. "두 자연수 중에서 큰 수를 작은 수로 나눈다. 그리고 나눗수를 나머지로 나눈다. 이런 과정을 계속해서, 즉 마지막 나눗수를 마지막 나머지로 나누어, 나눗셈이 정확하게 끝날 때까지 반복한다. 마지막 나눗수가 구하려는 원래의 두 양의 정수의 최대 공약수이다." 즉, 두 자연수를 a와 b라 하고 $a>b$라 할 때, 다음 과정에서 마지막으로 얻는 r_n이 a와 b의 최대 공약수이다.

$$
\begin{array}{rlr}
a &= q_1 b + r_1 & 0 < r_1 < b \\
b &= q_2 r_1 + r_2 & 0 < r_2 < r_1 \\
r_1 &= q_3 r_2 + r_3 & 0 < r_3 < r_2 \\
&\vdots & \vdots \\
r_{n-2} &= q_n r_{n-1} + r_n & 0 < r_n < r_{n-1} \\
r_{n-1} &= q_{n+1} r_n &
\end{array}
$$

☞ **역자 설명 3:** 별해에서는 다음과 같이 먼저 운행하는 배 21척과 뒤에 운행하는 배 27척의 비율을 구하여 먼저와 뒤에 운반하는 식량을 구하고 있다.

- [호감법으로] 21과 27의 최대 공약수 3을 구한다.
- 3으로 21과 27을 나눈 몫은 각각 7과 9이고, 그 합은 16이다.
- 전체의 식량 42560섬을 16으로 나누면, 2660섬이다.

- 먼저 운반하는 식량은 2660×7=18620(섬)이고,
  뒤에 운반하는 식량은 2660×9=23940(섬)이다.

이는 결국 48척, 21척, 27척의 비가 16:7:9이므로, 먼저 운반하는 식량 x와 뒤에 운반하는 식량 y를 다음과 같이 구한 것과 같다.

- 먼저 운반하는 식량: $16:42560=7:x$
  $\Rightarrow\ x=(42560\div16)\times7=18620$(섬)
- 뒤에 운반하는 식량: $16:42560=9:y$
  $\Rightarrow\ y=(42560\div16)\times9=23940$(섬)

【1-9-10】 지금 식량이 4만 2560섬 있는데, 운반하여 들이는 배를 모두 48척 이용하려고 한다. 다만 먼저 운반하는 식량이 1만 8620섬이고, 뒤에 운반하는 양식이 2만 3940섬이다. 먼저와 뒤에 운행하는 배는 각각 얼마인가?
今有粮四萬二千五百六十石 欲運納計用舡四十八隻 只云先運粮一萬八千六百二十石 後運粮二萬三千九百四十石 問先後用船各該幾何

답 먼저 운행하는 배 : 21척
뒤에 운행하는 배 : 27척
答曰 先運船 二十一隻
後運船 二十七隻

해법 뒤에 운반하는 식량의 수량을 놓고, 배 48척으로 이에 곱하여 얻은 114만 9120을 포라고 하자. 지금 있는 식량 4만 2560섬을 법이라고 하여, 포를 법으로 나누면 뒤에 운행하는 배 27척을 얻는다. 별도로, 이용하는 배의 모든 척수를 놓고, 먼저 셈한 값을 빼면 먼저 운행하는 배의 척수를 얻는다.

별해 먼저와 뒤에 운반하는 식량의 수량을 놓고, 작은 수를 큰 수에서 빼고 서로 교환하여 빼면 제분을 얻는다. 곧 이 수로 먼저와 뒤에 운반하는 식량을 나누면, 먼저 운반하는 식량은 7분이고 뒤에 운반하는 식량은 9분이 된다. 「주: 이것은 곧 2660분의 7과 2660분의 9이다.」 그러면 합 16분을 얻는다. 이용하는 전체의

배 48척을 놓고 표라고 하자. 16을 법이라고 하여, 표를 법으로 나누면 3척을 얻는다. 7을 곱하면 먼저 운반하는 배가 되고 9를 곱하면 뒤에 운반하는 배가 된다.

法曰 置後運粮數 以船四十八乘之 得一百一十四萬九千一百二十爲実 以今有粮四萬二千五百六十石爲法 実如法而一 得後運船二十七隻 別置計用舡元數 於内減訖此先 得先運船

又曰 置先後運粮 以少減多 互相交減 乃得齊分 卽以分數先後運粮約之 則先運粮爲七分 後運粮爲九分 「是乃二千六百六十分之七 二千六百六十分之九也」共得十六分 置計用舡四十八隻爲実 以十六爲法 実如法而一 得三隻 七因爲先運船 九因爲後運船

☞ **역자 설명 1:** 해법의 풀이 과정은 다음과 같다. 식량 42560섬을 배 48척에 실을 수 있으므로, 뒤에 운반하는 식량 23940섬을 배 x척에 싣는다고 하면 다음 비례식이 성립한다.

$$42560 : 48 = 23960 : x$$

따라서 뒤에 운행하는 배는 다음과 같다.

$$x = (23940 \times 48) \div 42560 = 1149120 \div 42560 = 27(\text{척})$$

즉, 지금 있는 식량 전체를 소유율, 이를 운반할 수 있는 배의 척수를 소유수, 나중에 운반하는 식량을 소구율로 하여 나중에 운행하는 배의 척수(소구수)을 구하고 있다.

이에 따라 먼저 운행하는 배는 다음과 같다.

$$48 - 27 = 21(\text{척})$$

☞ **역자 설명 2:** 별해에서는 먼저 운반하는 식량 18620섬과 뒤에 운반하는 식량 23940의 비율을 구하여 먼저와 뒤에 운행하는 배의 척수를 구하고 있다.

- [호감법으로] 18620과 23940의 최대 공약수 2660을 구한다.

  $$23940 - 18620 = 5320, \quad 18620 - 5320 = 13300, \quad 13300 - 5320 = 7980,$$
  $$7980 - 5320 = 2660, \quad 5320 - 2660 = 2660$$

- 2660으로 18620과 23940을 나눈 몫은 각각 7과 9이고, 그 합은 16이다.
- 전체의 배 48척을 16으로 나누면, 3척이다.

- 먼저 운행하는 배는 3×7=21(척)이고,
  뒤에 운행하는 배는 3×9=27(척)이다.

이는 결국 42560섬, 18620섬, 23940섬의 비가 16 : 7 : 9이므로, 먼저 운행하는 배의 척수 x와 뒤에 운행하는 배의 척수 y를 다음과 같이 구한 것과 같다.

- 먼저 운행하는 배: 16 : 48=7 : x ⇒ $x=(48\div16)\times7=21$(척)
- 뒤에 운행하는 배: 16 : 48=9 : y ⇒ $y=(48\div16)\times9=27$(척)

【1-9-11】 지금 비단이 45만 3568필 있는데, 수송하여 납품하는 차를 모두 532량 이용하려고 한다. 다만 갑의 차는 343량이고 을의 차는 189량이라고 한다. 갑과 을의 차에 싣는 비단의 수량은 각각 얼마인가?
今有絹四十五萬三千五百六十八匹 欲輸納計用車五百三十二兩 只云甲之車三百四十三兩 乙之車一百八十九兩 問甲乙車載絹數各該幾何

답 갑의 차에 싣는 비단 : 29만 2432필
　　을의 차에 싣는 비단 : 16만 1136필
答曰 甲車載 二十九萬二千四百三十二匹
　　乙車載 一十六萬一千一百三十六匹

해법 갑의 차 343을 놓고, 비단 45만 3568필을 이에 곱하여 얻은 1억 5557만 3824를 포라고 하자. 이용하는 전체의 차 532를 법이라고 하자. 포를 법으로 나누면 갑의 차에 싣는 수량 29만 2432필을 얻는다. 별도로, 비단 전체의 수량을 놓고, 그 안에서 이 수를 빼면 을의 차에 싣는 수량을 얻는다.

별해 갑과 을의 차를 놓고, 작은 수를 큰 수에서 빼고 서로 교환하여 빼면 제분을 얻는다. 곧 이 수로 각자의 차의 수를 나누면, 갑의 차는 49분이 되고 을의 차는 27분이 된다.「주: 이는 7분의 49와 7분의 27이다.」그러면 합 76분을 얻는다. 비단 전체의 수량을 놓고 포라고 하자. 76분을 법이라고 하여, 포를 법으로 나누면 5968필을 얻는다. 49로 이에 곱하면 갑의 차에 싣는 비단을 얻고, 27로 이에 곱하면 을의 차에 싣는 비단을 얻는다.

法曰 置甲車三百四十三 以絹四十五萬三千五百六十八匹乘之 得一億五千五百五十七萬三千八百二十四爲實 以計用車五百三十二爲法 實如法而一 得甲車載二十九萬二千四百三十二匹 別置總絹數 於內除訖此數 卽得乙車載

又曰 置甲乙車 以少減多 互相交減 乃得齊分 卽以分數各車數約之 則甲車爲四十九分 乙車爲二十七分「是乃七分之四十九 七分之二十七也」共得七十六分 置絹總數爲實 以七十六分爲法 實如法而一 得五千九百六十八匹 以四十九乘之 得甲車載絹 以二十七乘之 得乙車載絹

☞ **역자 설명 1:** 해법의 풀이 과정은 다음과 같다. 532량의 차로 비단을 453568필 실을 수 있으므로, 갑의 차 343량으로 비단을 x필 실을 수 있다고 하면 다음 비례식이 성립한다.

$$532 : 453568 = 343 : x$$

따라서 갑의 차에 싣는 비단은 다음과 같다.

$$x = (343 \times 453568) \div 532 = 155573824 \div 532 = 292432(\text{필})$$

즉, 지금 있는 차 전체를 소유율, 이에 실을 수 있는 비단 전체를 소유수, 갑의 차를 소구율로 하여 갑의 차에 실을 수 있는 비단(소구수)을 구하고 있다.

이에 따라 을의 차에 싣는 비단은 다음과 같다.

$$453568 - 292432 = 161136(\text{필})$$

☞ **역자 설명 2:** 별해에서는 먼저 갑의 차와 을의 차의 비율을 구하여 갑과 을의 차에 싣는 비단을 구하고 있다.

- [호감법으로] 343과 189의 최대 공약수 7을 구한다.

  $343 - 189 = 154$, $189 - 154 = 35$, $154 - 35 = 119$, $119 - 35 = 84$,
  $84 - 35 = 49$, $49 - 35 = 14$, $35 - 14 = 21$, $21 - 14 = 7$,
  $14 - 7 = 7$

- 7로 343과 189를 나눈 몫은 각각 49와 27이고, 그 합은 76이다.
- 전체의 비단 453568필을 76으로 나누면, 5968필이다.
- 갑의 차에 싣는 수량은 $5968 \times 49 = 292432$(필)이고,
  을의 차에 싣는 수량은 $5968 \times 27 = 161136$(필)이다.

이는 결국 532량, 343량, 189량의 비가 76:49:27이므로, 갑의 차에 싣는 비단 x와 을의 차에 싣는 비단 y를 다음과 같이 구한 것과 같다.

- 갑의 차에 싣는 비단: $76:453568=49:x$
  $\Rightarrow x=(453568\div76)\times49=292432$(필)
- 을의 차에 싣는 비단: $76:453568=27:y$
  $\Rightarrow y=(453568\div76)\times27=161136$(필)

【1-9-12】 지금 차가 532량 있는데, 비단을 모두 합하여 45만 3568필 싣는다. 다만 갑의 비단은 29만 2432필이고, 을의 비단은 16만 1136필이라고 한다. 갑과 을의 비단을 싣는 차는 각각 얼마인가?
今有車五百三十二兩 共裝載絹四十五萬三千五百六十八匹 只云甲絹二十九萬二千四百三十二匹 乙絹一十六萬一千一百三十六匹 問甲乙絹載去車各該幾何

답 갑의 비단을 싣는 차 : 343량
을의 비단을 싣는 차 : 189량
答曰 甲絹載去車 三百四十三兩
乙絹載去車 一百八十九兩

해법 갑 비단의 수량을 놓고, 차 532량으로 이에 곱하여 얻은 1억 5557만 3824를 포라고 하자. 싣는 비단 45만 3568필을 법이라고 하자. 포를 법으로 나누면 갑의 비단을 싣는 차 343량을 얻는다. 별도로, 차 전체의 수량을 놓고 그 안에서 이 수를 빼면, 을의 비단을 싣는 차를 얻는다.

별해 갑과 을의 비단을 놓고, 작은 수를 큰 수에서 빼고 서로 교환하여 빼면 제분을 얻는다. 곧 이 수로 각자의 비단 수량을 나누면, 갑의 비단은 49분이 되고 을의 비단은 27분이 된다.「주: 이는 5968분의 49와 5968분의 27이다.」합하면 76분을 얻는다. 차 532를 놓고 포라고 하자. 76을 법이라고 하여, 포를 법으로 나누면 7차를 얻는다. 49로 이에 곱하면 갑의 비단을 싣는 차를 얻고 27로 이에 곱하면 을의 비단을 싣는 차를 얻는다.

法曰 置甲絹數 以車五百三十二兩乘之 得一億五千五百五十七萬三千八百二十四爲寀 以裝載絹四十五萬三千五百六十八匹爲法 寀如法而一 得甲絹載去車三百四十三兩 別置車元數 於内減訖此數 得乙絹載車去[7)]

又曰 置甲乙絹 以少減多 互相交減 乃得齊分 卽以分數各絹數約之 則甲絹爲四十九分 乙絹爲二十七分「是乃五千五[8)]百六十八分之四十九 五千九百六十八分之二十七也」共得七十六分 置車五百三十二爲寀 以七十六爲法 寀如法而一 得七車 以四十九乘之 得甲絹載去車 以二十七乘之 得乙絹載去車

☞ **역자 설명 1:** 해법의 풀이 과정은 다음과 같다. 비단 453568필을 차 532량에 실을 수 있으므로, 갑의 비단 292432필을 차 x량에 실을 수 있다고 하면 다음 비례식이 성립한다.

$$453568 : 532 = 292432 : x$$

따라서 갑의 비단을 싣는 차는 다음과 같다.

$$x = (292432 \times 532) \div 453568 = 155573824 \div 453568 = 343(\text{량})$$

즉, 지금 있는 비단 전체를 소유율, 이를 실을 수 있는 차 전체를 소유수, 갑의 비단을 소구율로 하여 갑의 비단을 실을 수 있는 차(소구수)를 구하고 있다.

이에 따라 을의 비단을 싣는 차는 다음과 같다.

$$532 - 343 = 189(\text{량})$$

☞ **역자 설명 2:** 별해에서는 먼저 갑의 비단과 을의 비단의 비율을 구하여 갑과 을의 비단을 싣는 차를 구하고 있다.

- [호감법으로] 292432와 161136의 최대 공약수 5968을 구한다.

$$292432 - 161136 = 131296, \quad 161136 - 131296 = 29840,$$
$$131296 - 29840 = 101456, \quad 101456 - 29840 = 71616,$$
$$71616 - 29840 = 41776, \quad 41776 - 29840 = 11936,$$
$$29840 - 11936 = 17904, \quad 17904 - 11936 = 5968,$$
$$11936 - 5968 = 5968$$

- 5968로 292432와 161136을 나눈 몫은 각각 49와 27이고, 합은 76이다.

---

7) 車去는 去車의 誤記
8) 五는 九의 誤記

- 전체의 차 532량을 76으로 나누면, 7량이다.
- 갑의 비단을 싣는 차는 $7\times 49=343$(량)이고,
  을의 차에 싣는 수량은 $7\times 27=189$(량)이다.

이는 결국 453568필, 292432필, 161136필의 비가 76 : 49 : 27이므로, 갑의 비단을 차 x량과 을의 비단에 싣는 차 y량을 다음과 같이 구한 것과 같다.

- 갑의 비단을 싣는 차: $76:532=49:x \Rightarrow x=(532\div 76)\times 49=343$(량)
- 을의 비단을 싣는 차: $76:532=27:y \Rightarrow y=(532\div 76)\times 27=189$(량)

【1-9-13】 지금 이씨는 은을 247냥 6전 8푼 내고 장씨는 은을 328냥 3전 2푼 내어, 합한 은 576냥으로 물건을 사서 되파는 장사를 하였다. 이득을 얻지 못하고 20냥이 줄어들어 지금은 다만 556냥을 얻었다. 각 사람의 몫은 은으로 얼마인가?
今有李客出銀二百四十七兩六錢八分 張客出銀三百二十八兩三錢二分 共五百七十六兩 興販轉賣 不得其息 以至折了二十兩 今只得五百五十六兩 問各人分銀幾何

답 장씨의 몫 : 316냥 9전 2푼
이씨의 몫 : 239냥 8푼

答曰 張客 三百一十六兩九錢二分
李客 二百三十九兩八分

해법 장씨 은의 수량을 놓고, 다만 얻은 은 556냥으로 이에 곱하면 18만 2545냥 9전 2푼을 얻는다. 합한 은 576냥을 법으로 하여 나누면, 장씨 몫인 은 316냥 9전 2푼을 얻는다. 별도로, 합한 은을 놓아 그 안에서 장씨의 몫을 빼고, 또 줄어든 20냥을 뺀 나머지가 이씨의 몫이 된다.

별해 이씨 은의 수량을 놓고 포라고 하자. 합한 은 576냥을 법이라고 하여, 포를 법으로 나누면 4전 3푼을 얻는다. 한편 다만 얻은 은으로 이에 곱하면 239냥 8푼을 얻는다. 이것이 곧 이씨의 몫이다. 다만 얻은 은의 수량에서 이씨의 몫을 뺀 나머지가 장씨의 몫이다.

法曰 置張客銀數 以只得銀五百五十六兩乘之 得一十八萬二千五百四十五兩九錢二分 以共銀五百七十六兩爲法 歸除 得張客分銀三百一十六兩九錢二分 別置共銀 於内減訖張客分銀 又減折了二十兩 餘爲李客分銀數

又曰 置李客銀數爲実 以共銀五百七十六兩爲法 実如法而一 得四錢三分 却以只得銀乘之 得二百三十九兩八分 是乃李客分銀也 於只得銀數 内減訖李客分銀 餘爲張客分銀也

☞ **역자 설명 1:** 해법의 풀이 과정은 다음과 같다. 합한 은 576냥이 20냥 줄어들어 다만 얻은 은 556냥이 되었으므로, 장씨가 낸 은 328냥 3전 2푼(=328.32냥)이 x냥으로 되었다고 하면 다음 비례식이 성립한다.

$$576 : 556 = 328.32 : x$$

따라서 장씨의 몫은 다음과 같다.

$$x = (328.32 \times 556) \div 576 = 182545.92 \div 576 = 316.92(\text{냥}) = 316\text{냥 } 9\text{전 } 2\text{푼}$$

즉, 지금 있는 두 사람의 합한 은을 소유율, 다만 얻은 은을 소유수, 장씨가 낸 은을 소구율로 하여, 장씨의 몫(소구수)을 구하고 있다.

이에 따라 이씨의 몫을 다음과 같다.

$$576 - 316.92 - 20 = 239.08(\text{냥}) = 239\text{냥 } 8\text{푼}$$

☞ **역자 설명 2:** 별해의 풀이 과정은 다음과 같다. 장씨와 이씨의 역할을 바꾸어 답을 구하고 있다. 즉, 합한 은 576냥이 20냥 줄어들어 다만 얻은 은 556냥이 되었으므로, 이씨가 낸 은 247냥 6전 8푼(=247.68냥)이 x냥으로 되었다고 하면 다음 비례식이 성립한다.

$$576 : 556 = 247.68 : x$$

따라서 이씨의 몫은 다음과 같다.

$$x = (247.68 \div 576) \times 556 = 0.43 \times 556 = 239.08(\text{냥}) = 239\text{냥 } 8\text{푼}$$

그리고 장씨의 몫은 다음과 같다.

$$556 - 239.08 = 316.92(\text{냥}) = 316\text{냥 } 9\text{전 } 2\text{푼}$$

【1-9-14】 지금 장씨와 이씨는 함께 은을 576냥 내어, 물건을 사서 되파는 장사를 하였다. 이득을 얻지 못하고 20냥이 줄어들기에 이르렀다.

다만 장씨는 316냥 9전 2푼을 얻고 이씨는 239냥 8푼을 얻는다고 한다. 각 사람의 본래 은은 얼마인가?
今有張李客共出銀五百七十六兩 興販轉賣 不得其息 以至折了二十兩 只云張客得三百一十六兩九錢二分 李客得二百三十九兩八分 問各人本銀幾何

답 장씨의 본래 은 : 328냥 3전 2푼
이씨의 본래 은 : 247냥 6전 8푼
答曰 張客 三百二十八兩三錢二分
李客 二百四十七兩六錢八分

해법 장씨가 얻은 은의 수량을 놓고, 함께 낸 은 576냥으로 이에 곱하여 얻은 18만 2545냥 9전 2푼을 표라고 하자. 장씨와 이씨가 얻은 두 가지 은의 수량을 더하면 556냥을 얻는다. 이를 법이라고 하자. 표를 법으로 나누면, 장씨의 본래의 은 328냥 3전 2푼을 얻는다. 별도로, 함께 낸 은 전체의 수량을 놓고, 그 안에서 장씨의 본래 은을 뺀 나머지가 이씨의 본래 은이 된다.
별해 이씨가 얻은 은의 수량을 놓고, 줄어든 은 20냥으로 이에 곱하여 얻은 4781냥 6전을 표라고 하자. 장씨와 이씨가 얻은 두 가지 은의 수량을 더하면 556냥을 얻는다. 이를 법이라고 하자. 표를 법으로 나누면 8냥 6전을 얻는다. 이것이 곧 이씨의 줄어든 은의 수량이다. 줄어든 은의 전체 수량에서 이 수를 뺀 나머지가 장씨의 줄어든 은의 수량이 된다. 한편, 줄어든 은의 수량으로 각 사람이 얻은 은 안에 넣으면 각 사람의 본래의 은이 된다.
法曰 置張客得銀數 以共出銀五百七十六兩乘之 得一十八萬二千五百四十五兩九錢二分爲寔 張李客得銀併二位 共得五百五十六兩 以此爲法 寔如法而一 得張客本銀三百二十八兩三錢二分 別置共出銀元數 於内減訖張客本銀 餘爲李客本銀也
又曰 置李客得銀數 以折了銀二十兩乘之 得四千七百八十一兩六錢爲寔 張李客得銀併二位 共得五百五十六兩 以此爲法 寔如法而一 得八兩六錢是乃李客折了銀數也 於折了銀元數 内除訖此數 餘爲張客折了銀數也 却以折了銀數 塔入於各人得銀中 卽得各人本銀也

☞ **역자 설명 1:** 해법의 풀이 과정은 다음과 같다. 함께 낸 은 576냥이 20냥 줄어들어 두 사람이 은 556냥을 얻었으므로, 장씨가 은을 x냥 내었는데 316냥 9전 2푼(=316.92냥)을 얻었다고 하면 다음 비례식이 성립한다.

$$556 : 576 = 316.92 : x$$

따라서 장씨가 본래 낸 은의 수량은 다음과 같다.

$$x = (316.92 \times 576) \div 556 = 182545.92 \div 556 = 328.32(\text{냥}) = 328\text{냥 } 3\text{전 } 2\text{푼}$$

즉, 줄어들어 얻은 은을 소유율, 원래 은을 소유수, 장씨가 얻은 은을 소구율로 하여, 장씨가 본래 낸 은(소구수)을 구하고 있다.

이에 따라 이씨가 본래 낸 은의 수량은 다음과 같다.

$$576 - 328.32 = 247.68(\text{냥}) = 247\text{냥 } 6\text{전 } 8\text{푼}$$

☞ **역자 설명 2:** 별해에서는 먼저 줄어든 은 20냥 중에서 이씨의 줄어든 은의 수량과 장씨의 줄어든 은의 수량을 구하고 있다. 그 풀이 과정은 다음과 같다. 전체적으로 은이 20냥 줄어들어 은을 556냥 얻었으므로, 이씨의 경우는 은이 x냥 줄어들어 239냥 8푼(=239.08냥)을 얻었다고 하면 다음 비례식이 성립한다.

$$556 : 20 = 239.08 : x$$

따라서 이씨의 줄어든 은의 수량은 다음과 같다.

$$x = (239.08 \times 20) \div 556 = 4781.6 \div 556 = 8.6(\text{냥}) = 8\text{냥 } 6\text{전}$$

그리고 장씨의 줄어든 은의 수량은 다음과 같다.

$$20 - 8.6 = 11.4(\text{냥}) = 11\text{냥 } 4\text{전}$$

이에 따라 이씨와 장씨의 본래의 은의 수량은 다음과 같다.

이씨 : $239.08 + 8.6 = 247.68(\text{냥}) = 247\text{냥 } 6\text{전 } 8\text{푼}$

장씨 : $316.92 + 11.4 = 328.32(\text{냥}) = 328\text{냥 } 3\text{전 } 2\text{푼}$

10 귀제승실문(歸除乘實門) 66문(六十六問)

여기서는 조세, 물물 교환, 이자, 금의 순도(농도)에 관한 문제 그리고 일 및 임금과 관련된 문제를 다루고 있다. 기본적으로 도량형의 단위 변환이 필요하고, 금유술 또는 이승동제를 이용하는 문제가 주를 이루고 있다.

☞ **역자 설명:** 저자 경선징은 금유술로 해결할 수 있는 문제를 이곳에 모두 모은 것으로 보인다. 같은 유형의 문제를 선으로 연결한 아래의 표에서 알 수 있듯이 『산학계몽』에서 3개의 문(門)에 산재해 있던 32개의 문제 중에서 26개[와 다른 곳의 한 문제1)]를 이곳에서 다루고 있으며,2) 나머지 문제는 적절한 곳에서 다루고 있다.3) 이는 수학적 풀이 방법의 통일성을 기하고 그 효율성을 극대화하며 교육적인 효과를 높이려는 의도로 보인다. [『산학계몽』과 『묵사집산법』의 문항 번호는 각 문(門)에 나열된 순서에 따라 매겼다. 여기에 나열된 『산학계몽』의 모든 문제는 황윤석의 『산학입문』에 그대로 다시 게재되었다.]

『산학계몽』 상권										
<고무해세문>11문	1 2	3	4	5	6	7	8	9	10	11
『묵사집산법』 천	＼/	|	|	|	/|＼	|	|	/＼	/＼	|
<귀제승실문>	15	16	17	18	1 2 3	19	20	21 22	23 24	25
『산학계몽』 상권										
<절변호차문>15문	1	2	3	4	5	8	9	10	11	12
『묵사집산법』 천	|	|	|	/＼	|	|	/＼	/＼	/＼	|
<귀제승실문>	15	32	33	34 35	36	43	37 39	38 40	41 42	44
『산학계몽』 중권										
<쌍거호환문>6문	1	2	3	4	5	6				
『묵사집산법』 천	|	|	|	|	|	|				
<귀제승실문>	47	48	49	45	46	[3-2-11]				

1) 『산학계몽』 상권 <이승동제문>의 제6문은 『묵사집산법』에서는 문 [1-10-13]과 [1-10-14]로 다루고 있다.

2) 각 경우에 『산학계몽』의 문제를 그대로 다시 게재하거나 수치와 품목만 약간 바꾸었다.

3) 『산학계몽』 상권 <절변호차문>의 제6, 7, 13, 14, 15문은 『묵사집산법』에서 차례로 문 [2-1-4], [2-1-3], [3-2-10], [3-2-14], [3-2-17]로 다루고 있고, 『산학계몽』 중권 <쌍거호환문>의 제6문은 『묵사집산법』에서는 문 [3-2-11]로 다루고 있다.

한편, 문 [1-10-3], [1-10-17], [1-10-18], [1-10-32]~[1-10-36], [1-10-43], [1-10-44]는 '쇠분'의 방법으로도 해결할 수 있고, 문 [1-10-53]부터는 도형의 넓이 및 부피 계산과 관련 있다.

[1-9] <이승동제문>에서와 마찬가지로, 두세 문제씩 짝을 이루어 같은 상황을 다루고 있는데, 주어진 조건과 묻는 조건을 달리하고 있다.

【1-10-1】 지금 세미[4]가 2874섬 5말 2되 있는데, 4섬 7말마다 모미[5]를 2말 4되 2홉씩 함께 납부한다. 모미는 얼마인가?
今有稅米二千八百七十四石五斗二升 每四石七斗帶納耗米二斗四升二合 問耗米幾何

답 148섬 7홉 2작
答曰 一百四十八石七合二勺

해법 세미의 수량을 놓고 포라고 하자. 4섬 7말을 법이라고 하여, 포를 법으로 나누면 611섬 6말을 얻는다. 모미 2말 4되 2홉으로 이에 곱하면, 물음에 합당한 답을 얻는다.
法曰 置稅米數爲寔 以四石七斗爲法 寔如法而一 得六百一十一石六斗 以耗米二斗四升二合乘之 得合問

☞ **역자 설명:** 위의 해법은 다음과 같다. 세미 4섬 7말(=4.7섬)마다 모미가 2말 4되 2홉(=0.242섬)이므로, 세미 2874섬 5말 2되(=2874.52섬)에 대응하는 모미를 x섬이라고 하면 다음 비례식이 성립한다.

$$4.7 : 0.242 = 2874.52 : x$$

해법에서는 주어진 조건인 세미 4.7섬을 소유율, 이에 대응하는 모미 0.242섬을 소유수, 전체의 세미 2874.5섬을 소구율로 하여 답을 구하고 있다. 따라서 구하는 값은 다음과 같다.

$$x = (2874.52 \div 4.7) \times 0.242 = 611.6 \times 0.242 = 148.0072(\text{섬}) = 148\text{섬 } 7\text{홉 } 2\text{작}$$

---

4) 앞에서 설명한 대로, 세미(稅米)는 조세로 받치던 쌀을 뜻한다.
5) 앞에서 설명한 대로, 모미(耗米) 또는 모곡(耗穀)은 세곡(稅穀) 또는 환곡(還穀)을 받을 때 곡식을 쌓아둘 동안 축이 나는 것을 미리 짐작하여 한 섬에 얼마씩 덧붙여 받던 곡식을 말한다.

【1-10-2】 지금 세미 4섬 7말마다 모미를 2말 4되 2홉씩 함께 납부한다. 다만 수납 받은 모미가 148섬 7홉 2작이라고 한다. 세미는 얼마인가?
今有稅米四石七斗帶納耗米二斗四升二合 只云收耗一百四十八石七合二勺 問稅米幾何

답 2874섬 5말 2되
答曰 二千八百七十四石五斗二升

해법 수납 받은 모미의 수량을 놓고 포라고 하자. 2말 4되 2홉을 법이라고 하여, 포를 법으로 나누면 61섬 1말 6되를 얻는다. 세미 4섬 7말로 이에 곱하면, 물음에 합당한 답을 얻는다.
法曰 置收耗數爲寀 以二斗四升二合爲法 寀如法而一 得六十一石一斗六升 以稅米四石七斗乘之 得合問

☞ **역자 설명:** 위의 풀이는 다음과 같다. 세미 4섬 7말(=4.7섬)마다 모미가 2말 4되 2홉(=0.242섬)이므로, 세미 x섬에 대응하는 모미가 148섬 7홉 2작(=148.0072섬)이라고 하면 다음 비례식이 성립한다.

$$0.242 : 4.7 = 148.0072 : x$$

따라서 구하는 값은 다음과 같다.

$$x = (148.0072 \div 0.242) \times 4.7 = 611.6 \times 4.7 = 2874.52(\text{섬}) = 2874\text{섬 } 5\text{말 } 2\text{되}$$

【1-10-3】 지금 조세로 내는 본래의 세미와 모미를 합쳐서 3022섬 5말 2되 7홉 2작 있다. 다만 〔본래의 세미〕 4섬 7말마다 모미를 2말 4되 2홉씩 함께 납부한다고 한다. 본래의 세미와 모미는 각각 얼마인가?
今有稅米正耗併三千二十二石五斗二升七合二勺 只云每四石七斗帶納耗米二斗四升二合 問正耗米各該幾何

답 세미 : 2874섬 5말 2되
모미 : 148섬 7홉 2작
答曰 正米 二千八百七十四石五斗二升

耗米 一百四十八石七合二勺

해법 조세로 내는 본래의 세미와 모미를 더한 수량을 놓고 표라고 하자. 별도로, 4섬 7말을 놓고 모미 2말 4되 2홉을 더하면 4섬 9말 4되 2홉을 얻는다. 이를 법이라고 하자. 표를 법으로 나누면 611섬 6말을 얻는다. 4섬 7말로 이에 곱하면 본래의 세미의 수량을 얻는다. 2말 4되 2홉으로 이에 곱하면 모미의 수량을 얻는다. 「주: 또 본래의 세미를 얻고 본래의 세미와 모미를 더한 수량 안에서 그 수를 뺀 나머지가 모미이다.」

法曰 置稅米正耗倂數爲寔 別置四石七斗 添入耗二斗二[6]升二合 共得四石九斗四升二合 以此爲法 寔如法而一 得六百一十一石六斗 以四石七斗乘之 得正米數 以二斗四升二合乘之 得耗米數也「又得正米 而正耗倂數內 以減其數 餘爲耗米」

☞ **역자 설명:** 위의 해법은 다음과 같다. 본래의 세미 4.7섬과 모미 0.242섬의 합 4.942섬 중에서 본래의 세미가 4.7섬이고 모미가 0.242섬이므로, 조세로 내는 본래의 세미와 모미의 합 3022섬 5말 2되 7홉 2작(=3022.5272섬) 중에서 본래의 세미가 x섬이고 모미가 y섬이라 하면 각각 다음과 같은 비례식이 성립한다.

$$4.942 : 4.7 = 3022.5272 : x,$$

$$4.942 : 0.272 = 3022.5272 : y$$

따라서 구하는 값은 다음과 같다.

$$x = (3022.5272 \div 4.942) \times 4.7 = 611.6 \times 4.7 = 2874.52(\text{섬}) = 2874\text{섬 } 5\text{말 } 2\text{되},$$

$$y = (3022.5272 \div 4.942) \times 0.272 = 611.6 \times 0.242 = 148.0072(\text{섬}) = 148\text{섬 } 7\text{홉 } 2\text{작}$$

【1-10-4】 지금 조세로 내는 노란 콩이 489섬 13말 4되 2홉 5작 있는데, 한 섬마다 무명베 2필 반으로 대체한다. 전체의 무명베는 얼마인가? 「주: 1섬은 15말이고 1필은 35자이다.」

今有稅黃豆四百八十九石一十三斗四升二合五勺 每石折綿布二匹半 問合綿布幾何「石法一十五斗 匹法三十五尺」

6) 二는 四의 誤記

답 1224필 2장 5자 8치 1푼 2리 5호

答曰 一千二百二十四匹二丈五尺八寸一分二厘五毫

해법 노란 콩의 수량을 놓고, 섬 아래는 석법 15말로 이를 나누면 8푼 9리 반을 얻고, 합하면 489섬 8푼 9리 반이다. 2필 반으로 이에 곱하면 1224필 7푼 3리 7호 반을 얻는다. 한편, 필 아래의 수량은 필법 35로 이에 곱하면 물음에 합당한 답을 얻는다.

별해 노란 콩 489섬 8푼 9리 반을 놓자. 「주: 8푼 9리 반은 이에 섬 아래의 수량을 섬으로 환산한 값이다.」 5를 이에 곱한 뒤에 반으로 나누면 1224필 7푼 3리 7호 반을 얻는다. 필 아래의 수량을 7을 곱한 뒤에 반으로 나누면, 또한 물음에 합당한 답을 얻는다.

法曰 置黃豆數 石下以石法一十五斗除之 得八分九厘半 共列四百八十九石八分九厘半 以二匹半乘之 得一千二百二十四匹七分三厘七毫半 匹下分者 却以匹法三十五乘之 得合問

又曰 置黃豆四百八十九石八分九厘半「八分九厘半者乃石下零數作石也」以五因之 卽半之 得一千二百二十四匹七分三厘七毫半 匹下分者七因 後折半 亦得合問

☞ **역자 설명 1:** 해법의 풀이 과정은 다음과 같다. 우선 다음과 같이 석법 '1섬=15말'을 이용하여 조세로 내는 노란 콩의 단위를 섬으로 환산한다.

489섬 13말 4되 2홉 5작=489섬 13.425말=489섬 (13.425÷15)섬
=489섬 0.895섬=489.895섬

그러면 노란 콩 한 섬마다 무명베 2필 반(=2.5필)로 대체하므로, 전체 489.895섬을 무명베 x필로 대체한다면 다음 비례식이 성립한다.

$$1 : 2.5 = 489.895 : x$$

따라서 구하는 값은 다음과 같다.

$x=489.895\times2.5=1224.7375$(필)=1224필 (0.7375×35)자=1224필 25.8125자
=1224필 2장 5자 8치 1푼 2리 5호

☞ **역자 설명 2:** 별해의 풀이 과정은 다음과 같다. (위의 해법과 일치한다.)

$489.895\times(5\div2)=1224.7375$(필)=1224필 $0.7375\times(7\div2)$장
=1224필 2.58125장=1224필 2장 5자 8치 1푼 2리 5호

【1-10-5】 지금 조세로 내는 좁쌀이 847섬 11말 6되 7홉 3작 있는데, 한 섬마다 무명베 3필 반으로 대체한다. 전체의 무명베는 얼마인가? 「주: 1섬은 15말이고 1필은 35자이다.」
今有稅小米八百四十七石一十一斗六升七合三勺 每石折綿布三匹半 問合綿布幾何「石法一十五斗 匹法三十五尺」

답 2967필 7자 8치 2푼 9리 5호
答曰 二千九百六十七匹七尺八寸二分九厘五毫

해법 좁쌀의 수량을 놓고, 섬 아래의 수량은 석법 15말로 이를 나누면 7분 7리 8호 2사를 얻고 합하면 847섬 7분 7리 8호 2사이다. 3필 반으로 이에 곱하면, 2967필 2분 2리 3호 7사를 얻는다. 한편, 필 아래의 수량은 필법 35로 이에 곱하면, 물음에 합당한 답을 얻는다.

별해 좁쌀 847섬 7분 7리 8호 2사를 놓는다. 「주: 7분 7리 8호 2사는 섬 아래의 수량을 섬으로 환산한 값이다.」 이에 7을 곱하고 곧 반으로 나누면 2967필 2분 2리 3호 7사를 얻는다. 필 아래의 수량도 또한 7을 곱한 다음에 반으로 자르면, 역시 물음에 합당한 답을 얻는다.

法曰 置小米數 石下以石法一十五斗除之 得七分七厘八毫二絲 共列八百四十七石七分七厘八毫二絲 以三匹半乘之 得二千九百六十七匹二分二厘三毫七絲 匹下分者 却以匹法三十五乘之 得合問

又曰 置小米八百四十七石七分七厘八毫二絲 「七分七厘八毫二絲者 乃石下零數作石也」 以七因之 即半之 得二千九百六十七匹二分二厘三毫七絲 匹下分者 亦七因 後折半 亦得合問

☞ **역자 설명 1:** 해법의 풀이 과정은 다음과 같다. 우선 다음과 같이 석법 '1섬 =15말'을 이용하여 조세로 내는 좁쌀의 단위를 섬으로 환산한다.

$$847섬\ 11말\ 6되\ 7홉\ 3작 = 847섬\ 11.673말 = 847섬\ (11.673 \div 15)섬$$
$$= 847섬\ 0.7782섬 = 847.7782섬$$

그러면 조세로 내는 좁쌀 한 섬마다 무명베 3필 반(=3.5필)로 대체하므로, 전체의 좁쌀 847.7782섬을 무명베 x필로 대체한다고 하면, 다음 비례식이 성립한다.

$1 : 3.5 = 847.7782 : x$

따라서 구하는 값은 다음과 같다.

$x = 847.7782 \times 3.5 = 2967.2237$(필)$= 2967$필 (0.2237×35)자$= 2967$필 7.8295자
$= 2967$필 7자 8치 2푼 9리 5호

☞ **역자 설명 2:** 별해의 계산 과정은 다음과 같다. (위의 해법과 일치한다.)

$847.7782 \times (7 \div 2) = 2967.2237$(필)$= 2967$필 $0.2237 \times (7 \div 2)$장
$= 2967$필 0.78295장$= 2967$필 7자 8치 2푼 9리 5호

【1-10-6】 지금 조세로 내는 쌀이 1245섬 9말 8되 7홉 6작 있는데, 한 섬마다 무명베 4필 반으로 대체한다. 전체의 무명베는 얼마인가? 「주: 1섬은 15말이고 1필은 35자이다.」
今有稅大米一千二百四十五石九斗八升七合六勺 每石折綿布四匹半 問合綿布幾何「石法一十五斗 匹法三十五尺」

답 5605필 1장 6자 1치 9푼 8리
答曰 五千六百五匹一丈六尺一寸五[7]分八厘

해법 쌀의 수량을 놓고, 섬 아래의 수량을 석법 15말로 이를 나누면 6분 5리 8호 4사를 얻고 합하면 1245섬 6분 5리 8호 4사이다. 4필 반으로 이에 곱하면 5605필 4분 6리 2호 8사를 얻는다. 한편, 필 아래의 수량은 필법 35로 이에 곱하면, 물음에 합당한 답을 얻는다.

별해 쌀 1245섬 6분 5리 8호 4사를 놓는다. 「주: 6분 5리 8호 4사는 섬 아래의 수량을 섬으로 환산한 값이다.」 이에 9를 곱하고 곧 반으로 나누면 5605필 4분 6리 2호 8사를 얻는다. 필 아래의 수량은 7을 곱한 다음에 반으로 나누면, 또한 물음에 합당한 답을 얻는다.

法曰 置大米數 石下以石法一十五斗除之 得六分五厘八毫四絲 共列一千二百四十五石六分五厘八毫四絲 以四匹半乘之 得五千六百五匹四分六厘

7) 五는 九의 誤記

二毫八絲 匹下分者 却以匹法三十五乘之 得合問

又曰 置大米一千二百四十五石六分五厘八毫四絲 「六分五厘八毫四絲者 乃石下零數作石也」 以九因之 卽半之 得五千六百五匹四分六厘二毫八絲 匹下分者 七因 後折半 亦得合問

☞ **역자 설명 1:** 해법의 풀이 과정은 다음과 같다. 우선 다음과 같이 석법 '1섬 =15말'을 이용하여 조세로 내는 쌀의 단위를 섬으로 환산한다.

$$1245\text{섬 } 9\text{말 } 8\text{되 } 7\text{홉 } 6\text{작} = 1245\text{섬 } 9.876\text{말} = 1245\text{섬 } (9.876 \div 15)\text{섬} = 1245\text{섬 } 0.6584\text{섬} = 1245.6584\text{섬}$$

그러면 조세로 내는 쌀 한 섬마다 무명베 4필 반(=4.5필)로 대체하므로, 전체의 쌀 1245.6584섬을 무명베 x필로 대체한다고 하면, 다음 비례식이 성립한다.

$$1 : 4.5 = 1245.6584 : x$$

따라서 구하는 값은 다음과 같다.

$$x = 1245.6584 \times 4.5 = 5605.4628(\text{필}) = 5605\text{필 } (0.4628 \times 35)\text{자} = 5605\text{필 } 16.198\text{자} = 5605\text{필 } 1\text{장 } 6\text{자 } 1\text{치 } 9\text{푼 } 8\text{리}$$

☞ **역자 설명 2:** 별해의 계산 과정은 다음과 같다. (위의 해법과 일치한다.)

$$1245.6584 \times (9 \div 2) = 5605.4628(\text{필}) = 5605\text{필 } 0.4628 \times (7 \div 2)\text{장} = 5605\text{필 } 1.6198\text{장} = 5605\text{필 } 1\text{장 } 6\text{자 } 1\text{치 } 9\text{푼 } 8\text{리}$$

【1-10-7】 지금 있는 무명베 4동 35필 2장 8자로 패향[8]을 사려고 하는데, 5과마다 무명베 3필로 대체한다. 패향은 얼마인가? 「주: 1동은 50필이고 1필은 35자이다.」

今有綿布四同三十五匹二丈八尺 欲買佩香 每五顆折綿布三匹 問佩香幾何 「同法五十匹 匹法三十五尺」

답 393과

答曰 三百九十三顆

8) 패향(佩香), 몸에 차고 다니는 향

해법 무명베의 동수를 놓고, 동법 50필로 단위를 필로 환산한다. 부차적으로, 필 아래의 자수를 놓고 필법 35자로 이를 나누면 8분을 얻고 합하여 얻은 235필 8분을 포라고 하자. 3필을 법이라고 하여, 포를 법으로 나누면 78필 6분을 얻는다. 패향 5과로 이에 곱하면, 물음에 합당한 답을 얻는다.

法曰 置綿布同數 以同法五十匹通匹 副置匹下尺數 以匹法三十五尺除之 得八分 共列二百三十五匹八分爲實 以三匹爲法 實如法而一 得七十八匹六分 以佩香五顆因之 得合問

☞ **역자 설명:** 위의 해법은 다음과 같다. 먼저, 무명베의 수량을 다음과 같이 단위를 필로 나타낸다.

4동 35필 2장 8자＝(4×50)필 35필 (28÷35)필＝200필 35필 0.8필＝235.8필

그러면 무명베 3필을 패향 5과로 대체하므로, 무명베 235.8필로 패향 x과로 대체한다고 하면 다음 비례식이 성립한다.

$3:5=235.8:x$

따라서 구하는 값은 다음과 같다.

$x=(235.8\div 3)\times 5=78.6\times 5=393$(과)

【1-10-8】 지금 있는 패향 393과로 무명베를 사려고 하는데, 3필로 패향을 5과 판다. 무명베는 얼마인가? 「주: 1필은 35자이고 1동은 50필이다.」

今有佩香三百九十三顆 欲貿綿布 每三匹賣佩香五顆 問綿布幾何「匹法三十五尺 同法五十匹」

답 4동 35필 2장 8자

答曰 四同三十五匹二丈八尺

해법 패향의 총수를 놓고, 포라고 하자. 5과를 법이라고 하여 나누면, 78과 6분을 얻는다. 무명베 3필로 이에 곱하면 235필 8분을 얻는다. 한편, 동법 50필로 이를 나누고 법에 모자라는 수량은 동법 50필과 필법 35자를 각각 곱하여 필, 장, 자를 구하면, 물음에

합당한 답을 얻는다.

法曰 置佩香總數爲實 以五顆爲法 而一 得七十八顆六分 以綿布三匹因之 得二百三十五匹八分 却以同法五十匹約之 不滿法者命之 而匹下分者 以匹法三十五乘之 得合問

☞ **역자 설명:** 위의 해법은 다음과 같다. 패향 5과로 무명베 3필을 사므로, 패향 393과로 무명베를 x필 산다고 하면 다음 비례식이 성립한다.

$$5:3=393:x$$

따라서 구하는 값은 다음과 같다.

$x=(393\div5)\times3=78.6\times3=235.8$(필)$=200$필 35필 0.8필
$=(200\div50)$동 35필 (0.8×35)자$=4$동 35필 28자

【1-10-9】 지금 솜이 446근 11냥 있는데, 3근 반을 지전 26냥 2전에 판다. 전체의 지전은 얼마인가?

今有錦[9]子四百四十六斤一十一兩 每三斤半賣鈔二十六兩二錢 問該鈔幾何

답 3343냥 7전 7푼 5리

答曰 三千三百四十三兩七錢七分五厘

해법 솜의 수량을 놓고, 근 아래의 수량을 근으로 나타내고 더하여 얻은 446근 6분 8리 7호 반을 포라고 하자. 3근 반을 법이라고 하여, 포를 법으로 나누면 127근 6푼 2리 반을 얻는다. 지전 26냥 2전으로 이에 곱하면, 물음에 합당한 답을 얻는다.

法曰 置綿子數 斤下留兩 共列四百四十六斤六分八厘七毫半爲實 以三斤半爲法 實如法而一 得一百二十七斤六分二厘半 以鈔二十六兩二錢乘之 得合問

☞ **역자 설명:** 위의 해법은 다음과 같다. 먼저, 다음과 같이 솜 446근 11냥을 근양법 '1근=16냥'을 이용하여 단위를 근으로 나타낸다.

446근 11냥$=446$근 $(11\div16)$근$=446$근 0.6875근$=446.6875$근

9) 錦은 綿의 誤記

그러면 3근 반(=3.5근)을 지전 26냥 2전(=26.2냥)에 팔기 때문에, 솜 446.6875근을 지전 x냥에 판다고 하면 다음 비례식이 성립한다.

$$3.5 : 26.3 = 446.6875 : x$$

따라서 구하는 값은 다음과 같다.

$$x = (446.6875 \div 3.5) \times 26.2 = 127.625 \times 26.2 = 3343.775(\text{냥}) = 3343\text{냥 } 7\text{전 } 7\text{푼 } 5\text{리}$$

【1-10-10】 지금 지전이 3343냥 7전 7푼 5리 있는데, 26냥 2전마다 솜 3근 반으로 대체한다. 솜은 얼마인가?

今有鈔三千三百四十三兩七錢七分五厘 每二十六兩二鈔[10]折綿子三斤半 問綿子幾何

답 446근 11냥

答曰 四百四十六斤一十一兩

해법 지전의 총수를 놓고 포라고 하자. 26냥 2전을 법이라고 하여, 포를 법으로 나누면 127냥 6전 2푼 5리를 얻는다. 솜 3근 반으로 이에 곱하면 446근 6푼 8리 7호 반을 얻는다. 근 아래의 수량은 16을 곱하여 냥으로 환산하면, 물음에 합당한 답을 얻는다.

法曰 置鈔總數爲寀 以二十六兩二錢爲法 寀如法而一 得一百二十七兩六錢二分五厘 以綿子三斤半乘之 得四百四十六斤六分八厘七毫半 斤下分者 身外加六 通兩 得合問

☞ **역자 설명:** 위의 해법은 다음과 같다. 지전 26냥 2전(=26.2냥)으로 솜 3근 반(=3.5근)을 대체하므로, 지전 3343냥 7전 7푼 5리(=3343.775냥)로 솜 x근을 대체한다고 하면, 다음 비례식이 성립한다.

$$26.2 : 3.5 = 3343.775 : x$$

따라서 구하는 값은 다음과 같다.

$$x = (3343.775 \div 26.2) \times 3.5 = 127.625 \times 3.5 = 446.6875(\text{근}) = 446\text{근 } 0.6875\text{근}$$
$$= 446\text{근 } (0.6875 \times 16)\text{냥} = 446\text{근 } 11\text{냥}$$

10) 鈔은 錢의 誤記

【1-10-11】 지금 보통 베를 147동 36필 2장 5자 9치 빌려서 이제 본색이 없는 포목으로 돌려주려는 사람이 있는데, 1동마다 고운 베 35필로 계산하여 반환한다. 고운 베는 얼마인가? 「주: 1동은 50필이고 1필은 35자이다.」

今有人貸常布一百四十七同三十六匹二丈五尺九寸 今欲還無本色布 每一同細布三十五匹計還 問細布幾何「同法五十匹 匹法三十五尺」

답 103동 20필 2장 5자 1치 3푼

答曰 一百三同二十匹二丈五尺一寸三分

해법 보통 베 147동을 놓고, 고운 베 35필로 이에 곱하면 5145필을 얻는다. 별도로, 보통 베 36필을 놓고 필법 35로 단위를 자로 환산하고 2장 5자 9치를 넣으면 1285자 9치를 얻는다. 한 자리 물러나 7을〔즉, 0.7을〕 곱한다. 「주: 7을 곱함은 보통 베 10필마다 고운 베 7필이 대응하기 때문이다. 그래서 한 자리 물러나 7을 곱한다.」 그러면 900자 1치 3푼을 얻는다. 필법 35로 이를 나누면 25필 2장 5자 1치 3푼을 얻고, 5145필을 더하면 합한 포 5170필 2장 5자 1치 3푼을 얻는다. 동법 50필로 이를 나누고 법이 미치지 못하는 것은 동필법으로 환산하고 필 아래의 수량은 필척법으로 환산하면, 물음에 합당함을 얻는다.

별해 보통 베 147동을 놓고, 동법으로 단위를 필로 환산하여 더하면 7386필 7푼 4리를 얻는다. 「주: 7푼 4리는 필 아래의 수량을 단위를 필로 환산한 값이다.」 한 자리 물러나 7을〔즉, 0.7을〕 곱한다. 「주: 7을 곱하는 방법은 위와 같다.」 그러면 5170필 7푼 1리 8호를 얻는다. 동법으로 이를 나누고 법에 모자라는 것은 환산하며 필 아래의 수량은 필법 35로 이에 곱하면, 물음에 합당한 답을 얻는다.

별해 먼저 보통 베 2장 5자 9치를 놓고, 필법 35로 이를 나누면 7푼 4리를 얻는다. 필수의 아래에 더하고, 동필법으로 단위를 환산하면 7푼 3리 4호 8사이다. 「주: 이는 동법 50필으로 단위를 동으로 환산한 값이다.」 곧 이어서 동수의 아래에 놓으면, 147동 7푼 3리 4호 8사이다. 고운 베 35필로 이에 곱하면, 5170필 7푼 1

리 8호를 얻는다. 한편, 동법으로 이를 나누고 법에 모자라는 것은 동필법으로 환산하고 필 아래의 수량은 7을 곱하고 반으로 나누면, 물음에 합당한 답을 얻는다.

法曰 置常布一百四十七同 以細布三十五匹乘之 得五千一百四十五匹 別置副列常布三十六匹 以匹法三十五通尺 搭入二丈五尺九寸 得一千二百八十五尺九寸 退差一位七因「七因者 乃常布每十匹細布爲七匹 故退差一位七因是也」得九百尺一寸三分 以匹法三十五約之 得二十五匹二丈五尺一寸三分 添入五千一百四十五匹 共寀得五千一百七十匹二丈五尺一寸三分 却以同法五十匹歸之 不滿法者命之 得合問

又曰 置常布一百四十七同 以同法通匹内子 共得七千三百八十六匹七分四厘「七分四厘者 乃匹下零數作匹」退差一位七因「七因之法上同」得五千一百七十匹七分一厘八毫 以同法約之 不滿法者命之 而匹下分者 以匹法三十五乘之 亦得合問

又曰 先置常布二丈五尺九寸 以匹法三十五除之 得七分四厘 塔入於匹數之下變作七分三厘四毫八絲「是乃同法五十匹作之數也」卽連置於同數之下 共列一百四十七同七分三厘四毫八絲 以細布三十五匹乘之 得五千一百七十匹七分一厘八毫 却以同法約之 不滿法者命之 而匹下分七因卽半之 亦得合問

☞ **역자 설명 1:** 위의 해법은 다음과 같다. 보통 베 1동(=50필)을 고운 베 35필로 반환하므로, 보통 베 10필은 고운 베 7필, 보통 베 1필은 고운 베 0.7필, 보통 베 1자는 고운 베 0.7자로 반환한다.

그러므로 보통 베 147동을 고운 베 x필로 반환한다고 하면 다음 비례식이 성립한다.

$$1:35=147:x$$

즉, $x=147\times 35=5145$(필)이다.

그리고 보통 베 36필 2장 5자 9치의 단위를 자로 바꾸면 다음과 같다.

36필 2장 5자 9치 = (36×35)자 20자 5자 0.9자 = 1260자 25.9자 = 1285.9자

그러므로 보통 베 1285.9자를 고운 베 y로 반환한다고 하면 다음 비례식이 성립한다.

$$1:0.7=1285.9:y$$

즉, $y=1285.9\times 0.7=900.13$(자)이다.

따라서 구하는 값은 다음과 같다.

$x+y=$5145필 900.13자$=$5145필 (25×35)자 25.13자$=$5170필 2장 5자 1치 3푼
$=(103\times 50)$필 20필 2장 5자 1치 3푼$=$103동 20필 2장 5자 1치 3푼

☞ **역자 설명 2:** 첫째 별해는 다음과 같다. 먼저, 보통 베 147동 36필 2장 5자 9치의 단위를 필로 환산하면 다음과 같다.

147동 36필 2장 5자 9치$=(147\times 50)$필 36필 $(25.9\div 35)$필
$=$7350필 36필 0.74필$=$7386.74필

위에서 계산한 대로 보통 베 1필을 고운 베 0.7필로 반환하므로, 보통 베 7386.74필을 고운 베 z필로 반환한다고 하면 다음 비례식이 성립한다.

$1:0.7=7386.74:z$

따라서 구하는 값은 다음과 같다.

$z=7386.74\times 0.7=5170.718$(필)$=$5170필 (0.718×35)자
$=(103\times 50)$필 20필 25.13자$=$103동 20필 2장 5자 1치 3푼

☞ **역자 설명 3:** 둘째 별해는 다음과 같다. 먼저, 보통 베 147동 36필 2장 5자 9치의 단위를 동으로 환산하면 다음과 같다.

147동 36필 2장 5자 9치$=$147동 36필 $(25.9\div 35)$필$=$147동 36.74필
$=$147동 $(36.74\div 50)$동$=$147동 0.7348동$=$147.7348동

그러면 보통 베 1동을 고운 베 35필로 반환하므로, 보통 베 147.7348동을 고운 베 z필로 반환한다고 하면 다음 비례식이 성립한다.

$1:35=147.7348:z$

따라서 구하는 값은 다음과 같다.

$z=147.7348\times 35=5170.718$(필)$=$5170필 $0.718\times(7\div 2)$장
$=(103\times 50)$필 20필 2.513장$=$103동 20필 2장 5자 1치 3푼

【1-10-12】 지금 고운 베를 103동 20필 2장 5자 1치 2푼 빌려서 이제 본색이 없는 베로 반환하려는 사람이 있는데, 35필마다 보통 베 1동으로 계산하여 반환한다. 보통 베는 얼마인가? 「주: 1동은 50필이고

1필은 35자이다.」
今有人貸細布一百三同二十匹二丈五尺一寸三分 今將欲還無本色布 每三十五匹常布一同計還 問常布幾何「同法五十匹 匹法三十五尺」

답 147동 36필 2장 5자 9치
答曰 一百四十七同三十六匹二丈五尺九寸

해법 고운 베 103동을 놓고, 동법으로 단위를 필로 환산하여 합하면 5170필 7푼 1리 8호이다.「주: 7푼 1리 8호는 필 아래의 수량을 필로 환산한 값이다.」한 자리 올려서 7로 이를 나눈다.「주: 대개 7로 나눈다는 것은 고운 베 7필은 보통 베 10필이 되기 때문이다. 그러므로 한 자리 올려서 7로 나눈다.」그러면 7386필 7푼 4리를 얻는다. 동법으로 이를 나누고 법에 모자라는 것은 환산하며 필 아래의 수량은 필법 35로 이에 곱하면, 물음에 합당한 답을 얻는다.

法曰 置細布一百三同 以同法通匹内子 共列五千一百七十匹七分一厘八毫「七分一厘八毫者 乃匹下零數作匹」差上一位 以七歸之「蓋七歸者 乃細布每七匹常布爲十匹 故差上一位七歸是也」得七千三百八十六匹七分四厘 以同法約之 不滿法者命之 而匹下分者 以匹法三十五乘之 得合問

☞ **역자 설명:** 위의 해법은 다음과 같다. 먼저, 고운 베 103동 20필 2장 5자 1치 3푼의 단위를 필로 환산하면 다음과 같다.

103동 20필 2장 5자 1치 3푼 $=(103\times50)$필 $+20$필 $+25.13$자
$=5170$필 $+(25.13\div35)$필 $=5170$필 0.718필 $=5170.718$필

그러면 고운 베 35필을 보통 베 1동(=50필)로, 즉 고운 베 7필을 보통 베 10필로 반환하므로, 고운 베 5170.718필을 보통 베 x필로 반환한다고 하면 다음 비례식이 성립한다.

$$7:10=5170.718:x$$

따라서 구하는 값은 다음과 같다.

$x=(5170.718\times10)\div7=7386.74$(필) $=7386$필 (0.74×35)자
$=(147\times50)$필 36필 25.9자 $=147$동 36필 2장 5자 9치

【1-10-13】 지금 큰 무늬 비단 7단을 빌린 사람이 있는데, 1단은 길이가 5장 2자이고 너비는 2자 1치이다. 이제 본색이 없는 무늬 비단으로 반환하려고 하는데, 다만 작은 무늬 비단의 너비는 1자 6치이다. 반환하는 작은 무늬 비단은 모두 얼마인가?
今有人貸大綾七端 每端長五丈二尺 闊[11]二尺一寸 今將欲還無本色綾 只有小綾闊一尺六寸 問合還小綾幾何

답 9단 9자 7치 5푼
答曰 九端九尺七寸五分

해법 큰 무늬 비단 7단을 놓고, 단법 52자로 단위를 자로 환산한다. 또, 너비 2자 1치의 단위를 치로 환산하고, 이에 곱하면 7만 6440치를 얻는다. 한편, 작은 무늬 비단의 너비 1자 6치를 법이라고 하여 정신제법[12]으로 나누면, 4777치 반을 얻는다. 척법과 단법으로 나누고 법에 모자라는 것은 환산하면, 물음에 합당한 답을 얻는다.
法曰 置大綾七端 以端法五十二尺通尺 又以闊二尺一寸通寸([13]) 得七萬六千四百四十寸 却以小綾闊一尺六寸爲法 定身除 得四千七百七十七寸半 以尺法作之仍 以端法約之 不滿法者命之 得合問

☞ **역자 설명:** 위의 해법은 다음과 같다. 먼저, 다음과 같이 큰 무늬 비단의 길이와 너비를 단위 치로 바꾸고 넓이를 구한다.

길이 : 7단×52자/단×10치/자=364자×10치/자=3460치

너비 : 2자 1치=21치

넓이 : 3460치×21치=76440제곱치

[같은 넓이의 비단으로 반환하므로] 작은 무늬 비단의 너비(1자 6치=16치)로 위의 넓이를 나누면, 다음과 같이 구하는 작은 무늬 비단의 길이를 얻는다.

76440제곱치÷16치=4777.5치=477자 7치 5푼

---

11) 원문에는 모두 '濶'로 되어 있다. '濶'은 闊의 속자(俗字)이다. 여기서는 모두 闊로 나타내겠다.
12) 신외감법을 뜻한다.
13) '乘之' 落字

=(9×52)자 9자 7치 5푼=9단 9자 7치 5푼

【1-10-14】 지금 작은 무늬 비단을 9단 9자 7치 5푼 빌린 사람이 있는데, 1단의 길이는 5장 2자이고 너비는 1자 6치이다. 이제 본색이 없는 무늬 비단으로 반환하려고 하는데, 다만 큰 무늬 비단의 너비는 2자 1치이다. 반환하는 전체의 큰 무늬 비단은 얼마인가?
今有人貸小綾九端九尺七寸五分 每端長五丈二尺 闊一尺六寸 今將欲還無本色綾 只有大綾闊二尺一寸 問合還大綾幾何

답 7단
答曰 七端

해법 작은 무늬 비단 9단을 놓고, 단법 52자로 단위를 자로 환산한다. 또, 너비 1자 6치를 단위 치로 환산하여 이에 곱하면 7만 6440치를 얻는다. 한편, 큰 무늬 비단의 너비 2자 1치를 법으로 하여 나누면 3640을 얻는다. 척법과 단법으로 환산하면, 물음에 합당한 답을 얻는다.
法曰 置小綾九端 以端法五十二尺通尺內子 又以闊一尺六寸通寸(14)) 得七萬六千四百四十寸 却以大綾闊二尺一寸爲法 歸除 得三千六百四十寸 以尺法作之 仍以端法約之 得合問

☞ **역자 설명:** 위의 해법은 다음과 같다. 먼저, 다음과 같이 작은 무늬 비단의 길이와 너비를 단위 치로 바꾸고 넓이를 구한다.

길이 : 9단 9자 7치 5푼=(9×52×10)치 (9×10)치 7치 0.5치=4777.5치

너비 : 1자 6치=16치

넓이 : 4777.5치×16치=76440제곱치

[같은 넓이의 비단으로 반환해야 하므로] 큰 무늬 비단의 너비(2자 1치=21치)로 위의 넓이를 나누면, 다음과 같이 구하는 큰 무늬 비단의 길이를 얻는다.

76440제곱치÷21치=3640치=364자=(364÷52)단=7단

14) '乘之' 落字

【1-10-15】 지금 돈 368관을, 1관마다 월리 35문으로 7개월 12일 동안 빌린 사람이 있다. 이자 돈은 얼마인가?
今有人貸錢三百六十八貫 每貫月利三十五文 以云七箇月一十二日 問利錢幾何

답 95관 312문
答曰 九十五貫三百一十二文

해법 12일을 놓고, 30일로 이를 나누면 4분을 얻는다. 7개월을 더하면 7개월 4분이다. 35문으로 이에 곱하면 259문을 얻는다. 원금을 놓고 이를 곱하면, 물음에 합당한 답을 얻는다.
法曰 置十二日 以三十日除之 得四分 加入七箇月 共列七箇月四分 以三十五文乘之 得二百五十九文 置本錢數 以此乘之 得合問

☞ **역자 설명:** 위의 해법은 다음과 같다. 이 책에서는 1달을 30일로 가정하고 단리법을 가정하고 있다. 먼저, 다음과 같이 빌린 기간의 단위를 월로 바꾼다.

7개월 12일＝7개월 (12÷30)개월＝7개월 0.4개월＝7.4개월

그래서 1관을 7.4개월 빌릴 때의 이자가 (35×7.4)문＝259문이므로, 368문을 7.4개월 빌릴 때의 이자를 x문이라고 다음 비례식이 성립한다.

$$1 : 259 = 368 : x$$

따라서 구하는 값은 다음과 같다.

$x = 368 \times 259 = 95312$(문)＝95관 312문

【1-10-16】 지금 은 55냥을, 1냥마다 월리 2푼 5리로 빌린 사람이 있다. 며칠만에 원래의 은과 이자가 똑같아지는가?
今有人貸銀五十五兩 每兩月利二分五厘 問幾何日而本利適等

답 40개월
答曰 四十箇月

해법 원래의 은 55냥을 놓고, 2푼 5리로 이에 곱하면 1냥 3전 7푼 5

리를 얻는다. 또, 원래의 은의 수량을 늘어놓고 포라고 하자. 1냥 3전 7푼 반을 법이라고 하여, 포를 법으로 나누면 물음에 합당한 답을 얻는다.

별해 은 1냥을 놓고 포라고 하자. 2푼 5리를 법이라고 하자. 포를 법으로 나누면, 또한 물음에 합당한 답을 얻는다.

法曰 置本銀五十五兩 以二分五厘乘之 得一兩三錢七分五厘 又列本銀數爲実 以一兩三錢七分半爲法 実如法而一 得合問

又 置銀一兩爲実 以二分五厘爲法 実如法而一 亦得合問

☞ **역자 설명 1:** 위의 해법은 다음과 같다. 단위 냥, 전, 푼, 리 사이의 관계로부터 '2푼 5리=0.25전=0.025냥'을 얻는다. 그래서 1냥의 월리가 0.025냥이므로 55냥의 월리를 x냥이라고 하면 다음 비례식이 성립한다.

$$1 : 0.025 = 55 : x$$

그러므로 55냥의 월리는 다음과 같다.

$$x = 55 \times 0.025 = 1.375(\text{냥})$$

따라서 다음과 같이 원래의 은과 이자는 40개월만에 같아진다.

$$55 \div 1.375 = 40(\text{개월})$$

☞ **역자 설명 2:** 위의 별해는 다음과 같다. 55냥 대신에 1냥을 빌렸다고 가정하고 이자가 1냥이 되는 기간을 구해도 된다. 1냥을 빌렸을 때의 월리는 0.025냥이므로, 다음과 같이 원래의 은과 이자는 40개월만에 같아진다.

$$1 \div 0.025 = 40(\text{개월})$$

【1-10-17】 지금 돈을 빌린 사람이 있는데, 원금과 이자 2177관 936문을 함께 갚으려고 한다. 다만 1관마다 월리 25문이고 빌린 기간은 9개월 18일이라고 한다. 원금은 얼마인가?
今有人貸錢共還本利二千一百七十七貫九百三十六文 只云每貫月利二十五文 今九箇月一十八日 問本貸錢幾何

답 1156관 400문
答曰 一千七百五十六貫四百文

해법 9개월 6분을 놓자. 「주: 6분은 30일로 18을 나눈 값이다.」 25문으로 이에 곱하면 240문을 얻는다. 원금 1관을 더하면 1관 240문을 얻는다. 함께 갚는 돈의 액수를 놓고 포라고 하자. 1관 240문을 법이라고 하여, 포를 법으로 나누면 물음에 합당한 답을 얻는다.

法曰 置九箇月六分「六分者 乃三十日除一十八日」以二十五文乘之 得二百四十文 加本來一貫 共得一貫二百四十文 置共還錢數爲宲 以一貫二百四十文爲法 宲如法而一 得合問

☞ **역자 설명:** 위의 해법은 다음과 같다. 먼저, 빌린 기간을 다음과 같이 단위를 월로 바꾼다.

9개월 18일＝9개월 (18÷30)개월＝9개월 0.6개월＝9.6개월

1관의 월리가 25문이므로, [단리법에 따라] 1관을 9.6개월 빌렸을 때의 원리합계는 다음과 같다.

원금＋이자＝1관＋(25×9.6)문＝1관 240문＝1.24관

그러므로 돈 x관을 9.6개월 빌렸을 때의 원리합계가 2177관 936문(＝2177.936관)이라고 하면 다음 비례식이 성립한다.

$1.24 : 1 = 2177.936 : x$

따라서 구하는 값은 다음과 같다.

$x = 2177.936 \div 1.24 = 1756.4$(관)＝1756관 400문

【1-10-18】 지금 은을, 90냥마다 월리 2냥으로 빌린 사람이 있다. 다만 이제 은 3484냥 8전을 함께 갚으려고 하는데, 3개월 12일이 경과했다. 원래의 은과 이자는 각각 얼마인가?
今有人貸銀 而每九十兩月利二兩 只云今共還銀三千四百八十四兩八錢 經三箇月一十二日 問本利各該幾何

답 원래의 은 : 3240냥
이자 : 244냥 8전
答曰 本銀 三千二百四十兩

利銀 二百四十四兩八錢

해법 3개월 4푼을 놓자.「주: 4분은 30일로 12일을 나눈 값이다.」2냥으로 이에 곱하면 6냥 8전을 얻는다. 90냥을 더하면 96냥 8전을 얻는다. 함께 갚는 은의 수량을 놓고 포라고 하자. 96냥 8전을 법이라고 하자. 포를 법으로 나누면 36을 얻는다. 90냥으로 이에 곱하면 원래의 은을 얻는다. 6냥 8전으로 이에 곱하고, 또 90냥으로 나누면 이자를 얻는다.「주: 또 원래의 은을 얻고 함께 반환하는 수량 내에서 그 수를 뺀 나머지가 이자이다.」

法曰 置三箇月四分「四分者 乃三十日除一十二日」以二兩乘之 得六兩八錢 加入九十兩 共得九十六兩八錢 就置共還銀數爲宲 以九十六兩八錢爲法 宲如法而一 得三十六 以九十兩乘之 得本銀 以六兩八錢乘之(15)) 得利銀也「且得本銀 而共還銀内 以減其數 餘爲利銀也」

☞ **역자 설명:** 위의 해법은 다음과 같다. 먼저, 빌린 기간을 다음과 같이 단위를 월로 바꾼다.

3개월 12일＝3개월 (12÷30)개월＝3개월 0.4개월＝3.4개월

90냥마다 월리가 2냥이므로, [단리법에 따라] 90냥을 3.4개월 빌렸을 때의 원리합계는 다음과 같다.

원금＋이자＝90냥＋(2×3.4)냥＝90냥 6.8냥＝96.8냥

그러므로 돈 x냥을 3.4개월 빌렸을 때의 원리합계가 3484냥 8전(＝3484.8냥)이라고 하면 다음 비례식이 성립한다.

$96.8 : 90 = 3484.8 : x$

따라서 구하는 원래의 은의 수량은 다음과 같다.

$x = (3484.8 \div 96.8) \times 90 = 36 \times 90 = 3240$(냥)

한편, 90냥을 3.4개월 빌렸을 때의 이자가 (2×3.4)냥＝6.8냥이므로, 돈 3240냥을 3.4개월 빌렸을 때의 이자를 y냥이라고 하면 다음 비례식이 성립한다.

$90 : 6.8 = 3240 : y$

15) '又以九十兩歸除' 落字

따라서 구하는 이자는 다음과 같다.

$y=(3240\times 6.8)\div 90=22032\div 90=244.8$(냥)$=244$냥 8전

또는 주에서 설명한 대로 이자는 다음과 같이 구할 수 있다.

(이자)=(원리합계)−(원래의 은)$=3484.8-3240=244.8$(냥)$=244$냥 8전

【1-10-19】 지금 세금을 징수하는 방법이 있는데, 곧 30관 중에서 조세로 1관을 들인다. 상인이 실을 800근 가지고 있는데, 한 근의 값은 돈 3관 252문이다. 납세하는 돈은 얼마인가?
今有收稅法 則三十貫納稅一貫 商人持絲八百斤 斤價錢三貫二百五十二文 問納稅錢幾何

답 86관 720문
答曰八十六貫七百二十文

해법 실의 수량을 놓고, 한 근의 값으로 이에 곱하여 얻은 2601관 600문을 포라고 하자. 30을 법이라고 하여, 포를 법으로 나누면 물음에 합당한 답을 얻는다.
法曰 置絲數 以斤價乘之 得二千六百一貫六百文爲宲 以三十爲法. 宲如法而一 得合問

☞ **역자 설명:** 위의 해법은 다음과 같다. 먼저, 실 전체의 값을 계산한다. 실 1근의 값이 3관 252문(=3.252관)이므로 800근의 값은 다음과 같다.

$800\times 3.252=2601.6$(관)

그래서 돈 30관의 조세가 1관이므로, 돈 2601.6관의 조세를 x관이라고 하면 다음 비례식이 성립한다.

$30:1=2601.6:x$

따라서 구하는 값은 다음과 같다.

$x=2601.6\div 30=86.72$(관)$=86$관 720문

【1-10-20】 지금 목향을 684근 가진 상인이 있는데, 관세로 9분의 1을 취하여 낸다. 이미 조세로 100근을 냈는데, 저당 잡힌 것은 돈 16관 440문으로 받았다. 한 근의 값은 얼마인가?
今有商人持木香六百八十四斤 出關稅之九而取一 已稅訖一百斤 却貼與錢一十六貫四百四十文 問斤價錢幾何

답 685문
答曰 六百八十五文

해법 목향의 수량을 놓고 9로 이를 나누고 1로 이에 곱하면, 76근을 얻는다. 이미 낸 조세 100근을 놓고, 그 안에서 76근을 뺀 나머지는 24근이다. 이를 법이라고 하자. 저당 잡히고 받은 돈 액수를 늘어놓고 표라고 하자. 표를 법으로 나누면, 물음에 합당한 답을 얻는다.
法曰 置木香數 以九歸之 以一乘之 得七十六斤 置已稅一百斤 於內以減七十六斤 餘二十四斤 以此爲法 列貼與錢數爲實 實如法而一 得合問

☞ **역자 설명:** 위의 해법은 다음과 같다. 먼저, 납부해야 할 관세를 구한다. 목향 9근의 관세가 1근이므로, 목향 684근의 관세가 x근이라고 하면 다음 비례식이 성립한다.

$$9:1=684:x$$

그러므로 $x=684\div 9=76$(근)이다.

그런데 이미 조세로 100근을 냈으므로, 목향 $100-76=24$(근)을 저당 잡혔고 이를 돈 16관 440문(=16440문)으로 되돌려 받았다.

따라서 목향 한 근의 값은 다음과 같다.

$$16440\div 24=685(\text{문})$$

【1-10-21】 지금 진주를 5640과 가진 상인이 있는데, 관세로 40분의 3을 취하여 낸다. 이미 조세로 450과를 내고, 저당 잡힌 것은 돈 14관 520문으로 받았다. 이제 243과를 사고자 한다. 주는 돈은 얼마인가?

今有商人持珍珠五千六百四十顆 出關稅之四十分取三 已稅訖四百五十顆 却貼與錢一十四貫五百二十文 今將欲買二百四十三顆 問與錢幾何

답 130관 680문
答曰 一百三十貫六百八十文

해법 진주의 수량을 놓고, 3을 곱하고 40으로 나누면 423과를 얻는다. 이미 낸 관세 450과를 놓고, 그 안에서 423과를 뺀 나머지는 27과이다. 이를 법이라고 하자. 사려는 진주 243과를 늘어놓고 전당 잡히고 받은 돈으로 이에 곱하여 얻은 3528관 360문을 포라고 하자. 포를 법으로 나누면, 물음에 합당한 답을 얻는다.
法曰 置珍珠數 三之 四十而一 得四百二十三顆 置已稅四百五十顆 內減四百二十三顆 餘二十七顆 以此爲法 列欲買二百四十三顆 以貼與錢乘之 得三千五百二十八貫三百六十文爲實 實如法而一 得合問

☞ **역자 설명:** 위의 해법은 다음과 같다. 먼저, 납부해야 할 관세를 구한다. 진주 40과의 관세가 3과이므로, 진주 5640과의 관세를 x과라고 하면 다음 비례식이 성립한다.

$$40 : 3 = 5640 : x$$

그러므로 납부해야 할 관세는 다음과 같다.

$$x = (5640 \times 3) \div 40 = 423(\text{과})$$

그런데 이미 관세로 450과를 냈으므로, 진주 450−423=27(과)를 저당 잡혔고 이를 돈 14관 520문(=14520문)으로 되돌려 받았다. 즉, 진주 27과의 값은 돈 14520문이다.

그러므로 사려고 하는 진주 243과의 값을 돈 y문이라고 하면 다음 비례식이 성립한다.

$$27 : 14520 = 243 : y$$

따라서 구하는 값은 다음과 같다.

$$y = (243 \times 14520) \div 27 = 3528360 \div 27 = 130680(\text{문}) = 130\text{관 } 680\text{문}$$

【1-10-22】 지금 채단[16]을 4740필 가진 상인이 있는데, 관세로 12필마다 전체적으로 채단 1자를 조세로 낸다. 이미 조세로 10필 냈는데, 1필의 길이는 42자이다. 한편, 저당 잡힌 것은 지전으로 7냥 8전 받았다. 이제 지전 6만 2112냥 9전 6푼으로 이를 사려고 한다. 채단은 얼마인가?
今有商人持綵緞四千七百四十匹　出關稅之每一十二匹合稅緞一尺　已稅訖十匹每匹長四十二尺　却貼與鈔七兩八錢　今將鈔六萬二千一百一十二兩九錢六分賣之 問綵緞幾何

답 4740필
答曰 四千七百四十匹

해법 채단의 수량을 놓고, 1자로 이에 곱하고 12로 나누면 395자를 얻는다. 별도로, 10필을 놓고, 필법 42자로 단위를 자로 환산하면 420자를 얻는다. 그 안에서 전체의 조세 395자를 뺀 나머지는 다만 25자이다. 이것으로 이제 사용하려고 하는 지전에 곱하면 155만 2824자를 얻는다. 한편, 저당 잡히고 받은 지전 7냥 8전을 법이라고 하여 나누면 19만 9080자를 얻는다. 필법 42자로 이를 나누면, 물음에 합당한 답을 얻는다.
法曰 置綵緞數 以一尺乘之 十二而一 得三百九十五尺 別置十匹 以匹法四十二通尺 得四百二十尺 於內減合稅數三百九十五尺 只有餘二十五尺 以此乘今將鈔 得一百五十五萬二千八百二十四尺 却以貼與鈔七兩八錢爲法 歸除 得十九萬九千八十尺 以匹法四十二約之 得合問

☞ **역자 설명:** 위의 해법은 다음과 같다. 먼저, 납부해야 할 조세를 구한다. 채단 12필마다 조세가 1자이므로, 채단 4740필 전체의 조세를 x자라고 하면 다음 비례식이 성립한다.

$$12 : 1 = 4740 : x$$

그러므로 전체 조세는 다음과 같다.

$$x = (4740 \times 1) \div 12 = 395(\text{자})$$

16) 혼인 때 신랑집에서 신부집으로 미리 보내는 청색·홍색 등의 치마 저고릿감.

그런데 이미 조세로 10필(=10×42=420자)을 냈으므로, 채단 420−395=25(자)를 저당 잡혔고 이를 지전 7냥 8전으로 되돌려 받았다. 즉, 채단 25자의 값은 지전 7냥 8전(=7.8냥)이다.

그러므로 사려고 하는 채단 y자의 값이 지전 62112냥 9전 6푼(=62112.96냥)이라고 하면 다음 비례식이 성립한다.

$$7.8 : 25 = 62112.96 : y$$

따라서 구하는 값은 다음과 같다.

$$y = (62112.96 \times 25) \div 7.8 = 1552824 \div 7.8 = 199080(\text{자})$$
$$= (199080 \div 42)\text{필} = 4740\text{필}$$

【1-10-23】 지금 은을 몇 냥 가진 상인이 있는데, 조세를 먼저 10분의 1을 취하여 걷고 뒤에 〔나머지의〕 30분의 1을 취하여 걷는다. 이제 합한 조세가 217냥 1전이다. 상인이 원래 가진 은은 얼마인가?
今有商人持銀兩 收稅之先稅十分取一 次稅三十分取一 今共稅訖二百一十七兩一錢 問商人元持銀幾何

답 1670냥
答曰 一千六百七十兩

해법 합한 조세의 수량을 놓고, 10냥으로 이에 곱하여 얻은 2171냥을 포라고 하자. 1냥 3전을 법이라고 하여, 포를 법으로 나눈다. 「주: 법의 수로 삼은 것은, 10냥을 율이라고 하면 조세로 먼저 10분의 1을 취하고 뒤에 30분의 1을 취하여 조세의 합이 1냥 3전이기 때문이다. 그래서 법이 된다.」 그러면 물음에 합당한 답을 얻는다.
法曰 置共稅數 以十兩乘之 得二千一百七十一兩爲寀 以一兩三錢爲法 寀如法而一「爲法之數 以十兩爲率 十分取一 爲先稅 又以所餘三十分取一 爲次稅 合稅一兩三錢 故爲法也」得合問

☞ **역자 설명:** 위의 해법은 다음과 같다. 먼저, 주에서 밝힌 대로, 은 10냥의 조세를 다음과 같이 구한다.

먼저 내는 조세: $10 \times (1/10) = 1$(냥)

뒤에 내는 조세: $(10-1)\times(1/30)=0.3$(냥)

합한 조세 : $1+0.3=1.3$(냥)=1냥 3전

이와 같이 은 10냥의 합한 조세가 1.3냥이므로, 상인이 원래 가진 은 x냥의 합한 조세가 217냥 1전(=217.1냥)이라고 하면 다음 비례식이 성립한다.

$$1.3:10=217.1:x$$

따라서 구하는 값은 다음과 같다.

$$x=(217.1\times10)\div1.3=2171\div1.3=1670(\text{냥})$$

【1-10-24】 지금 은을 몇 냥 가진 상인 있는데, 조세로 30분의 1을 취하여 걷고 뒤에 〔나머지의〕 50분의 3을 취하여 걷는다. 이제 합한 조세가 315냥 1전이다. 상인이 원래 가진 은은 얼마인가?
今有商人持銀兩 收稅之先稅三十分取一 次稅五十分取三 今共稅訖三百一十五兩一錢 問商人元持銀幾何

답 3450냥
答曰 三千四百五十兩

해법 합한 세금을 놓고, 30냥으로 이에 곱하여 얻은 9453냥을 포라고 하자. 2냥 7전 4푼을 법이라고 하여, 포를 법으로 나눈다.「주: 법의 수로 삼은 것은, 30냥을 율이라고 하면 조세로 먼저 30분의 1을 취하고, 또 남은 바의 50분의 3을 취하여 조세의 합이 2냥 7전 4푼이기 때문이다. 그래서 법이 된다.」그러면 물음에 합당한 답을 얻는다.
法曰 置共稅數 以三十兩乘之 得九千九[17]百五十三兩爲実 以二兩七錢四分爲法 実如法而一「爲法之數 以三十兩爲率 三十分取一爲先稅 又以所餘五十分取三爲次稅 合稅二兩七錢四分 故爲法也」得合問

☞ **역자 설명:** 위의 해법은 다음과 같다. 먼저, 주에서 밝힌 대로, 은 30냥의 조세를 다음과 같이 구한다.

---

17) 九는 四의 誤記

먼저 내는 조세: $30\times(1/30)=1$(냥)

뒤에 내는 조세: $(30-1)\times(3/50)=87/50=1.74$(냥)

합한 조세 : $1+1.74=2.74$(냥)$=2$냥 7전 4푼

이와 같이 은 30냥의 합한 조세가 2.74냥이므로, 상인이 원래 가진 은 x냥의 합한 조세가 315냥 1전($=315.1$냥)이라고 하면 다음 비례식이 성립한다.

$$2.74:30=315.1:x$$

따라서 구하는 값은 다음과 같다.

$$x=(315.1\times30)\div2.74=9453\div2.74=3450(\text{냥})$$

【1-10-25】 지금 은을 몇 냥 가진 상인이 있는데, 조세로 먼저 30분의 1을 취하여 걷고 뒤에 〔나머지의〕 50분의 3을 취하여 걷는다. 납세한 뒤에 남은 것이 3134냥 9전이다. 상인이 원래 가진 은은 얼마인가?
今有商人持銀兩 收稅之先稅三十分取一 次稅五十分取三 納稅後餘有三千一百三十四兩九錢 問商人元持銀幾何

답 3450냥
答曰 三千四百五十兩

해법 남은 수량을 놓고, 먼저 내는 조세의 원수 30으로 이에 곱하고 또 뒤에 내는 조세의 원수 50을 이에 곱하여 얻은 470만 2350을 포라고 하자. 조세로 내지 않는 29과 47를 서로 곱하여 얻은 1363을 법이라고 하자. 포를 법으로 나누면, 물음에 합당한 답을 얻는다.

별해 남은 수량을 놓고, 30냥으로 이에 곱하여 얻은 9만 4047냥을 포라고 하자. 27냥 2전 6푼을 법이라고 하여, 포를 법으로 나눈다. 「주: 법의 수로 삼은 것은, 30냥을 율이라고 하면 조세로 먼저 30분의 1을 취하고 또 뒤에 남은 바의 50분의 3을 취하여 조세의 합이 2냥 7전 4분이고, 30냥 안에서 뺀 나머지가 27냥 2전 6푼이기 때문이다. 그래서 법이 된다.」 그러면 역시 물음에 합당한 답을 얻는다.

法曰 置餘有數 以先稅者元數三十乘之 又以次稅者元數五十乘之 得四百七十萬二千三百五十爲實 以以[18]不稅者二十九四十七相乘 得一千三百六十三爲法 實如法而一 得合問

又曰 置餘有數 以三十兩乘之 得九萬四千四十七兩爲實 以二十七兩二錢六分爲法 實如法而一「爲法之數 以三十兩爲率 三十分取一爲先稅 又以所餘五十分取三爲次稅 合稅二兩七錢四分 於三十兩内以減 則餘有二十七兩二錢六分 故爲法也」亦得合問

☞ **역자 설명 1:** 해법의 풀이 과정은 다음과 같다. 먼저, 원래의 은으로부터 남은 은을 다음과 같이 구한다.

$$(\text{남은 은})=\{(\text{원래 은})\times \frac{29}{30}\}\times \frac{47}{50} = \frac{(\text{원래 은})\times 29\times 47}{30\times 50}$$

따라서 남은 은이 3134냥 9전=3134.9냥이므로, 원래의 은은 다음과 같다.

$$(\text{원래 은})= \frac{(\text{남은 은})\times 30\times 50}{29\times 47} = \frac{3134.9\times 30\times 50}{29\times 57} = \frac{4702350}{1363} = 3450(\text{냥})$$

☞ **역자 설명 2:** 별해의 풀이 과정은 다음과 같다. 먼저, 주에서 밝힌 대로, 은 30냥의 경우 조세를 뺀 나머지는 다음과 같이 구한다.

먼저 내는 조세: $30\times(1/30)=1$(냥)

뒤에 내는 조세: $(30-1)\times(3/50)=87/50=1.74$(냥)

합한 조세 : $1+1.74=2.74$(냥)=2냥 7전 4푼

나머지: $30-2.74=27.26$(냥)=27냥 2전 6푼

이와 같이 은 30냥의 경우 조세를 뺀 나머지가 27.26냥이므로, 상인이 원래 가진 은 x냥의 경우 조세를 뺀 나머지가 3134냥 9전(=3134.9냥)이라고 하면 다음 비례식이 성립한다.

$$27.26 : 30 = 3134.9 : x$$

따라서 구하는 값은 다음과 같다.

$$x=(3134.9\times 30)\div 27.26=94047\div 27.26=3450(\text{냥})$$

---

18) 重複

【1-10-26】 지금 은을 몇 냥 가진 상인이 있는데, 조세로 먼저 30분의 1을 취하여 걷고 뒤에 〔나머지의〕 50분의 3을 취하여 걷는다. 이제 합한 조세가 456$\frac{20}{30}$냥이다. 상인이 원래 가진 은은 얼마인가?

今有商人持銀兩 收稅之先稅三十分取一 次稅五十分取三 今共稅訖四百五十六兩 三十分兩之二十 問商人元持銀幾何

답 5000냥

答曰 五千兩

해법 456냥을 놓고, 분모 30분과 곱하고 분자를 더하여 얻은 1만 3700을 표라고 하자. 2냥 7전 4푼을 법이라고 하여, 표를 법으로 나누면 물음에 합당한 답을 얻는다. 「주: 법의 수로 삼은 것은, 30냥을 율이라고 하면 먼저와 뒤에 거둔 조세가 2냥 7전 4푼이기 때문이다. 그래서 법이 된다.」

法曰 置四百五十六兩 以三十分通分母內子 共得一萬三千七百爲實 以二兩七錢四分爲法 實如法而一 得合問「爲法之數 以三十兩爲率 先後合稅爲二兩七錢四分 故爲法」

☞ **역자 설명:** 해법의 풀이 과정은 다음과 같다. 먼저, 주에서 말한 대로, 은 30냥에 대한 합한 조세는 다음과 같이 구한다.

먼저 내는 조세: $30\times(1/30)=1$(냥)

뒤에 내는 조세: $(30-1)\times(3/50)=87/50=1.74$(냥)

합한 조세 : $1+1.74=2.74$(냥)$=2$냥 7전 4푼

이와 같이 은 30냥에 대한 합한 조세가 2.74냥이므로, 상인이 원래 가진 은 x냥의 조세를 $456\frac{20}{30}$냥이라고 하면 다음 비례식이 성립한다.

$$2.74:30=456\frac{20}{30}:x=\frac{456\times30+20}{30}:x=\frac{13700}{30}:x$$

따라서 구하는 값은 다음과 같다.

$$x=\left(\frac{13700}{30}\times30\right)\div2.74=13700\div2.74=5000(\text{냥})$$

【1-10-27】 지금 은을 몇 냥 가진 상인이 있는데, 조세를 먼저 30분의 1을 취하여 걷고 뒤에 〔나머지의〕 50분의 3을 취하여 걷는다. 납세한 뒤에 남은 것이 $4543\frac{10}{30}$냥이다. 상인이 원래 가진 은은 얼마인가?
今有商人持銀兩 收稅之先稅三十分取一 次稅五十分取三 納稅後餘有四千五百四十三兩 三十分兩之一十 問商人元持銀幾何

답 5000냥
答曰 五千兩

해법 4543냥을 놓고, 분모 30분과 곱하고 분자를 더하여 얻은 13만 6300을 포라고 하자. 27냥 2전 6푼을 법이라고 하여, 포를 법으로 나누면 물음에 합당한 답을 얻는다.「주: 법의 수로 삼은 것은, 30냥을 율이라고 하면 먼저와 뒤에 내는 조세를 뺀 뒤의 나머지가 27냥 2전 6푼이기 때문이다. 그래서 법이 된다.」
法曰 置四千五百四十三兩 以三十分通分母內子 共得一十三萬六千三百爲寀 以二十七兩二錢六分爲法 寀如法而一 得合問「爲法之數 以三十兩爲率 先後合稅減後餘有二十七兩二錢六分 故爲法是也」

☞ **역자 설명:** 해법의 풀이 과정은 다음과 같다. 먼저, 주에서 말한 대로, 은 30냥의 경우 조세를 뺀 나머지는 다음과 같이 구한다.

먼저 내는 조세: $30\times(1/_{30})=1$(냥)

뒤에 내는 조세: $(30-1)\times(3/_{50})=87/_{50}=1.74$(냥)

합한 조세 : $1+1.74=2.74$(냥)$=2$냥 7전 4푼

나머지: $30-2.74=27.26$(냥)$=27$냥 2전 6푼

이와 같이 은 30냥의 경우 조세를 뺀 나머지가 27.26냥이므로, 상인이 원래 가진 은 x냥의 경우 조세를 뺀 나머지가 $4543\frac{10}{30}$냥이라고 하면 다음 비례식이 성립한다.

$$27.26:30=4543\frac{10}{30}:x=\frac{4543\times30+10}{30}:x=\frac{136300}{30}:x$$

따라서 구하는 값은 다음과 같다.

$$x=\left(\frac{136300}{30}\times 30\right)\div 27.26=136300\div 27.26=5000(\text{냥})$$

【1-10-28】 지금 은을 5000냥 가진 상인이 있는데, 이제 조세로 먼저 30분의 1을 취하여 걷고 뒤에 〔나머지의〕 50분의 3을 취하여 걷는다. 조세로 낸 은 및 남은 은은 각각 얼마인가?
今有商人持銀五千兩 今收稅之先稅三十分取一 次稅五十分取三 問其稅銀及餘銀各該幾何

답 조세로 낸 은: $456\frac{20}{30}$냥

남은 은: $4543\frac{10}{30}$냥

答曰 稅銀 四百五十六兩 三十分兩之二十
餘銀 四千五百四十三兩 三十分兩之一十

해법 은 5000냥을 놓고, 2냥 7전 4푼으로 이에 곱하면 1만 3700을 얻는다. 한편, 30을 법이라고 하여 나누고, 법에 모자라는 것은 분수로 나타내면 조세로 낸 은을 얻는다. 또, 5000냥을 놓고 27냥 2전 6분을 이에 곱하면 13만 6300냥을 얻는다. 한편, 30을 법이라고 하여 법으로 나누고 법에 모자라는 것은 분수로 나타내면 남은 은을 얻는다. 「주: 대개 2냥 7전 4푼으로 이에 곱하는 것은, 원래의 은 30냥을 율이라고 하면 먼저와 뒤에 내는 조세의 합이기 때문이다. 27냥 2전 6푼을 곱하는 것은 원래의 은 30냥을 율이라고 하면 먼저와 뒤에 낸 조세를 뺀 뒤의 나머지이기 때문이다.」

法曰 置銀五千兩 以二兩七錢四分乘之 得一萬三千七百兩 却以三十爲法 而一 不滿法者命分之 得稅銀 又置五千兩 以二十七兩二錢六分乘之 得一十三萬六千三百兩 却以三十爲法 而一 不滿法者命分之 得餘銀也 「蓋以二兩七錢四分乘之者 乃元銀三十兩爲率 先後合稅是也 以二十七兩二錢六分乘之者 乃元銀三十兩爲率 先後合稅減後餘數是也」

☞ **역자 설명:** 해법의 풀이 과정은 다음과 같다. 먼저, 주에서 말한 대로, 은 30냥의 경우 조세로 내는 수량과 나머지는 다음과 같이 구한다.

먼저 내는 조세: $30\times(1/30)=1$(냥)

뒤에 내는 조세: $(30-1)\times(3/50)=87/50=1.74$(냥)

합한 조세 : $1+1.74=2.74$(냥)$=$2냥 7전 4푼

나머지: $30-2.74=27.26$(냥)$=$27냥 2전 6푼

이와 같이 은 30냥에 대한 합한 조세가 2.74냥이므로, 상인이 원래 가진 은 5000냥의 조세로 낸 은을 x냥이라고 하면 다음 비례식이 성립한다.

$30:2.74=5000:x$

따라서 구하는 값은 다음과 같다.

$x=(5000\times2.74)\div30=13700\div30=456\frac{20}{30}$ (냥)

또, 은 30냥의 경우 조세를 뺀 나머지가 27.26냥이므로, 상인이 원래 가진 은 5000냥의 경우 조세를 뺀 나머지를 y냥이라고 하면 다음 비례식이 성립한다.

$30:27.26=5000:y$

따라서 구하는 값은 다음과 같다.

$y=(5000\times27.26)\div30=136300\div30=4543\frac{10}{30}$ (냥)

【1-10-29】 지금 은을 $2189\frac{107}{137}$냥 가진 상인이 있는데, 이제 조세로 먼저 30분의 1을 취하여 걷고 뒤에 〔나머지의〕 50분의 3을 취하여 걷는다. 조세로 낸 은 및 남은 은은 각각 얼마인가?
今有商人持銀二千一百八十九兩 一百三十七分兩之一百七 今收稅之先稅三十分取一 次稅五十分取三 問其稅銀及餘銀各該幾何

답 조세로 낸 은: 200냥

남은 은: $1989\frac{107}{137}$냥

答曰 稅銀 二百兩

餘銀 一千九百八十九兩 一百三十七分兩之一百七

해법 가진 은의 냥수를 놓고, 분모 137과 곱하고 분자에 더하면 30만을 얻는다. 2냥 7전 4푼으로 이에 곱하고 곧 30으로 나누어 얻은 2만 7400을 얻어 포라고 하자. 분모의 수 137을 법이라고 하여, 포를 법으로 나누면 조세로 낸 은을 얻는다. 또, 분모와 곱하여 분자에 더한 수 30만을 놓고, 27냥 2전 6푼을 이에 곱하고 곧 30으로 나누어 얻은 27만 2600을 포라고 하자. 분모의 수 137을 법이라고 하여, 포를 법으로 나누고 법에 모자라는 것은 분수로 나타내면 남은 은을 얻는다. 「주: 이렇게 곱하고 나누는 것은, 원래의 은 30냥을 율이라고 하면 2냥 7전 4푼은 조세가 되고 27냥 2전 6분은 나머지이기 때문이다.」

法曰 置持銀兩 以一百三十七通分母內子 共得三十萬 以二兩七錢四分乘之 卽以三十而一 得二萬七千四百爲実 以分母數一百三十七爲法 実如法而一 得稅銀 又置通分母共數三十萬 以二十七兩二錢六分乘之 卽以三十而一 得二十七萬二千六百爲実 以分母數一百三十七爲法 実如法而一 不滿法者命分之 得餘銀也「此乘除之法 乃元銀三十兩爲率 以二兩七錢四分爲稅 以二十七兩二錢六分爲餘者也」

☞ **역자 설명:** 해법의 풀이 과정은 다음과 같다. 먼저, 주에서 말한 대로, 은 30냥의 경우 조세로 내는 수량과 나머지는 다음과 같이 구한다.

먼저 내는 조세: $30 \times (1/30) = 1$(냥)

뒤에 내는 조세: $(30-1) \times (3/50) = 87/50 = 1.74$(냥)

합한 조세 : $1 + 1.74 = 2.74$(냥) = 2냥 7전 4푼

나머지: $30 - 2.74 = 27.26$(냥) = 27냥 2전 6푼

이와 같이 은 30냥에 대한 합한 조세가 2.74냥이므로, 상인이 원래 가진 은 $2189\frac{107}{137}$냥의 조세로 낸 은을 x냥이라고 하면 다음 비례식이 성립한다.

$$30 : 2.74 = 2189\frac{107}{137} : x = \frac{2189 \times 137 + 107}{137} : x = \frac{300000}{137} : x$$

따라서 구하는 값은 다음과 같다.

$$x=(\frac{300000}{137}\times 2.74)\div 30=\frac{27400}{137}=200(\text{냥})$$

또, 은 30냥의 경우 조세를 뺀 나머지가 27.26냥이므로, 상인이 원래 가진 은 $2189\frac{107}{137}$냥의 경우 조세를 뺀 나머지를 y냥이라 하면 다음 비례식이 성립한다.

$$30:27.26=2189\frac{107}{137}:y=\frac{300000}{137}:y$$

따라서 구하는 값은 다음과 같다.

$$y=(\frac{300000}{137}\times 27.26)\div 30=\frac{272600}{137}=1989\frac{107}{137}(\text{냥})$$

【1-10-30】 지금 은을 $3301\frac{737}{1363}$냥 가진 상인이 있는데, 이제 조세로 먼저 30분의 1을 취하여 걷고 뒤에 〔나머지의〕 50분의 3을 취하여 걷는다. 조세로 낸 은 및 남은 은은 각 얼마인가?
今有商人持銀三千三百一兩 一千三百六十三分兩之七百三十七 今收稅之先稅三十分取一 次稅五十分取三 問其稅銀及餘銀各該幾何

답 조세로 낸 은: $301\frac{737}{1363}$냥
남은 은: 3000냥
答曰 稅銀 三百一兩 一千三百六十三分兩之七百三十七
餘銀 三千兩

해법 가진 은의 냥수를 놓고, 분모 1363과 곱하고 분자에 더하면 450만을 얻는다. 2냥 7전 4푼으로 이에 곱하고 곧 30으로 나누어 얻은 41만 1000을 포라고 하자. 분모의 수 1363을 법이라고 하여, 포를 법으로 나누고 법에 모자라는 것은 분수로 나타내면 조세로 낸 은의 수량을 얻는다. 또, 분모와 곱하고 분자에 더한 수 450만을 놓고, 27냥 2전 6푼을 이에 곱하고 곧 30으로 나누어 얻은 408만 9000을 포라고 하자. 분모의 수 1363이 법이라고 하여, 포를 법으로 나누면 남은 은의 수량을 얻는다. 「주: 이 법은 위와 같다.」

法曰 置持銀兩 以一千三百六十三通分母內子 共得四百五十萬 以二兩七錢四分乘之 卽以三十而一 得四十一萬一千爲實 以分母數一千三百六十三爲法 實如法而一 不滿法者命分之 得稅銀數 又置通分母共數四百五十萬 以二十七兩二錢六分乘之 卽以三十而一 得四百八萬九千爲實 以分母數一千三百六十三爲法 實如法而一 得餘銀數也「此法上同」

☞ **역자 설명:** 해법의 풀이 과정은 다음과 같다. 먼저, 주에서 말한 대로, 은 30냥의 경우 조세로 내는 수량과 나머지는 다음과 같이 구한다.

먼저 내는 조세: $30\times(1/30)=1$(냥)

뒤에 내는 조세: $(30-1)\times(3/50)=87/50=1.74$(냥)

합한 조세 : $1+1.74=2.74$(냥)$=2$냥 7전 4푼

나머지: $30-2.74=27.26$(냥)$=27$냥 2전 6푼

이와 같이 은 30냥에 대한 합한 조세가 2.74냥이므로, 상인이 원래 가진 은 $3301\frac{737}{1363}$냥의 조세로 낸 은을 x냥이라고 하면 다음 비례식이 성립한다.

$$30:2.74=3301\frac{737}{1363}:x=\frac{3301\times1363+737}{1363}:x=\frac{4500000}{1363}:x$$

따라서 구하는 값은 다음과 같다.

$$x=(\frac{4500000}{1363}\times2.74)\div30=\frac{411000}{1363}=301\frac{737}{1363}(\text{냥})$$

또, 은 30냥의 경우 조세를 뺀 나머지가 27.26냥이므로, 상인이 원래 가진 은 $3301\frac{737}{1363}$냥의 경우 조세를 뺀 나머지를 y냥이라 하면 다음 비례식이 성립한다.

$$30:27.26=3301\frac{737}{1363}:y=\frac{4500000}{1363}:y$$

따라서 구하는 값은 다음과 같다.

$$y=(\frac{4500000}{1363}\times27.26)\div30=\frac{4089000}{1363}=3000(\text{냥})$$

【1-10-31】 지금 정향19) **3냥을 목향 4냥으로 대체한다. 다만, 정향 1**

19) 정향(丁香), 정향나무의 꽃봉오리를 말린 한약재로, 가슴앓이 · 구토 · 번위 등에

근의 값은 돈 400문이고, 목향은 186근 12냥 있다고 한다. 맞돈은 얼마인가?
今有丁香三兩 折木香四兩 只云丁香斤價錢四百文 却有木香一百八十六斤一十二兩 問直錢幾何

답 56관 25문
答曰 五十六貫二十五文

해법 정향 한 근의 값을 놓고, 3냥으로 이에 곱하면 1200을 얻고 16을 법으로 하여 나누면 75문을 얻는다.「주: 이는 정향 3냥의 값이다. 곧 목향 4냥의 값도 또한 이렇다.」목향의 수량을 놓고 단위를 냥으로 환산하고 남은 수를 더하면 2988냥을 얻는다. 4로 이를 나누고 한편 75로 이에 곱하면, 물음에 합당한 답을 얻는다.
별해 목향의 수량을 놓고, 근 아래의 남은 냥수를 근으로 환산하여 더하면 186근 7푼 반이다. 한편, 300문으로 이에 곱하면 또한 물음에 합당한 답을 얻는다.「주: 이 방법은 가히 4로 나누고 3을 곱하고 또 400으로 이에 곱하는 것이다. 잠시 멈추고 그것을 4로 나누고 400을 이에 곱하고 3문을 이에 곱하면 된다.」
法曰 置丁香斤價 以三兩乘之 得一千二百 以十六爲法 而一 得七十五文「是乃丁香三兩價也 卽木香四兩價亦是」列木香數 通兩內子 得二千九百八十八兩 以四歸之 却以七十五文乘之 得合問
又曰 置木香數 斤下留兩 共列一百八十六斤七分半 却以三十[20]文乘之 亦得合問「此法者 可以四歸三因 又以四百乘之是也 而姑停 其四歸四百乘之 以三十文乘之也」

☞ **역자 설명 1:** 위의 해법은 다음과 같다. 먼저, 정향 3냥의 값을 구하자. 정향 3냥의 값 x문이라고 하면, 정향 1근(=16냥)의 값이 400문이므로 다음 비례식이 성립한다.

$$16:400=3:x$$

그러므로 정향 3냥의 값, 즉 목향 4냥의 값은 다음과 같다.

쓰임.
20) 十은 百의 誤記

$x=(400\times3)\div16=1200\div16=75$(문)

한편, 다음이 성립한다.

186근 12냥$=(186\times16)$냥 12냥$=2976$냥 12냥$=2988$냥

목향 4냥의 값이 75문이므로, 목향 2988냥의 값을 y문이라고 하면 다음 비례식이 성립한다.

$4:75=2988:y$

따라서 구하는 값은 다음과 같다.

$y=(2988\div4)\times75=56025$(문)$=56$관 25문

☞ **역자 설명 2:** 별해는 다음과 같다. 목향의 수량을 근양법 '1근=16냥'을 이용하여 단위를 근으로 환산하여 나타내면 다음과 같다.

186근 12냥$=186$근 $(12\div16)$근$=186$근 0.75근$=186.75$근

한편, 목향 한 근의 값을 z라고 하면, 목향 4근의 값은 $4z$인데, 이는 정향 3근의 값 (3×400)문이다. 즉, $4z=(3\times400)$문이다. 그러므로 목향 한 근의 값은 다음과 같다.

$z=3\times400\div4=300$(문)

따라서 구하는 목향 186.75근의 값은 다음과 같다.

$186.75\times300=56025$(문)$=56$관 25문

【1-10-32】 지금 돈을 1만 7250관 차용해서 돈과 더불어 은으로 반환하려고 하는 사람이 있다. 다만, 돈의 관수와 은의 냥수는 똑같고, 그 은 한 냥의 값은 돈 5관이라고 한다. 돈과 은은 각각 얼마인가?
今有人借錢一萬七千二百五十貫 欲還錢與銀 而只云銀[21]貫銀兩其數適等 其銀每兩價錢五貫 問錢銀各該幾何

답 돈 : 2875관
은 : 2875냥
答曰 錢 二千八百七十五貫

21) 銀은 錢의 誤記

銀 二千八百七十五兩

해법 빌린 돈의 수량을 놓고, 5를 곱하여 얻은 8만 6250관을 포라고 하자. 30을 법이라고 하자. 포를 법으로 나누면, 물음에 합당한 답을 얻는다.

별해 빌린 돈의 수량을 놓고, 포라고 하자. 6으로 이를 나누면, 돈과 은의 똑같은 수량을 얻는다.「주: 만약 원래의 돈이 6관이면, 1관은 돈으로 반환하고 5관은 은 1냥의 값이다. 그러므로 6으로 이를 나눈다.」

法曰 置借錢數 五之 得八萬六千二百五十貫爲寀 以三十爲法 寀如法而一得合問

又曰 置借錢數爲寀 以六除之 卽得錢銀適等數也「若元錢六貫 則一貫爲本錢 五貫爲一兩銀價 故以六除之是也」

☞ **역자 설명 1:** 해법은 다음과 같다. 원래의 돈이 30관이면 5관은 돈으로 반환하고 나머지 25관은 은 5냥으로 반환할 수 있다. 이와 같이 원래의 돈이 30관이면 반환하는 돈이 5관이다. 그러므로 차용한 돈 17250관 중에서 돈으로 x관 반환한다고 하면, 다음 비례식이 성립한다.

$$30 : 5 = 17250 : x$$

따라서 구하는 값은 다음과 같다.

$$x = (17250 \times 5) \div 30 = 86250 \div 30 = 2875(\text{관})$$

이에 따라 반환하는 은도 2875냥이다.

☞ **역자 설명 2:** 별해는 다음과 같다. 원래의 돈이 6관이면 1관은 돈으로 반환하고 나머지 5관은 은 1냥으로 반환할 수 있다. 이와 같이 원래의 돈이 6관이면 반환하는 돈이 1관이다. 그러므로 차용한 돈 17250관 중에서 돈으로 x관 반환한다고 하면, 다음 비례식이 성립한다.

$$6 : 1 = 17250 : x$$

따라서 구하는 값은 다음과 같다.

$$x = 17250 \div 6 = 2875(\text{관})$$

이에 따라 반환하는 은도 2875냥이다.

【1-10-33】 지금 돈을 7458관 차용하여 돈과 더불어 은으로 반환하려는 사람이 있다. 다만, 은은 2분이고 돈은 1분인데, 은 한 냥의 값은 돈 5관을 대체한다고 한다. 돈과 은은 각각 얼마인가? 「주: 은은 2분이고 돈은 1분이란, 이를테면 돈이 3관이면 은은 6냥과 같음을 말한다.」
今有人借錢七千四百五十八貫 欲還錢與銀 而只云二分銀一分錢 其銀每兩折錢五貫 問錢銀各該幾何「二分銀一分錢有 謂如錢三貫銀六兩也」

답 돈: 678관
은: 1356냥
答曰 錢 六百七十八貫
銀 一千三百五十六兩[22]

해법 빌린 돈의 액수를 놓고, 5를 곱하여 얻은 3만 7290관을 포라고 하자. 55를 법이라고 하여, 포를 법으로 나누면 〔반환하는〕 돈의 액수를 얻는다. 이를 2배하면 은의 수량이 된다.

별해 빌린 돈의 액수를 놓고, 포라고 하자. 11로 나누면 〔반환하는〕 돈의 액수를 얻는다. 이를 2배하면 은이 된다. 「주: 이런 방법을 사용하는 것은, 원래의 돈이 11관이라고 하면 그 안에 1관은 반환하는 돈이고 10관은 은 2냥의 값이 되기 때문이다. 그래서 11을 법으로 하여 나눈다.」

法曰 置借錢數 五之 得三萬七千二百九十貫爲寀 以五十五爲法 寀如法而一得錢數 倍之 爲銀數也

又曰 置借錢數爲寀 身外減一 得錢數也 倍之爲銀「此法元錢十一貫 內一貫爲本錢 十貫爲二兩銀價 故身外減一之法是也」

☞ **역자 설명 1:** 해법은 다음과 같다. 원래의 돈이 55관이면 5관은 돈으로 반환하고 나머지 50관은 은 10냥으로 반환할 수 있다. 이와 같이 원래의 돈이 55관이면 반환하는 돈이 5관이다. 그러므로 차용한 돈 7458관 중에서 돈으로 x관 반환한다고 하면, 다음 비례식이 성립한다.

$$55:5=7458:x$$

22) 『한국과학기술사자료대계(韓國科學技術史資料大系)』 수학편(數學篇) 제1권(김용운 편저, 여강출판사, 1985)에서 여기까지가 89쪽이다. 그 이후는 다음과 같은 순서로 바뀌어야 한다. 89쪽 → 92쪽 → 91쪽 → 94쪽 → 93쪽 → 90쪽 → 95쪽

따라서 구하는 값은 다음과 같다.

$$x=(7458\times5)\div55=37290\div55=678(\text{관})$$

이에 따라 반환하는 은은 2×678=1356(냥)이다.

☞ **역자 설명 2:** 별해는 다음과 같다. 원래의 돈이 11관이면 1관은 돈으로 반환하고 나머지 10관은 은 2냥으로 반환할 수 있다. 이와 같이 원래의 돈이 11관이면 반환하는 돈이 1관이다. 그러므로 차용한 돈 7458관 중에서 돈으로 x관 반환한다고 하면, 다음 비례식이 성립한다.

$$11:1=7458:x$$

따라서 구하는 값은 다음과 같다.

$$x=7458\div11=678(\text{관})$$

이에 따라 반환하는 은은 2×678=1356(냥)이다.

【1-10-34】 지금 돈이 81관 648문 있는데, 기름과 밀가루 및 쌀가루 세 가지를 똑같게 사려고 한다. 다만, 기름 한 근의 값은 328문이고, 밀가루 한 근의 값은 194문이며, 쌀가루 한 근의 값은 126문이라고 한다. 세 가지의 똑같은 무게는 얼마인가?
今有錢八十一貫六百四十八文 欲買油麵粉三色適等 只云油斤價三百二十八文 麵斤價一百九十四文 粉斤價一百二十六文 問三色適等重幾何

답 세 가지 각각 : 126근
答曰 三色各 一百二十六斤

해법 돈의 액수를 놓고, 표라고 하자. 세 가지의 한 근의 값을 더하여 얻은 648문을 법이라고 하자. 표를 법으로 나누면, 물음에 합당한 답을 얻는다.
法曰 置錢數爲寀 三色斤價併 得六百四十八文爲法 寀如法而一 得合問

☞ **역자 설명 :** 위의 해법은 다음과 같다. 구매하는 기름과 밀가루 및 쌀가루의 무게를 모두 x근이라고 하면, 기름의 값은 $328x$문, 밀가루의 값은 $194x$문, 쌀가루의 값은 $126x$문이므로, 다음이 성립한다. [참고 : 1관=1000문]

$328x+194x+126x=81648,$

$648x=81648$

따라서 구하는 값은 $x=81648\div648=126$(근)이다.

【1-10-35】 지금 은이 69냥 4전 2푼 있는데, 참깨와 보리 및 조 세 가지를 똑같이 사려고 한다. 그 참깨 한 말의 값은 은 7푼 4리이고, 보리 한 말의 값은 은 6푼 3리이며, 조 한 말의 값은 은 4푼 5리이다. 세 가지의 똑같은 수량 및 세 가지의 은 값은 각각 얼마인가?

今有銀六十九兩四錢二分 欲貿麻麥粟三色適等 其麻每斗價七分四厘 麥每斗價六分三厘 粟每斗價四分五厘 問三色適等數及價銀各該幾何

답 세 가지 각각 : 38섬 $1\frac{3}{7}$말

참깨의 값 : 은 28냥 2전 $2\frac{4}{7}$푼

보리의 값 : 은 24냥 3푼

조의 값 : 은 17냥 1전 $6\frac{3}{7}$푼

答曰 三色各 三十八石一斗 七分斗之三
麻價 銀二十八兩二錢二分 七分分之四
麥價 銀二十四兩三分
粟價 銀一十七兩一錢六分 七分分之三

해법 은 원래의 수량을 놓고, 포라고 하자. 세 가지의 한 말의 값을 합하여 얻은 1전 8푼 2리를 법이라고 하자. 포를 법으로 나누고 법에 모자라는 것은 분수로 나타내어 서로 빼고 약분하면, 세 가지의 똑같은 수량을 얻는다. 또, 원래 은의 수량을 놓고, 7푼 4리로 이에 곱하면 513냥 7전 8리를 얻는다. 한 말 값의 합 1전 8푼 2리를 법이라고 하여 나누고, 법에 모자라는 것은 분수로 나타내어 약분하면 참깨의 은 값을 얻는다. 또, 원래 은의 수량을 놓고 6푼 3리로 이에 곱하면 437냥 3전 4푼 6리를 얻는다. 한 말 값의 합 1전 8푼 2리를 법으로 하여 나누면 보리의 은 값을 얻는다.

또, 원래 은의 수량을 놓고 4푼 5리로 이에 곱하면 312냥 3전 9푼을 얻는다. 한 말 값의 합 1전 8푼 2리를 법이라고 하여 나누고 법에 모자라는 것은 분수로 나타내어 약분하면 조의 은 값을 얻는다.

별해 먼저 위의 방법으로 세 가지의 똑같은 수량을 얻는다. 이에 그 수를 놓고 분모와 곱하고 분자에 더하면 2670을 얻는다. 7푼 4리로 이에 곱하면 197냥 5전 8푼을 얻는다. 7푼으로 이를 나누어 법에 모자라는 것은 법을 곱하여 환산하면, 참깨의 은 값을 얻는다. 또, 분모와 곱하고 분자에 더한 수를 놓고 6푼 3리로 이에 곱하면, 168냥 2전 1푼을 얻는다. 7푼으로 이를 나누면 보리의 은 값을 얻는다. 또, 분모와 곱하고 분자에 더한 수를 놓고 4푼 5리로 이에 곱하면, 120냥 1전 5푼을 얻는다. 7푼으로 이를 나누고 법에 모자라는 것은 분수로 나타내면, 조의 은 값을 얻는다.

法曰 置銀元數爲実 以三色斗價併得一錢八分二厘爲法 実如法而一 不滿法者 比較相減 約分命之 得三色適等數也 又列元銀數 以七分四厘乘之 得五百一十三兩七錢八厘 以斗價併一錢八分二厘爲法 而一 不滿法者 約分命之 得麻價銀 又列元銀數 以六分三厘乘之 得四百三十七兩三錢四分六厘 以斗價併一錢八分二厘爲法 而一 得麥價銀 又列元銀數 以四分五厘乘之 得三百一十二兩三錢九分 以斗價併一錢八分二厘爲法 而一 不滿法者 約分命之 得粟價銀也

又曰 一依右法 得三色適等數 仍置其數 通分母内子 共得二千六百七十 以七分四厘乘之 得一百九十七兩五錢八分 以七分歸之 不滿法者命分之 得麻價銀 又置通分母共得數 以六分三厘乘之 得一百六十八兩二錢一分 以七分歸之 得麥價銀 又置通分母共得數 以四分五厘乘之 得一百二十兩一錢五分 以七分歸之 不滿法者命分之 得粟價銀也

☞ **역자 설명 1:** 위의 해법은 다음과 같다. 참깨, 보리, 조를 모두 x말 구매한다면, 참깨의 값은 은 $0.74x$전, 보리의 값은 은 $0.63x$전, 조의 값은 은 $0.45x$전이므로 다음이 성립한다. [참고: 1냥=10전, 1전=10푼, 1푼=10리]

$$0.74x+0.63y+0.45z=694.2,$$

$$1.82x=694.2$$

그러므로 세 가지의 똑같은 수량은 다음과 같다.

$$x=\frac{694.2}{1.82}=\frac{69420}{182}=\frac{381\times182+78}{182}=381\frac{78}{182}=381\frac{3}{7}\,(\text{말})=38\text{섬 }1\frac{3}{7}\text{말}$$

따라서 참깨, 보리, 조의 은 값은 각각 다음과 같다.

참깨 : $0.74x=\frac{694.2\times0.74}{1.82}=\frac{513.708}{1.82}=282\frac{0.468}{1.82}\,(\text{전})$

$=28\text{냥 }2\text{전 }\frac{468}{182}\text{푼}=28\text{냥 }2\text{전 }2\frac{104}{182}\text{푼}=28\text{냥 }2\text{전 }2\frac{4}{7}\text{푼}$

보리 : $0.63x=\frac{694.2\times0.63}{1.82}=\frac{437.346}{1.82}=240\frac{0.546}{1.82}\,(\text{전})$

$=28\text{냥 }\frac{546}{182}\text{푼}=28\text{냥 }3\text{푼}$

조 : $0.45x=\frac{694.2\times0.45}{1.82}=\frac{312.39}{1.82}=171\frac{1.17}{1.82}\,(\text{전})$

$=17\text{냥 }1\text{전 }\frac{1170}{182}\text{푼}=17\text{냥 }1\text{전 }6\frac{78}{182}\text{푼}=17\text{냥 }1\text{전 }6\frac{3}{7}\text{푼}$

☞ **역자 설명 2:** 위의 별해는 다음과 같다. 위의 해법과 같은 방법으로 세 가지의 똑같은 수량을 구하고, 그 값을 통분하여 다음과 같이 나타낸다.

세 가지 똑같은 수량: $x=381\frac{3}{7}=\frac{381\times7+3}{7}=\frac{2670}{7}\,(\text{말})$

그리고 참깨, 보리, 조의 은 값은 각각 다음과 같다.

참깨 : $0.74x=\frac{2670\times0.74}{7}=\frac{1975.8}{7}=282\frac{1.8}{7}\,(\text{전})$

$=28\text{냥 }2\text{전 }\frac{18}{7}\text{푼}=28\text{냥 }2\text{전 }2\frac{4}{7}\text{푼}$

보리 : $0.63x=\frac{2670\times0.63}{7}=\frac{1682.1}{7}=240\frac{2.1}{7}\,(\text{전})$

$=24\text{냥 }\frac{21}{7}\text{푼}=24\text{냥 }3\text{푼}$

조 : $0.45x=\frac{2670\times0.45}{7}=\frac{1201.5}{7}=171\frac{4.5}{7}\,(\text{전})$

$=17\text{냥 }1\text{전 }\frac{45}{7}\text{푼}=17\text{냥 }1\text{전 }6\frac{3}{7}\text{푼}$

【1-10-36】 지금 있는 은 216냥 5전 8푼으로 세 가지 쌀을 사려고

하는데, 반드시 볍쌀은 1분, 기장쌀은 2분, 좁쌀은 3분이 되도록 한다. 볍쌀 한 말의 값은 1전 9푼 2리이고, 기장쌀 한 말의 값은 1전 3푼 5리이며, 좁쌀 한 말의 값은 1전 2푼 6리이다. 세 가지 쌀의 수량 및 은값은 각각 얼마인가?

今有銀二百一十六兩五錢八分 欲貿三色米 議要之一分稻米 二分稷米 三分粟米 稻米每斗價一錢九分二厘 稷米每斗價一錢三分五厘 粟米每斗價一錢二分六厘 問三色米及價銀各該幾何

답 볍쌀: 25섬 $7\frac{5}{6}$말

값: 은 49냥 5전 4리

기장쌀: 51섬 $5\frac{4}{6}$말

값: 은 69냥 6전 1푼 5리

좁쌀: 77섬 $3\frac{3}{6}$말

값: 은 97냥 4전 6푼 1리

答曰 稻米 二十五石七斗 六分斗之五

價 銀四十九兩五錢四厘

稷米 五十一石五斗 六分斗之四

價 銀六十九兩六錢一分五厘

粟米 七十七石三斗 六分斗之三

價 銀九十四[23]兩四錢六分一厘

해법 원래 은의 수량을 놓고, 표라고 하자. 볍쌀 한 말의 값에 1을 곱하고 기장쌀 한 말의 값에 2를 곱하며 좁쌀 한 말의 값에 3을 곱하여, 세 수를 더하여 얻은 8전 4푼을 법이라고 하자. 표를 법으로 나누고, 법에 모자라는 것은 분수로 나타내어 서로 빼고 약분하면 볍쌀 25섬 $7\frac{5}{6}$말을 얻는다. 2를 곱하면 기장쌀이 되고, 3을 곱하면 좁쌀을 얻는다. 남은 부분은 분모를 따라 분수로 나타내면 세 가지의 쌀을 얻게 된다. 또, 원래 은의 수량을 놓고 볍쌀 한 말

23) 四는 七의 誤記

의 값을 곱하여 얻은 4158냥 3전 3분 6리를 포라고 하자. 세 가지 한 말 값의 합 8전 4푼을 법이라고 하자. 포를 법으로 나누면 볍쌀 전체의 값을 얻는다. 또, 원래 은의 수량을 놓고 배로 하고 기장쌀 한 말의 값을 이에 곱하여 얻은 5847냥 6전 6푼을 포라고 하자. 세 가지 한 말의 값의 합 8전 4푼을 법이라고 하자. 포를 법으로 나누면 기장쌀 전체의 값을 얻는다. 또, 원래 은의 수량을 놓고 세 배하고 좁쌀 한 말의 값을 이에 곱하여 얻은 8186냥 7전 2푼 4리를 포라고 하자. 세 가지 한 말 값의 합 8전 4푼을 법이라고 하자. 포를 법으로 나누면 좁쌀 전체의 값을 얻는다.

별해 먼저 위의 방법으로 세 가지 쌀의 수량을 얻는다. 다음에 볍쌀 원래의 수량을 놓고 분모와 곱하고 분자에 더하면 1547을 얻는다. 볍쌀 한 말 값을 이에 곱하면 297냥 2푼 4리를 얻는다. 한편, 6으로 이를 나누면 볍쌀의 값을 얻는다. 또, 기장쌀 원래의 수량을 놓고 분모와 곱하고 분자에 더하면 3094를 얻는다. 기장쌀 한 말의 값을 이에 곱하면 584냥 7전 6푼 6리를 얻는다. 한편, 6으로 나누면 기장쌀의 값을 얻는다. 또, 좁쌀 원래의 수량을 놓고 분모와 곱하고 분자에 더하면 4641를 얻는다. 좁쌀 한 말의 값을 이에 곱하면 584냥 7전 6푼 6리를 얻는다. 한편, 6으로 이를 나누면 좁쌀의 값을 얻는다.

法曰 置元銀數爲寀 以稻米每斗價一之 稷米每斗價二之 粟米每斗價三之 併三位共得八錢四分爲法 寀如法而一 不滿法者 比較相減 約分命之 得稻米二十五石七斗六分斗之五 卽二因爲稷米 三因爲粟米 餘分者從分母數作命分之 已得三色米也 又列元銀數 以稻米斗價乘 得四千一百五十八兩三錢三分六厘爲寀 以斗價三位併八錢四分爲法 寀如法而一 得稻米價共數 又列元銀數倍之 以稷米斗價乘之 得五千八百四十七兩六錢六分爲寀 以斗價三位併八錢四分爲法 寀如法而一 得稷米價共數 又列元銀數三之 以粟米斗價乘之 得八千一百八十六兩七錢二分四厘爲寀 以斗價三位併八錢四分爲法 寀如法而一 得粟米價共數也

又曰 一依右法已 得三色米 後置稷[24]米元數 通分母內子 共得一千五百四十七 以斗價乘之 得三[25]百九十七兩二分四厘 却以六歸之 得稻米價

24) 稷은 稻의 誤記
25) 三은 二의 誤記

又置稷米元數 通分母內子 共得三千九十四 以斗價乘之 得四百一十七兩六錢九分 却以六歸之 得稷米價 又置粟米元數 通分母內子 共得四千六百四十一 以斗價乘之 得五百八十四兩七錢六分六厘 却以六歸之 得粟米價也

☞ **역자 설명 1:** 위의 해법은 다음과 같다. 볍쌀을 x말 구매한다면, 기장쌀과 좁쌀은 각각 $2x$말과 $3x$말 구매한다. 그러므로 볍쌀, 기장쌀, 좁쌀 전체의 값은 차례로 은 $1.92x$전, $1.35\times 2x$전, $1.26\times 3x$전이고, 다음이 성립한다.

$$1.92x+2.7x+3.78x=2165.8,$$

$$8.4x=2165.8$$

그러므로 세 가지 쌀의 수량은 다음과 같다.

$$\text{볍쌀}: x=\frac{2165.8}{8.4}=257\frac{7}{8.4}(\text{말})=25\text{섬 } 7\frac{70}{84}=25\text{섬 } 7\frac{5}{6}\text{말}$$

$$\text{기장쌀}: 2x=514\frac{14}{8.4}(\text{말})=51\text{섬 } 5\frac{56}{84}=51\text{섬 } 5\frac{4}{6}\text{말}$$

$$\text{좁쌀}: 3x=771\frac{21}{8.4}(\text{말})=77\text{섬 } 3\frac{42}{84}=77\text{섬 } 3\frac{3}{6}\text{말}$$

또, 세 가지 쌀 전체의 값은 다음과 같다.

$$\text{볍쌀}: 1.92x=\frac{2165.8\times 1.92}{8.4}=\frac{4158.336}{8.4}=495\frac{0.336}{8.4}(\text{전})$$

$$=49\text{냥 } 5\text{전 } \frac{33.6}{8.4}\text{리}=49\text{냥 } 5\text{전 } 4\text{리}$$

$$\text{기장쌀}: 2.7x=\frac{2165.8\times 2.7}{8.4}=\frac{5847.66}{8.4}=696\frac{1.26}{8.4}(\text{전})$$

$$=69\text{냥 } 6\text{전 } \frac{12.6}{8.4}\text{푼}=69\text{냥 } 6\text{전 } 1\frac{4.2}{8.4}\text{푼}=69\text{냥 } 6\text{전 } 1\text{푼 } 5\text{리}$$

$$\text{좁쌀}: 3.783x=\frac{2165.8\times 3.78}{8.4}=\frac{8186.724}{8.4}=974\frac{5.124}{8.4}(\text{전})$$

$$=97\text{냥 } 4\text{전 } \frac{51.24}{8.4}\text{푼}=97\text{냥 } 4\text{전 } 6\frac{0.84}{8.4}\text{푼}=97\text{냥 } 4\text{전 } 6\text{푼 } 1\text{리}$$

☞ **역자 설명 2:** 별해는 다음과 같다. 위의 해법과 같은 방법으로 세 가지 쌀의 수량을 구한다.

그리고 세 가지 쌀 전체의 값은 다음과 같이 계산한다.

법쌀 : $1.92x=257\frac{5}{6}\times 1.92=\frac{1547\times 1.92}{6}=\frac{2970.24}{6}=495\frac{0.24}{6}$ (전)

$=49$냥 5전 $\frac{24}{6}$리 $=49$냥 5전 4리

기장쌀 : $1.35\times 2x=515\frac{4}{6}\times 1.35=\frac{3094\times 1.35}{6}=\frac{4176.9}{6}=696\frac{0.9}{6}$ (전)

$=69$냥 6전 $\frac{9}{6}$푼 $=69$냥 6전 1푼 5리

좁쌀 : $1.26\times 3x=773\frac{3}{6}\times 1.26=\frac{4641\times 1.26}{6}=\frac{5847.66}{6}=974\frac{3.66}{6}$ (전)

$=97$냥 4전 $\frac{36.6}{6}$푼 $=97$냥 4전 6푼 1리

【1-10-37】 지금 족색금[26]이 100냥 있는데, 8분금을 만들려고 한다. 들어가는 은은 얼마인가?
今有足色金一百兩 欲爲八分金 問入銀幾何

답 25냥
答曰 二十五兩

해법 금의 수량을 놓고, 10을 곱하여 얻은 1000냥을 표라고 하자. 8분을 법이라고 하여, 표를 법으로 나누면 125냥을 얻는다. 100냥을 뺀 나머지가 곧 들어간 은으로, 물음에 합당한 답을 얻는다.
별해 금의 수량을 놓고, 2분을 이에 곱하면 200냥을 얻는다. 8분을 법으로 하여 이를 나누면, 또한 물음에 합당한 답을 얻는다.
法曰 置金數 十之 得一千兩爲寀 以八分爲法 寀如法而一 得一百二十五兩 內減一百兩 餘卽入銀 得合問
又曰 置金數 以二分乘之 得二百兩 以八分爲法 歸之 亦得合問

☞ **역자 설명 1:** 해법은 다음과 같다. 족색금 100냥에 있는 금과, 은을 넣어 만든 8분금 x냥에 있는 금의 양은 서로 같으므로 다음이 성립한다.

$$8x=10\times 100=1000$$

26) 10분금, 즉 순금을 뜻한다.

따라서 $x=125$(냥)이므로, 들어간 은은 $125-100=25$(냥)이다.

☞ **역자 설명 2:** 별해는 다음과 같다. 금 100냥에 은 y냥을 넣어 8분금이 된다면, 금의 은이 수량의 비는 8 : 2이므로 다음이 성립한다.

$$8:2=100:y$$

따라서 구하는 은의 냥은 다음과 같다.

$$y=(100\times 2)\div 8=200\div 8=25(\text{냥})$$

【1-10-38】 지금 은이 37냥 5전 있는데, 족색금 150냥과 함께 달구어서 금을 만든다. 금의 순도는 얼마인가?
今有銀三十七兩五錢 足色金一百五十兩併 而同煉爲金 問顔色分數幾何

답 8분색
答曰 八分色

해법 금 150냥을 놓고 포라고 하자. 금과 은을 더하여 얻은 187냥 5전을 법이라고 하자. 포를 법으로 나누면, 물음에 합당한 답을 얻는다.
法曰 置金一百五十兩爲寀 併金銀共得一百八十七兩五錢爲法 寀如法而一得合問

☞ **역자 설명:** 해법은 다음과 같다. 금의 순도(농도)를 구하는 다음 공식을 이용한다.

$$\frac{(\text{금의 무게})}{(\text{금의 무게})+(\text{은의 무게})}=\frac{150}{150+37.5}=\frac{150}{187.5}=0.8$$

따라서 만든 금은 8분금이다.

【1-10-39】 지금 족색금이 69냥 있는데, 7.5분금을 만들고자 한다. 들어가는 은은 얼마인가?
今有足色金六十九兩 欲爲七分半金 問入銀幾何

답 23냥
答曰 二十三兩

해법 금의 수량을 놓고, 10을 곱하여 얻은 690냥을 표라고 하자. 7분 반을 법이라고 하여, 표를 법으로 나누면 92냥을 얻는다. 69냥을 뺀 나머지가 곧 들어간 은의 수량으로, 물음에 합당한 답을 얻는다.

별해 금의 수량을 놓고, 2분 반으로 이에 곱하면 172냥 반을 얻는다. 7푼 반을 법으로 하여 나누면, 또한 물음에 합당한 답을 얻는다.

法曰 置金數 十之 得六百九十兩爲寀 以七分半爲法 寀如法而一 得九十二兩 内減六十九兩 餘卽入銀 得合問

又曰 置金數 以二分半乘之 得一百七十二兩半 以七分半爲法 歸除 亦得合問

☞ **역자 설명 1:** 해법은 다음과 같다. 먼저 순금이 69냥 들어있는 7.5분금의 무게 x를 구한다. 7.5분금의 경우, 10냥에는 순금이 7.5냥 들어있으므로, x냥에는 순금이 69냥 들어있다고 하면, 다음 비례식이 성립한다.

$$7.5 : 10 = 69 : x$$

따라서 $x = (69 \times 10) \div 7.5 = 690 \div 7.5 = 92$(냥)이므로, 들어가는 은은 $92 - 69 = 23$(냥)이다.

☞ **역자 설명 2:** 별해는 다음과 같다. 7.5분금의 경우, 순금 7.5냥에 은이 2.5냥 들어가므로 순금 69냥에 은이 y냥 들어간다고 하면, 다음 비례식이 성립한다.

$$7.5 : 2.5 = 69 : y$$

따라서 $y = (69 \times 2.5) \div 7.5 = 172.5 \div 7.5 = 23$(냥)이다.

【1-10-40】 지금 은 34냥 5전과 족색금 103냥 5전이 있는데, 함께 녹여서 금을 만든다. 금의 순도는 얼마인가?
今有銀三十四兩五錢 足色金一百三兩五錢 倂以同煉爲金 問顔色分數幾何

답 7.5분색

答曰七分半色

해법 금 103냥 5전을 놓고 표라고 하자. 금과 은을 더하여 얻은 138냥을 법이라고 하자. 실을 법으로 나누면, 물음에 합당한 답을 얻는다.

法曰 置金一百三兩五錢爲寀 倂金銀 共得一百三十八兩爲法 實如法而一 得合問

☞ **역자 설명:** 해법은 다음과 같다. 금의 순도(농도)를 구하는 다음 공식을 이용한다.

$$\frac{(\text{금의 무게})}{(\text{금의 무게})+(\text{은의 무게})}=\frac{103.5}{103.5+34.5}=\frac{103.5}{138}=0.75$$

따라서 만든 금은 7.5분금이다.

【1-10-41】 지금 실 562근 8냥을 금 100냥과 교환하는데, 그 안에는 8.5분금 50냥과 7.5분금 50냥이 있다. 두 가지 금 한 냥의 값은 실로 각각 얼마인가?

今有絲五百六十二斤(27)) 換金一百兩 內八分半金五十兩 七分半金五十兩 問二色金每兩直絲各幾何

답 8.5분금의 값 : 5근 15냥 6전 2분 반
7.7분금의 값 : 5근 4냥 3전 7분 반

答曰 八分半直 五斤一十五兩六錢二分半
七分半直 五斤四兩三錢七分半

해법 실의 수량을 놓고, 단위를 냥으로 환산하여 얻은 9000냥을 표라고 하자. 별도로, 50냥을 놓고 8푼 반으로 이에 곱한다. 또, 50냥을 놓고 7푼 반으로 이에 곱한다. 두 수를 더하여 얻은 800냥을 법이라고 하자. 표를 법으로 나누면 11냥 2푼 반을 얻는다. 8푼 반으로 이에 곱하면, 곧 95냥 6전 2푼 반을 얻는다. 7푼 반을

27) '八兩' 落字

이에 곱하면, 곧 84냥 3전 7푼 반을 얻는다. 또, 각각을 근양법으로 나누고 법에 모자라는 것을 환산하면, 물음에 합당한 답을 얻는다.

별해 실을 놓고, 단위를 냥으로 환산하여 포라고 하자. 두 가지 금의 분수를 더하면 16을 얻는다. 이를 법이라고 하자. 포를 법으로 나누면 562냥 반을 얻는다. 이에 이 수를 놓고 8푼 반으로 이에 곱하면 실로 나타낸 전체 금의 값을 얻는다. 7푼 반으로 이에 곱하면 실로 나타낸 전체 금의 값을 얻는다. 각각 50냥을 율로 하여 이를 나누고, 근양법으로 이를 나누면 물음에 합당한 답을 얻는다.

法曰 置絲數 通兩 得九千兩爲宲 別置五十兩 以八分半乘之 又置五十兩 以七分半乘之 併二位 共得八百兩爲法 宲如法而一 得一十一兩二錢半 以八分半乘之 則得九十五兩六錢二分半 以七分半乘之 則得八十四兩三錢七分半 又各以斤法約之 不滿法者命之 得合問

又曰 置絲 通兩爲宲 併二色金分數 得一十六 以此爲法 宲如法而一 得五百六十二兩半 仍列此數 以八分半乘之 得其金共直絲 以七分半乘之 得其金共直絲也 各以五十兩爲率約之 又各以斤法除之 亦得合問

☞ **역자 설명 1:** 해법에서는, 먼저 10분금 한 냥의 값을 실로 나타내고 있다. 이를 위해, 주어진 실의 수량을 근양법 '1근=16냥'을 사용하여 단위를 냥으로 나타내면 다음과 같다.

562근 8냥=(562×16)냥 8냥=8992냥 8냥=9000냥

그리고 8.5분금 50냥과 7.5분금 50냥을 10분금의 수량으로 바꾸면 다음과 같다. (본문에서 실제로 계산된 과정은 [⋯] 안에 넣었다.)

8.5분금 : 50×0.85=42.5(냥) [50×8.5=425(냥)]

7.5분금 : 50×0.75=37.5(냥) [50×7.5=375(냥)]

10분금 : 42.5+37.5=80(냥) [425+375=800(냥)]

그러므로 10분금 한 냥의 값은 실로 다음과 같다.

9000÷80=112.5(냥) [9000÷800=11.25(냥)]

따라서 8.5분금과 7.5분금의 한 냥의 값은 다음과 같다.

8.5분금 : 112.5×0.85=95.625(냥)=95냥 6전 2푼 5리=5근 15냥 6전 2푼 5리
[11.25×8.5]

7.5분금 : 112.5×0.75=84.375(냥)=84냥 3전 7푼 5리=5근 3냥 3전 7푼 5리
[11.25×7.5]

☞ **역자 설명 2:** 별해를 설명하기 위하여, 위의 해법으로부터 실로 나타낸 10분금 50냥의 값을 계산하면 다음과 같다. (본문에서 실제로 계산된 과정은 [⋯] 안에 넣었다.)

$$50\times(\text{10분금 한 냥의 값})=50\times\frac{9000}{50\times0.85+50\times0.75}\quad\left[\frac{9000}{50\times8.5+50\times7.5}\right]$$

$$=\frac{9000}{0.85+0.75}=\frac{9000}{1.6}=5625(\text{냥})\quad\left[\frac{9000}{8.5+7.5}=\frac{9000}{16}=562.5(\text{냥})\right]$$

그러므로 실로 나타낸 8.5분금과 7.5분금 50냥의 값은 다음과 같다.

(8.5분금 50냥의 값)=5625×0.85=4781.25(냥)
[562.5×8.5]

(7.5분금 50냥의 값)=5625×0.75=4218.75(냥)
[562.5×7.5]

따라서 실로 나타낸 8.5분금과 7.5분금 한 냥의 값은 다음과 같다.

(8.5분금 한 냥의 값)=4781.25÷50=95.625(냥)=5근 15냥 6전 2푼 5리

(7.5분금 한 냥의 값)=4218.75÷50=84.375(냥)=5근 3냥 3전 7푼 5리

【1-10-42】 지금 실 133근 15냥 7전 5푼을 금 21냥과 교환한다. 다만, 그 안에 8.5분금이 태반〔3분의 2〕이고 7.5분금은 소반〔3분의 1〕이라고 한다. 두 가지 금의 한 냥의 값은 각각 실로 얼마인가?
今有絲一百三十三斤一十五兩七錢五分 換金二十一兩 只云內八分半金太半七分半金少半 問二色金每兩直絲各幾何

답 8.5분금의 값 : 6근 10냥 2전 5푼
7.5분금의 값 : 5근 13냥 7전 5푼

答曰 八分半直 六斤一十兩二錢五分
七分半直 五斤一十三兩七錢五分

해법 실의 수량을 놓고, 단위를 냥으로 환산하여 얻은 2143냥 7전 5

푼을 포라고 하자. 또, 교환하는 금의 원래 수량 안에서 태반수 14냥을 놓고 8분 반으로 이에 곱한다. 또, 소반수 7냥을 놓고 7분 반으로 이에 곱한다. 두 수를 더하여 얻은 171냥 반을 법이라고 하자. 포를 법으로 나누면 12냥 반을 얻는다. 8분 반으로 이에 곱하면, 곧 106냥 2전 5푼을 얻는다. 7푼 반으로 이에 곱하면, 곧 93냥 7전 5푼을 얻는다. 또, 각각 근양법으로 이를 나누고 법에 모자라는 것은 환산하면, 물음에 합당한 답을 얻는다.

별해 실을 놓고, 단위를 냥으로 환산하여 포라고 하자. 별도로, 8푼 반을 놓고 이에 배한다. 또, 7푼 반을 더하면 24푼 반을 얻는다. 이를 법이라고 하자. 포를 법으로 나누면 87냥 5전을 얻는다. 이에 이 수를 놓고, 8푼 반으로 이에 곱하고 곧 2를 곱하면, 실로 나타낸 금의 값을 얻는다. 7푼 반으로 이에 곱하면, 실로 나타낸 금의 값을 얻는다. 각 금의 냥수를 율이라고 하여 이를 나누고, 또 각각 근양법으로 이를 나누면, 또한 물음에 합당한 답을 얻는다.

法曰 置絲數 通兩内子 共得二千一百四十三兩七錢五分爲寀 又換金元數内列太半數一十四兩 以八分半乘之 又列少半數七兩 以七分半乘之 二位併之 得一百七十一兩半爲法 寀如法而一 得一十二兩半 以八分半乘之則得一百六兩二錢五分 以七分半乘之 則得九十三兩七錢五分 又各以斤法約之 不滿法者命之 得合問

又曰 置絲 通兩内子爲寀 別置八分半倍之 又併七分半 得二十四分半 以此爲法 寀如法而一 得八十七兩五錢 仍列此數 以八分半乘之 卽二因 得其金共直絲 以七分半乘之 得其金共直絲也 各以金兩數爲率 約之 又各以斤法除之 亦得合問

☞ **역자 설명 1:** 해법에서는 먼저 실의 수량을 근양법 '1근=16냥'을 이용하여 단위를 냥으로 바꾸고, 8.5분금과 7.5금의 수량을 다음과 같이 구했다.

실 : 133근 15냥 7전 5푼=(133×16)냥 15냥 0.7냥 0.05냥
=2128냥 15.75냥=2143.75냥

8.5분금 : $21\times\frac{2}{3}=14$(냥)

7.5분금 : $21\times\frac{1}{3}=7$(냥)

이제, 8.5분금 14냥과 7.5분금 7냥을 10분금의 수량으로 바꾸면 다음과 같다. (본문에서 실제로 계산된 과정은 [⋯] 안에 넣었다.)

8.5분금 : $14\times0.85=11.9$(냥) $[14\times8.5=119$(냥)]

7.5분금 : $7\times0.75=5.25$(냥) $[7\times7.5=52.5$(냥)]

10분금 : $11.9+5.25=17.15$(냥) $[119+52.5=171.5$(냥)]

그러므로 10분금 한 냥의 값은 실로 다음과 같다.

$2143.75\div17.15=125$(냥) $[2143.75\div171.5=12.5$(냥)]

따라서 8.5분금과 7.5분금의 한 냥의 값은 다음과 같다.

8.5분금 : $125\times0.85=106.25$(냥)$=106$냥 6전 5푼$=6$근 10냥 2전 5푼
$[12.5\times8.5]$

7.5분금 : $125\times0.75=93.75$(냥)$=93$냥 7전 5푼$=5$근 13냥 7전 5푼
$[12.5\times7.5]$

☞ **역자 설명 2:** 별해를 설명하기 위하여, 위의 해법으로부터 실로 나타낸 10분금 7냥의 값을 계산하면 다음과 같다. (본문에서 실제로 계산된 과정은 [⋯] 안에 넣었다.)

$$7\times(\text{10분금 한 냥의 값})=7\times\frac{2143.75}{14\times0.85+7\times0.75}\quad\left[\frac{2143.75}{14\times8.5+7\times7.5}\right]$$

$$=\frac{2143.75}{2\times0.85+0.75}=\frac{2143.75}{2.45}=875(\text{냥})\ \left[\frac{2143.75}{2\times8.5+7.5}=\frac{2143.75}{24.5}=87.5(\text{냥})\right]$$

그러므로 실로 나타낸 8.5분금 14냥과 7.5분금 7냥의 실 값은 다음과 같다.

(8.5분금 14냥의 값)$=875\times0.85\times2=1487.5$(냥)
$[87.5\times8.5\times2]$

(7.5분금 7냥의 값)$=875\times0.75=656.25$(냥)
$[87.5\times7.5]$

따라서 실로 나타낸 8.5분금과 7.5분금 한 냥의 값은 다음과 같다.

(8.5분금 한 냥의 값)$=1487.5\div14=106.25$(냥)$=6$근 10냥 2전 5푼

(7.5분금 한 냥의 값)$=656.25\div7=93.75$(냥)$=5$근 13냥 7전 5푼

【1-10-43】 지금 벼가 1334섬 2말 1되 2홉 5작 있다. 다만, 벼 1말

은 쌀 6되와 같게 보고, 또 벼 1말은 팥 8되와 바꾸며, 또 원래의 벼 1말을 교환하여 모름지기 세 가지를 꼭 같게 거두어들이게 한다. 세 가지는 각각 얼마인가?
今有粟一千三百三十四石二斗一升二合五勺 只云每粟一斗準米六升 又粟一斗換小豆八升 又本粟一斗 須令三色適等輸納 問三色各幾何

답 각각 340섬 6말 5되
答曰 各 三百四十石六斗五升

해법 벼 원래의 수량을 놓고, 쌀 6되로 이에 곱하여 얻은 800섬 5말 2되 7홉 5작을 표라고 하자. 2말 3되 5홉을 법이라고 하여, 표를 법으로 나눈다. 「주: 법의 수로 삼은 것은, 각각 6되를 율이라고 하면 쌀 6되는 벼 1말로 대체되고 콩 6되는 벼 7되 5홉으로 대체되고 또 벼는 본래대로 6되가 되어 세 수를 더하면 2말 3되 5홉을 얻기 때문이다. 그래서 이것이 법이 된다.」 그러면 물음에 합당한 답을 얻는다.
法曰 置粟元數 以米六升乘之 得八百石五斗二升七合五勺爲寔 以二斗三升五合爲法 寔如法而一「爲法數者 各以六升爲率 米六升折粟一斗 豆六升折粟七升五合 又本粟六升 併三位 共得二斗三升五合 以此爲法是也」得合問

☞ **역자 설명:** 위의 해법은 다음과 같다. 벼와 쌀과 팥이 모두 $0.6x$말씩 있다고 하자. 그러면 이를 벼로 환산하면 다음과 같다.

벼 : $0.6x$말 → $0.6x$말

쌀 : $0.6x$말 → x말

팥 : $0.6x$말 → $0.75x$말 [벼 : 팥 = 1말 : 8되 = $10:8=x:6$, $x=10\times6\div8=7.5$]

합계 : $2.35x$말

그러므로 다음이 성립한다.

$$2.35x=13342.125$$

따라서 구하는 세 가지의 수량은 모두 다음과 같다.

$0.6x = 13342.125 \times 0.6 \div 2.35 = 8005.275 \div 2.35 = 3406.5$(말)
$= 340$섬 6말 5되

【1-10-44】 지금 조세로 내는 벼가 296섬 8말 7되 5홉 있는데, 정미[28]와 중미[29] 두 가지 쌀로 내려고 한다. 정미 4되 4홉은 벼 1말로 쓰고, 중미 6되 4홉은 벼 1말로 사용한다. 다만, 중미의 양은 정미 양의 배라고 한다. 두 가지 쌀은 각각 얼마인가?
今有租二百九十六石八斗七升五合 欲爲正中二米 正米四升四合用租一斗 中米六升四合用租一斗 只云中米倍之正米之數 問二米各該幾何

답 정미 : 55섬
중미 : 110섬
答曰 正米 五十五石
中米 一百一十石

해법 벼 원래의 수량을 놓고, 4되 4홉으로 이에 곱하여 얻은 130섬 6말 2되 5홉을 포라고 하자. 2말 3되 7홉 5작을 법이라고 하여, 포를 법으로 나눈다.「주: 법의 수로 삼은 것은, 각각 4되 4홉을 율이라고 하면 정미 4되 4홉은 벼 1말로 대체되고 중미는 이를 배로 한 8되 8홉이 벼 1말 3되 7홉 5작으로 대체되어 두 수의 합이 2말 3되 7홉 5작이기 때문이다. 그래서 법이라고 한다.」그러면 정미 55섬을 얻는다. 이를 배로 하면 중미가 되어, 물음에 합당한 답을 얻는다.
法曰 置租元數 以四升四合乘之 得一百三十石六斗二升五合爲寀 以二斗三升七合五勺爲法 寀如法而一「爲法之數 各以四升四合爲率 正米四升四合折租一斗 中米倍之八升八合折租一斗三升七合五勺 併二位 共得二斗三升七合五勺 故爲法是也」得正米五十五石 倍之爲中米 得合問

☞ **역자 설명:** 위의 해법은 다음과 같다. 정미를 $44x$홉 낸다고 하면, 중미는 $88x$홉 낸다. 그러면 이를 벼로 환산하면 다음과 같다.

28) 정미(正米), 실제로 거래되는 쌀
29) 중미(中米), 품질이 중간쯤 되는 쌀

정미 : $44x$홉 → $100x$홉

중미 : $88x$홉 → $137.5x$홉

[벼 : 중미 = 1말 : 6되 4홉 = 100 : 64 = x : 88, $x = 100 \times 88 \div 64 = 137.5$]

합계 : $237.5x$홉

그러므로 다음이 성립한다.

$$237.5x = 296875$$

따라서 정미의 수량은 다음과 같다.

$44x = 296875 \times 44 \div 237.5 = 13062500 \div 237.5 = 55000$(홉) = 5500되 = 550말 = 55섬

그리고 중미는 $2 \times 55 = 110$(섬)이다.

【1-10-45】 지금 소금 다루는 장정 9명이 7일 동안 소금을 55인 50근 끓인다. 1인의 무게는 400근이다. 이제 185명을 더 늘려 48일 동안 끓인다. 얻는 소금은 얼마인가?

今有鹽丁九人七日煎鹽五十五引五十斤 每引重四百斤 今增一百八十五人煎四十八日 問得鹽幾何

답 8148인

答曰 八千一百四十八引

해법 185명을 놓고 9명을 더하면, 194명을 얻는다. 48일로 이에 곱한다. 또, 55인 1분 2리 반으로 이에 곱한다. 「주: 인 아래의 수량은, 인법으로 나눈 값이다.」 그래서 얻은 51만 3324를 포라고 하자. 별도로, 9명을 놓고 7일로 이에 곱하여 얻은 63을 법이라고 하자. 포를 법으로 나누면, 물음에 합당한 답을 얻는다.

法曰 置一百八十五人 搭入九人 得一百九十四人 以四十八日乘之 又以五十五引一分二厘半乘之「引下分者 乃引法約之數」得五十一萬三千三百二十四爲寀 別置九人 以七日乘之 得六十三爲法 寀如法而一 得合問

☞ **역자 설명:** 위의 해법은 다음과 같다. 9명이 7일 동안 일하면, 즉 연인원이 (9×7)명이면, 다음과 같은 소금을 얻는다.

55인 50근＝55인 (50÷400)인＝55인 0.125인＝55.125인

그러므로 194명(＝9명＋185명)이 48일 동안 일할 때, 즉 연인원이 (194×48)명일 때의 얻는 소금이 x인이라고 하면 다음 비례식이 성립한다.

$$9\times7 : 55.125 = 194\times48 : x$$

따라서 구하는 값은 다음과 같다.

$$x=(194\times48\times55.125)\div(9\times7)=8148(\text{인})$$

【1-10-46】 지금 배에 싣는 짐 꾸러미의 무게가 500근이고 갈 거리가 80리이면 운반비가 돈 150문이다. 이제 8만 1000근을 실어 2600리를 간다. 줄 돈은 얼마인가?
今有舡載物裝重五百斤 行路八十里脚價錢一百五十文 今載八萬一千斤 行二千六百里 問與錢幾何

답 789관 750문
答曰 七百八十九貫七百五十文

해법 8만 1000근을 놓고, 2600리로 이에 곱한다. 또, 운반비인 돈 150문으로 이에 곱하여 얻은 315억 9000만을 포라고 하자. 500근을 놓고, 80리로 이에 곱하여 얻은 4만을 법이라고 하자. 포를 법으로 나누면, 물음에 합당한 답을 얻는다.
별해 8만 1000근을 놓고, 500근으로 이를 나눈다. 운반비로 이에 곱하면 2만 4300을 얻는다. 별도로, 2600리를 놓고, 80리로 이를 나누면 32리 반을 얻는다. 2만 4300으로 이에 곱하면, 또한 물음에 합당한 답을 얻는다.
法曰 置八萬一千斤 以二千六百里乘之 又以價錢一百五十文乘之 得三百一十五億九千萬爲寀 列五百斤 以八十里乘之 得四萬爲法 寀如法而一得合問
又曰 置八萬一千斤 以五百斤歸之 以脚價錢乘之 得二萬四千三百 別置二千

六百里 以八十里歸之 得三十二里半 以二萬四千三百乘之 亦得合問

☞ **역자 설명 1:** 위의 해법은 다음과 같다. 운반비는 무게와 거리에 모두 정비례한다고 가정한다. 500근을 80리 가는 운반비가 150문이므로, 81000근을 2600리 가는 운반비를 x문이라고 하면 다음 비례식이 성립한다.

$$500\times 80 : 150 = 81000\times 2600 : x$$

따라서 구하는 값은 다음과 같다.

$$x=(81000\times 2600\times 150)\div(500\times 80)=31590000000\div 40000=789750(\text{문})$$
$$=789\text{관 }750\text{문}$$

☞ **역자 설명 2:** 별해는 다음과 같이, 위의 해법과 계산 순서만 다르다.

$$x=\left(\frac{81000}{500}\times 150\right)\times\frac{2600}{80}=(162\times 150)\times 32.5=24300\times 32.5=789750(\text{문})$$

【1-10-47】 지금 베 짜는 기술자 24명이 192일 동안 비단을 1152필 짠다. 62명으로 하여금 360일 동안 짜게 하려고 한다. 짤 수 있는 비단은 모두 얼마인가?
今有織匠二十四人 一百九十二日 織錦一千一百五十二匹 欲令六十二人 織三百六十日 問織錦幾何

답 5580필
答曰 五千五百八十匹

해법 360일을 놓고, 62명으로 이에 곱한다. 또, 짜는 비단의 필수로 이에 곱하여 얻은 2571만 2640을 포라고 하자. 192일을 놓고, 24명으로 이에 곱하여 얻은 4608을 법이라고 하자. 포를 법으로 나누면, 물음에 합당한 답을 얻는다.
法曰 置三百六十日 以六十二人乘之 又以織錦匹數乘之 得二千五百七十一萬二千六百四十爲寀 列一百九十二日 以二十四人乘之 得四千六百八爲法 寀如法而一 得合問

☞ **역자 설명:** 위의 해법은 다음과 같다. 24명이 192일 동안 일하면, 즉 연인원이 (192×24)명이면 짤 수 있는 비단은 모두 1152필이다. 그러므로 62명이 360일 동안 일할 때, 즉 연인원이 (360×62)명일 때 짜는 비단이 x필이라고 하면 다음 비례식이 성립한다.

$$24\times192:1152=62\times360:x$$

따라서 구하는 값은 다음과 같다.

$$x=(360\times62\times1152)\div(192\times24)=25712640\div4608=5580(\text{필})$$

【1-10-48】 지금 베 짜는 기술자 12명이 96일 동안 비단을 576필 짠다. 31명으로 하여금 2790필을 짜게 하려고 한다. 짜는 날은 얼마인가?

今有織匠一十二人 九十六日 織錦五百七十六匹 欲令三十一人 織二千七百九十匹 問織日幾何

답 180일

答曰 一百八十日

해법 12명을 놓고, 96일로 이에 곱한다. 또, 짜고자 하는 비단 2790필로 이에 곱하여 얻은 321만 4080을 포라고 하자. 짜는 비단 576필을 놓고, 31명으로 이에 곱하여 얻은 1만 7856을 법이라고 하자. 포를 법으로 나누면, 물음에 합당한 답을 얻는다.

法曰 置一十二人 以九十六日乘之 又以織二千七百九十匹乘之 得三百二十一萬四千八十爲寀 列織錦五百七十六匹 以三十一人乘之 得一萬七千八百五十六爲法 寀如法而一 得合問

☞ **역자 설명:** 위의 해법은 다음과 같다. 12명이 96일 동안 일하면, 즉 연인원이 (12×96)명이면, 비단을 576필 짠다. 그러므로 31명이 x일 동안 일하여 비단을 2790필 짠다고 하면 다음 비례식이 성립한다.

$$12\times96:576=31\times x:2790$$

따라서 구하는 값은 다음과 같다.

$$x=(12\times96\times2790)\div(31\times576)=3214080\div17856=180(\text{일})$$

【1-10-49】 지금 베 짜는 기술자 60명이 48일 동안 비단을 320필 짠다. 이제 148일 동안 2960필을 짜려고 한다. 베 짜는 기술자는 얼마인가?
今有織匠六十人 四十八日 織錦三百二十匹 今一百四十八日 織二千九百六十匹 問織匠幾何

답 180명
答曰 一百八十人

해법 48일을 놓고, 60명으로 이에 곱한다. 또, 짜려는 비단 2960필로 이에 곱하여 얻은 852만 4800을 포라고 하자. 148일을 놓고, 짜는 비단 320필로 이에 곱하여 얻은 4만 7360을 법이라고 하자. 포를 법으로 나누면, 물음에 합당한 답을 얻는다.
별해 짜려는 비단 2960필을 놓고, 짜는 비단 320필을 법으로 하여 나누면 9필 2푼 반을 얻는다. 별도로, 48일을 놓고 60명으로 이에 곱하면 2880을 얻는다. 또, 9필 2푼 반으로 이에 곱하여 얻은 26640을 포라고 하자. 148을 법이라고 하여, 포를 법으로 나누면 또한 물음에 합당한 답을 얻는다.
法曰 置四十八日 以六十人乘之 又以織二千九百六十匹乘之 得八百五十二萬四千八百爲寀 列一百四十八日 以織錦三百二十匹乘之 得四萬七千三百六十爲法 寀如法而一 得合問
又曰 置織二千九百六十匹 以三百二十匹爲法 歸除 得九匹二分半 別置四十八日 以六十人乘之 得二千八百八十 又以九匹二分半乘之 得二萬六千六百四十爲寀 以一百四十八日爲法 寀如法而一 亦得合問

☞ **역자 설명 1:** 위의 해법은 다음과 같다. 60명이 48일 동안 일하면, 즉 연인원이 (48×60)명이면, 비단을 320필 짠다. 그러므로 x명이 148일 동안 일해서 비단을 2960필 짠다고 하면 다음 비례식이 성립한다.

$$48 \times 60 : 320 = x \times 148 : 2960$$

따라서 구하는 값은 다음과 같다.

$$x = (48 \times 60 \times 2960) \div (148 \times 320) = 8524800 \div 47360 = 180(\text{명})$$

☞ **역자 설명 2:** 별해는 다음과 같다. 먼저, 비단을 2960필 짜는 데 필요한 연인원을 구한다. 비단을 320필 짜는 데 필요한 연인원이 (48×60)명이므로, 비단을 2960필 짜는 데 필요한 연인원을 y명이라 하면 다음 비례식이 성립한다.

$$320 : 48\times60 = 2960 : y$$

그러므로 다음을 얻는다.

$$y = \frac{2960}{320}\times(48\times60) = 9.25\times2880 = 26640(\text{명})$$

그런데 148일 동안 일하므로, 기술자의 수 x는 다음과 같다.

$$x = y\div148 = 26640\div148 = 180(\text{명})$$

【1-10-50】 지금 베 짜는 기술자 76명이 함께 18일 동안 짠 베로 34명이 옷을 만들어 입는다. 다만, 베 짜는 기술자 18명이 짠 베로 85명이 옷을 만들어 입는다고 한다. 베를 짜는 날은 얼마인가?
今有織匠七十六人 共織一十八日 衣三十四人 只云織匠一十八人 衣者八十五人 問織日幾何

답 190일
答曰 一百九十日

해법 베 짜는 기술자 76명을 놓고, 18일로 이에 곱한다. 또, 옷을 만들어 입는 사람 85명으로 이에 곱하여 얻은 11만 6280을 포라고 하자. 베 짜는 기술자 18명을 놓고, 옷을 만들어 입는 사람 34명으로 이에 곱하여 얻은 612를 법이라고 하자. 포를 법으로 나누면, 물음에 합당한 답을 얻는다.

별해 옷을 만들어 입는 사람 85명을 놓고, 34명을 법이라고 하여 나누면 2.5를 얻는다. 별도로, 베 짜는 기술자 76명을 놓고 18일로 이에 곱하면 1368을 얻는다. 또, 2.5로 이에 곱하여 얻은 3420을 포라고 하자. 베 짜는 기술자 18명을 법이라고 하여, 포를 법으로 나누면 또한 물음에 합당한 답을 얻는다.

法曰 置織匠七十六人 以一十八日乘之 又以衣者八十五人乘之 得一十一萬六千二百八十爲實 列織匠一十八人 以衣者三十四人乘之 得六百一十

二爲法 宲如法而一 得合問

又曰 置衣者八十五人 以三十四人爲法 歸除 得二·五 別置織匠七十六人 以一十八日乘之 得一千三百六十八 又以二·五乘之 得三千四百二十爲宲 以織匠一十八人爲法 宲如法而一 亦得合問

☞ **역자 설명 1:** 위의 해법은 다음과 같다. 76명이 18일 동안 베를 짜면, 즉 연인원이 (76×18)명이면, 34명분의 옷을 만들 수 있다. 그러므로 18명이 x일 동안 베를 짜서 85명분의 옷을 만들 수 있다고 하면 다음 비례식이 성립한다.

$$76\times 18 : 34 = 18\times x : 85$$

따라서 구하는 값은 다음과 같다.

$$x = (76\times 18\times 85) \div (18\times 34) = 116280 \div 612 = 190(\text{일})$$

☞ **역자 설명 2:** 위의 별해는 다음과 같다. 먼저, 85명분의 옷을 만드는 데 필요한 연인원을 구한다. 34명분의 옷을 만드는 데 필요한 연인원이 (76×18)명이므로, 85명분의 옷을 만드는 데 필요한 연인원을 y명이라고 하면 다음 비례식이 성립한다.

$$34 : 76\times 18 = 85 : y$$

그러므로 다음을 얻는다.

$$y = \frac{85}{34}\times(76\times 18) = 2.5\times 1368 = 3420(\text{명})$$

그런데 18명이 일하므로, 일하는 일수 x는 다음과 같다.

$$x = 3420 \div 18 = 190(\text{일})$$

【1-10-51】 지금 베 짜는 기술자 16명이 함께 158일 동안 짠 베를 88명이 옷을 만들어 입는다. 다만, 4일 동안 짠 베를 55명이 옷을 만들어 입는다고 한다. 베 짜는 기술자는 얼마인가?

今有織匠一十六人 共織一百五十八日 衣八十八人 只云織四日 衣五十五人 問織匠幾何

답 395명

答曰 三百九十五人

해법 베 짜는 기술자 16명을 놓고, 158일로 이에 곱한다. 또, 옷을 만들어 입는 사람 55명으로 이에 곱하여 얻은 13만 9040을 포라고 하자. 88명을 놓고 4일을 이에 곱하여 얻은 352를 법이라고 하자. 포를 법으로 나누면 물음에 합당한 답을 얻는다.

별해 옷을 만들어 입는 사람 88명을 놓고, 55를 법이라고 하여 나누면 1.6을 얻는다. 별도로, 베 짜는 사람 16인을 놓고, 158일로 이에 곱하여 얻은 2528을 포라고 하자. 나아가, 1.6을 놓고 4일로 이에 곱하면 6.4를 얻는다. 이를 법이라고 하자. 포를 법으로 나누면, 또한 물음에 합당한 답을 얻는다.

法曰 置織匠一十六人 以一百五十八日乘之 又以衣者五十五人乘之 得一十三萬九千四百[30]爲寔 列八十八人 以四日乘之 得三百五十二爲法 寔如法而一 得合問

又曰 置八十八人 以五十五人爲法 歸除 得一六 別置織匠一十六人 以一百五十八日乘之 得二千五百二十八爲寔 就置一六 以四日乘之 得六四以此爲法 寔如法而一 亦得合問

☞ **역자 설명 1:** 위의 해법은 다음과 같다. 16명이 158일 동안 베를 짜면, 즉 연인원이 (16×158)명이면, 88명분의 옷을 만들 수 있다. 그러므로 x명이 4일 동안 베를 짜서 55명분의 옷을 만들 수 있다고 하면 다음 비례식이 성립한다.

$$16\times158:88=x\times4:55$$

따라서 구하는 값은 다음과 같다.

$$x=(16\times158\times55)\div(88\times4)=139040\div352=395(\text{명})$$

☞ **역자 설명 2:** 위의 별해는 다음과 같다. 먼저, 55명분의 옷을 만드는 데 필요한 연인원을 구한다. 88명분의 옷을 만드는 데 필요한 연인원이 (16×158)명이므로, 55명분의 옷을 만드는 데 필요한 연인원을 y명이라고 하면 다음 비례식이 성립한다.

$$88:16\times158=55:y$$

그러므로 다음을 얻는다.

$$\frac{88}{55}y=16\times158=2528,$$

---

30) 百은 十의 誤記

$1.6y=2528,$

$y=2528\div1.6$

그런데 4일 동안 일하므로, 기술자의 명수 x는 다음과 같다.

$x=y\div4=(2528\div1.6)\div4=2528\div(1.6\times4)=2528\div6.4=395$(명)

【1-10-52】 지금 베 짜는 기술자 32명이 함께 216일 동안 짠 베를 66명이 옷을 만들어 입는다. 다만, 8명이 함께 288일 동안 베를 짠다고 한다. 옷을 만들어 입는 사람은 얼마인가?
今有織匠三十二人 共織二百一十六日 衣六十六人 只云織匠八人 共織二百八十八日 問衣者幾何

답 22명
答曰 二十二人

해법 288일을 놓고, 베 짜는 기술자 8명으로 이에 곱한다. 또, 옷을 만들어 입는 사람 66명으로 이에 곱하여 얻은 15만 2064를 포라고 하자. 216일을 놓고, 베 짜는 기술자 32명으로 이에 곱하여 얻은 6912를 법이라고 하자. 포를 법으로 나누면, 물음에 합당한 답을 얻는다.

별해 216일을 놓고, 베 짜는 기술자 32명을 이에 곱하여 얻은 6912를 포라고 하자. 288일을 놓고, 베 짜는 기술자 8명을 이에 곱하여 얻은 2304를 법이라고 하자. 포를 법으로 나누면 3을 얻는다. 나아가, 옷을 만들어 입는 사람 66명을 놓고, 3을 법이라고 하여 실을 법으로 나누면 물음에 합당한 답을 얻는다.

法曰 置二百八十八日 以織匠八人乘之 又以衣者六十六人乘之 得一十五萬二千六十四爲寀 列二百一十六日 以織匠三十二人乘之 得六千九百一十二爲法 寀如法而一 得合問

又曰 置二百一十六日 以織匠三十二人乘之 得六千九百一十二爲寀 列二百八十八日 以織匠八人乘之 得二千三百四爲法 寀如法而一 得三 就置衣者六十六人 以三(31)) (32))如法而一 亦得合問

☞ **역자 설명 1:** 위의 해법은 다음과 같다. 216일 동안 32명이 베를 짜면, 즉 연인원이 (216×32)명이면, 66명분의 옷을 만들 수 있다. 그러므로 288일 동안 8명이 베를 짜면, 즉 연인원이 (288×8)명일 때 x명분의 옷을 만들 수 있다고 하면 다음 비례식이 성립한다.

$$216 \times 32 : 66 = 288 \times 8 : x$$

따라서 구하는 값은 다음과 같다.

$$x = (288 \times 8 \times 66) \div (216 \times 32) = 152064 \div 6912 = 22(\text{명})$$

☞ **역자 설명 2:** 위의 별해는 다음과 같이 연인원의 비를 이용하고 있다.

$$216 \times 32 : 288 \times 8 = 66 : x,$$

$$6912 : 2304 = 66 : x,$$

$$\frac{6912}{2304} = 3 = \frac{66}{x},$$

$$x = 66 \div 3 = 22(\text{명})$$

【1-10-53】 지금 한 모서리가 1치인 정육면체 모양의 금이 있는데, 그 무게는 1근이다. 모서리가 7푼인 정육면체 모양의 금은 무게가 얼마인가?
今有立方金一寸 其重一斤 只有金立方七分 問重幾何

답 5냥 4전 8푼 8리
答曰 五兩四錢八分八釐

해법 모서리 7푼을 놓고 세제곱하면 343푼을 얻는다. 1근의 무게 16냥을 놓고, 343푼으로 이에 곱하여 얻은 5488푼을 포라고 하자. 별도로, 모서리가 1치인 금을 놓고, 단위를 푼으로 하고 세제곱하여 얻은 1000푼을 법이라고 하자. 포를 법으로 나누면 물음에 합당한 답을 얻는다.
法曰 置立方七分 再自乘 得三百四十三分 置斤重一十六兩 以三百四十三分

31) '爲法' 落字
32) '寀' 落字

乘之 得五千四百八十八分爲寀 別置一寸金 以分法通分爲分 再自乘 得一千分爲法 寀如法而一 得合問

☞ **역자 설명:** 위의 해법은 다음과 같다. '무게＝부피×비중'인데, 비중은 일정하므로 무게는 부피에 정비례한다고 가정하고 있다. '1치＝10푼'이므로 모서리가 1치인 정육면체 모양의 금의 부피는 $10^3=1000$(세제곱푼)이고, 모서리가 7푼인 정육면체 모양의 금의 부피는 $7^3=343$(세제곱푼)이다.

이제, 모서리가 1치인 금이 1근(＝16냥)이므로 모서리가 7푼인 금이 x냥이라고 하면 다음 비례식이 성립한다.

$$1000 : 343 = 16 : x$$

따라서 구하는 값은 다음과 같다.

$$x=(16\times343)\div1000=5488\div1000=5.488(\text{냥})$$
$$=5냥\ 4전\ 8푼\ 8리$$

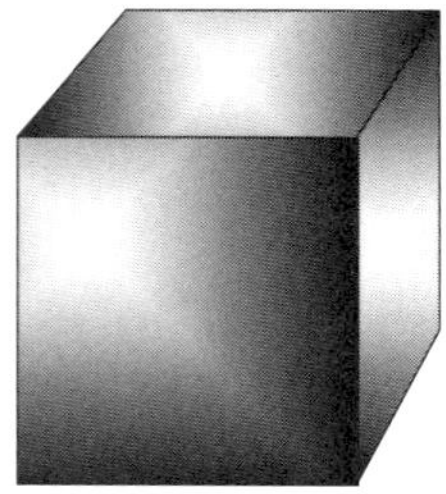

1치

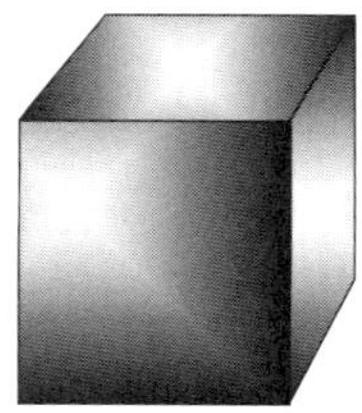

7푼

【1-10-54】 지금 한 변이 $39\frac{4}{6}$자인 정사각형이 있다. 넓이는 얼마인가?

今有平方面三十九尺 六分尺之四 問積幾何

답 $1573\frac{16}{36}$자

答曰 一千五百七十三尺 三十六分尺之一十六

해법 변의 길이 39자를 놓고, 분모와 곱하고 분자에 더하면 238을 얻는다. 제곱하여 얻은 5만 6644를 포라고 하자. 또, 분모를 놓고 제곱하여 얻은 36을 법이라고 하자. 포를 법으로 나누고 법에 모자라는 것은 분수로 나타내면, 물음에 합당한 답을 얻는다.

法曰 置方面三十九尺 以分母通分内子 共得二百三十八 自乘 得五萬六千六百四十四爲寀 又列分母 自乘 得三十六爲法 寀如法而一 不滿法者命分之 得合問

☞ **역자 설명:** 위의 해법에서는 한 변의 길이가 $39\frac{4}{6}$자인 정사각형의 넓이를 다음과 같이 계산하고 있다.

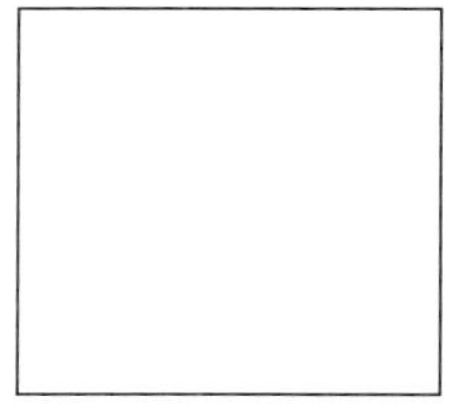

$39\frac{4}{6}$자

$\left(39\frac{4}{6}\right)^2=\left(\frac{238}{6}\right)^2$ • 대분수를 가분수로 고친다.

$=\frac{238^2}{6^2}=\frac{56644}{36}$ • 분자와 분모를 제곱한다.

$=1573\frac{16}{36}$ (제곱자) • 분자를 분모로 나눈다.

【1-10-55】 지금 한 모서리가 $57\frac{3}{8}$자인 정육면체가 있다. 부피는 얼마인가?

今有立方面五十七尺 八分尺之三 問積幾何

답 18만 8872 $\frac{115}{512}$ 자

答曰 一十八萬八千八百七十二尺 五百一十二分尺之一百十五

해법 모서리의 길이 57자를 놓고, 분모와 곱하고 분자에 더하면 459를 얻는다. 이를 세제곱하여 얻은 9670만 2579를 포라고 하자. 또, 분모를 놓고 세제곱하여 얻은 512를 법이라고 하자. 포를 법으로 나누고 법에 모자라는 것은 분수로 나타내면 물음에 합당한 답을 얻는다.

法曰 置方面五十七尺 以分母通分內子 共得四百五十九 以此爲立方再自乘得九千六百七十萬二千五百七十九爲寀 又列分母 再自乘 得五百一十二爲法 寀如法而一 不滿法者命分之 得合問

☞ **역자 설명:** 위의 해법에서는 한 모서리의 길이가 $57\frac{3}{8}$자인 정육면체의 부피를 다음과 같이 계산하고 있다.

$\left(57\frac{3}{8}\right)^3=\left(\frac{459}{8}\right)^3$ • 대분수를 가분수로 고친다.

$$=\frac{459^3}{8^3}=\frac{96702579}{512}$$ • 분자와 분모를 각각 세제곱한다.

$$=188872\frac{115}{512}$$ (세제곱자) • 분자를 분모로 나눈다.

【1-10-56】 지금 지름이 22자인 구가 있다. 부피는 얼마인가?
今有立圓徑二十二尺 問積幾何

답 5989.5자
答曰 五千九百八十九尺半

해법 지름 22자를 놓고, 세제곱하면 1만 648을 얻는다. 또, 9를 곱하고 16으로 나누면, 물음에 합당한 답을 얻는다.
法曰 置徑二十二尺 再自乘 得一萬六百四十八尺 又九之 以十六而一 得合問

☞ **역자 설명:** 위의 해법은 [1-1-21] 입원해적법에 따라 다음과 같이 지름이 주어진 구의 부피를 구하고 있다.

$$(\text{지름})^3\times 9\div 16=(22)^3\times 9\div 16$$
$$=10648\times 9\div 16$$
$$=5989.5(\text{세제곱자})$$

【1-10-57】 지금 둘레가 69자인 구가 있다. 부피는 얼마인가?
今有立圓周六十九尺 問積幾何

답 6843자 9치 3푼 7리 반
答曰 六千八百四十三尺九寸三分七厘半

해법 구의 둘레 69자를 놓고, 세제곱하여 얻은 32만 8509자를 포라고 하자. 48을 법이라고 하여 나누면, 물음에 합당한 답을 얻는다.
法曰 置周六十九尺 再自乘 得三十二萬八千五百九尺爲寔 以四十八爲法 而

一 得合問

☞ **역자 설명 1:** 위의 해법도 [1-1-21] 입원해적법에 따라 다음과 같이 지름이 주어진 구의 부피를 구하고 있다.

$$(\text{둘레})^3 \div 48 = (69)^3 \div 48$$
$$= 328509 \div 48$$
$$= 6843.9375(\text{세제곱자})$$
$$= 6843\text{자 } 9\text{치 } 3\text{푼 } 7\text{리 반}$$

☞ **역자 설명 2:** 그런데 위에서 제시한 답 '6843자 9치 3푼 7리 반'은 단위를 제대로 나타내지 못했다. ([1-1-14] 전무법의 역자 설명 3을 보라.) 여기서 각 단위는 부피를 나타내야 하므로, 1세제곱자=1000세제곱치이고 1세제곱치=1000세제곱푼이다. 그러므로 정확한 답은 다음과 같아야 한다.

6843.9375세제곱자=6843세제곱자 937세제곱치 500세제곱푼

[옛 식으로 하면] =6843자 937치 500푼

【1-10-58】 지금 지름이 57 $\frac{3}{8}$자인 구가 있다. 부피는 얼마인가?

今有立圓徑五十七尺 八分尺之三 問積幾何

답 10만 6240자 6치 2푼 6리 3 $\frac{219}{512}$ 호

答曰 一十萬33)二百四十尺六寸二分六厘三毫 五百一十二分毫之二百一十九

해법 구의 지름 57자를 놓고, 분모와 곱하고 분자에 더하면 459를 얻는다. 이를 한 변으로 하고 세제곱하면 9670만 2579를 얻는다. 또, 9를 곱하고 16으로 나누어 얻은 5439만 5200자 6치 8푼 7리 5호를 포라고 하자. 또, 분모를 놓고 세제곱하여 얻은 512를 법이라고 하자. 포를 법으로 나누면, 호에 이르러 법에 모자라는 자을 분수로 나타내면 물음에 합당한 답을 얻는다.

法曰 置立圓徑五十七尺 以分母通之内子 共得四百五十九 以一34)爲立方再

33) '六千' 落字

自乘 得九千六百七十萬二千[35]五百七十九 又九之 以十六而一 得五千四百三十九萬五千二百尺六寸八分七厘五毫爲寀 又列分母 再自乘 得五百一十二爲法 寀如法而一 至於毫 不滿法者命分之 得合問

☞ **역자 설명 1:** 위의 해법도 [1-1-21] 입원해적법에 따라 다음과 같이 지름이 주어진 구의 부피를 구하고 있다.

$$(\text{지름})^3\times 9\div 16=\left(57\frac{3}{8}\right)^3\times 9\div 16=\left(\frac{459}{8}\right)^3\times 9\div 16$$

$$=\frac{459^3}{8^3}\times 9\div 16=\frac{96702579\times 9\div 16}{512}=\frac{54395200.6875}{512}$$

$$=106240\frac{320.6875}{512}(\text{자}^3)=106240\text{자}\ \frac{3206.875}{512}\text{치}$$

$$=106240\text{자}\ 6\frac{134.875}{512}\text{치}=106240\text{자}\ 6\text{치}\ \frac{1348.75}{512}\text{푼}$$

$$=106240\text{자}\ 6\text{치}\ 2\frac{324.75}{512}\text{푼}=106240\text{자}\ 6\text{치}\ 2\text{푼}\ \frac{3247.5}{512}\text{리}$$

$$=106240\text{자}\ 6\text{치}\ 2\text{푼}\ 6\frac{175.5}{512}\text{리}=106240\text{자}\ 6\text{치}\ 2\text{푼}\ 6\text{리}\ \frac{1755}{512}\text{호}$$

$$=106240\text{자}\ 6\text{치}\ 2\text{푼}\ 6\text{리}\ 3\frac{219}{512}\text{호}$$

☞ **역자 설명 2:** 여기서도 제시된 답의 단위 표기가 잘못되었다. 이를 바로잡으면 다음과 같다.

$$\frac{54395200.6875}{512}\text{세제곱자}=106240.6263427733475\text{세제곱자}$$

$=106240$세제곱자 626세제곱치 342세제곱푼 773세제곱리 347세제곱호 500세제곱사

[옛 식으로 하면] $=106240$자 626치 342푼 773리 347호 500사

【1-10-59】 지금 정사각형 모양의 밭과 원 모양의 밭이 각각 1단씩 있는데, 넓이의 합은 1372보이다. 다만, 정사각형 모양 밭의 한 변은 원

---

34) 一은 此의 誤記

35) 『한국과학기술사자료대계(韓國科學技術史資料大系)』 수학편(數學篇) 제1권(김용운 편저, 여강출판사, 1985)에서는 여기까지가 109쪽이다. 그 뒤는 다음과 같은 순서로 바뀌어야 한다. 109쪽 → 112쪽 → 113쪽 → 110쪽 → 111쪽 → 114쪽

모양 밭의 지름과 서로 똑같다고 한다. 정사각형 모양의 밭과 원 모양의 밭의 넓이는 각각 얼마인가?
今有方田圓田各一段 共積一千三百七十二步 只云方田面與圓田徑適等 問方圓田積各該幾何

답 정사각형 모양 밭의 넓이: 784보
원 모양 밭의 넓이: 588보
答曰 方田積 七百八十四步
圓田積 五百八十八步

해법 넓이의 합을 놓고, 7로 나누어 얻은 196보를 포라고 하자. 이에 이 수를 늘어놓고 4를 곱하면 정사각형 모양 밭의 넓이가 되고, 3을 곱하면 원 모양 밭의 넓이가 되어 물음에 합당한 답을 얻는다.
法曰 置共積 七而一 得一百九十六步爲宲 仍列此數 四之 爲方田積 三之爲圓田積 得合問

☞ **역자 설명:** 위의 해법은 [1-1-24] 평방적평원적공화석분법, 즉 "정사각형의 변과 원의 지름의 길이가 서로 같으면 정사각형과 원의 넓이의 비는 4:3이다."라는 원리를 이용하고 있다.

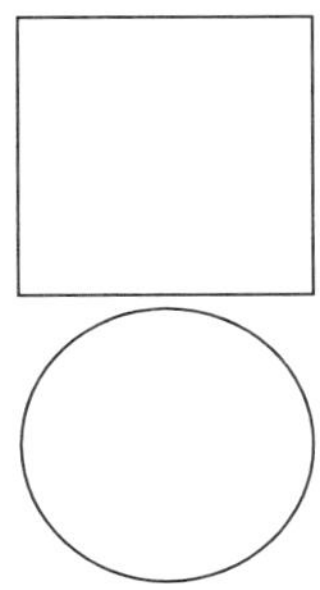

이에 따라 정사각형의 넓이를 $4x$, 원의 넓이를 $3x$라고 하면 다음이 성립한다.

$$4x+3x=1372,\quad 7x=1372,\quad x=196$$

따라서 정사각형 모양의 밭과 원 모양의 밭 넓이는 다음과 같다.

정사각형 : $4x=4\times196=784$(제곱보)

원 : $3x=3\times196=588$(제곱보)

【1-10-60】 지금 정육면체와 구가 각각 한 개씩 있는데, 부피의 합은 13만 3100자이다. 다만, 정육면체의 모서리와 구의 지름이 서로 똑같다고 한다. 정육면체와 구의 부피는 각각 얼마인가?
今有立方立圓各一 共積一十三萬三千一百尺 只云立方面與立圓徑適等 問立方立圓積各該幾何

답 정육면체의 부피: 8만 5184자
구의 부피: 4만 7916자
答曰 立方積 八萬五千一百八十四尺
立圓積 四萬七千九百一十六尺

해법 부피의 합을 놓고, 포라고 하자. 25를 법이라고 하여 포를 법으로 나누면 5324를 얻는다. 이에 이 수를 놓고 16을 곱하면 정육면체의 부피가 된다. 또, 5324를 놓고 9로 이에 곱하면 구의 부피를 얻어 물음에 합당하게 된다.
法曰 置共積爲실 以二十五爲法 실如法而一 得五千三百二十四 仍列此數身外加六通立方積 又列五千三百二十四 以九乘之 得立圓積 爲合問也

☞ **역자 설명:** 위의 해법은 [1-1-25] 입방적입원적공화석분법, 즉 "정육면체의 모서리와 구의 지름의 길이가 서로 같으면 정육면체와 구의 부피의 비는 16 : 9이다."라는 원리를 이용하고 있다.

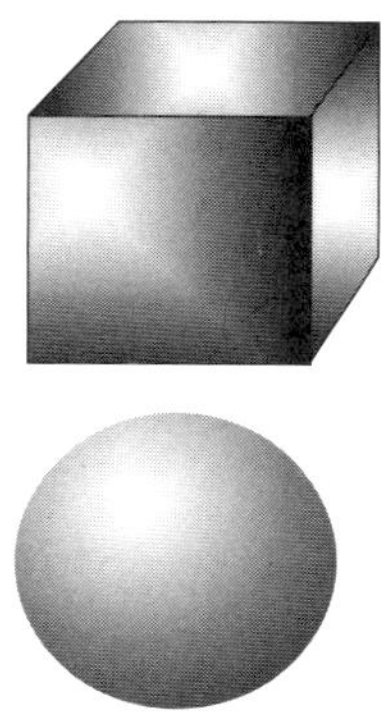

이에 따라 정육면체의 부피를 $16x$, 구의 부피를 $9x$라 하면 다음이 성립한다.

$$16x+9x=133100,\quad 25x=133100,\quad x=5324$$

따라서 정육면체와 구의 부피는 다음과 같다.

정육면체 : $16x=16\times5324=85184$(세제곱자)

구 : $9x=9\times5324=47916$(세제곱자)

【1-10-61】 지금 원기둥이 하나 있는데, 그 둘레는 11자 5치 반이다. 단면이 정사각형인 기둥을 만들고자 한다. 다만, 변이 포함되어 접하여 모서리가 된다고 한다. 한 변의 길이는 얼마인가?
今有圓柱一條 其周一十一尺五寸半 欲作方柱 只云容邊而占之爲隅 問每面闊幾何

답 2자 7치 반
答曰 二尺七寸半

해법 원 둘레 11자 5치 반을 놓고, 5로 이에 곱하여 얻은 57자 7치 반을 포라고 하자. 21을 법이라고 하여 포를 법으로 나누면 물음에 합당한 답을 얻는다.

별해 원 둘레를 놓고, 3으로 나누면 3자 8치 반을 얻는다. 이는 곧 원의 지름이다. 방오사칠법을 써서 7로 나누고 5를 곱하면 물음에 합당한 답을 얻는다.

法曰 置周一十一尺五寸半 以五乘之 得五十七尺七寸半爲寀 以二十一爲法 寀如法而一 得合問

又曰 置周 以三歸之 得三尺八寸半 是卽圓徑也 用方五斜七法 七歸五因 亦得合問

☞ **역자 설명 1:** 위의 해법은 다음과 같다. [1-1-18] 방사법 또는 방오사칠법, 즉 "정사각형의 변이 5자이면 대각선은 7자이다."라는 원리를 이용하고 있다. 그래서 정사각형 단면의 변의 길이를 a, 대각선의 길이를 d라고 하면, 원형 단면의 지름도 d이고 주어진 둘레와 고법에 따라 $3d=11.55$이므로 다음을 얻는다.

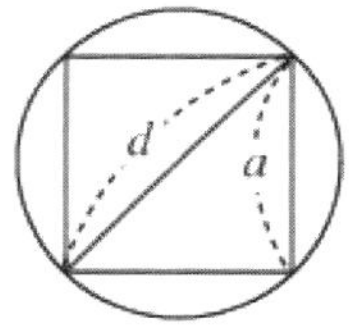

$$a:d=5:7,$$

$$a=\frac{5d}{7}=\frac{5\times 3d}{3\times 7}=\frac{5\times 11.55}{21}=\frac{57.75}{21}=2.75(\text{자})=2\text{자 }7\text{치 }5\text{푼}$$

☞ **역자 설명 2:** 별해는 다음과 같다. 먼저, 원의 둘레로부터 원의 지름을 얻는다. 즉, 원의 지름을 d라고 하면, 고법에 따라 둘레는 $3d=11.55$이므로 $d=3.85$(자)이다. 이제, '방오사칠법'에 따라 정사각형 단면의 변의 길이를 a, 대각선의 길이를 d라고 하면, 다음을 얻는다.

$$a:d=5:7,$$

$$a=\frac{5d}{7}=\frac{5\times 3.85}{7}=\frac{19.25}{7}=2.75(\text{자})=2\text{자 }7\text{치 }5\text{푼}$$

【1-10-62】 지금 원기둥이 하나 있는데, 이에 사각기둥을 만들어서 변에 포함되어 접하고 차지하여 모서리가 된다. 다만, 사각기둥의 한 모서리의 폭은 2자 7치 반이라고 한다. 기둥의 원래 둘레는 얼마인가?

今有圓柱一條 乃作方柱 而容邊 而占之爲隅 只云其方 每面闊二尺七寸半 問柱元周幾何

답 11자 5치 반
答曰 一十一尺五寸半

해법 사각기둥의 모서리 2자 7치 반을 놓고, 21로 이에 곱하여 얻은 57자 7치 반을 포라고 하자. 5를 법으로 하여 나누면, 물음에 합당한 답을 얻는다.

별해 사각기둥의 모서리를 놓고, 방오사칠법을 써서 5로 나누고 7을 곱하면 3자 8치 반을 얻는다. 이는 대각선의 길이가 되는데, 곧 원의 지름이다. 또, 원법으로 3을 곱하면 또한 물음에 합당한 답을 얻는다.

法曰 置方面二尺七寸半 以二十一乘之 得五十七尺七寸半爲寀 以五爲法 而一 得合問

又曰 置方面 用方五斜七法 五皈七因 得三尺八寸半 是爲斜 卽圓徑也 又以圓法三因之 亦得合問

☞ **역자 설명 1:** 위의 해법은 다음과 같다. 사각기둥 모서리의 길이를 a, 대각선의 길이를 d라고 하면, 원형 단면의 지름도 d이고 둘레는 고법에 따라 $3d$이므로 다음을 얻는다.

$$a:d=5:7,\ a:3d=5:21,$$

$$d=\frac{21a}{5}=\frac{21\times 2.75}{5}=\frac{57.75}{5}=11.55(\text{자})=11\text{자 }5\text{치 }5\text{푼}$$

☞ **역자 설명 2:** 별해는 다음과 같다. 방오사칠법에 따라 정사각형 단면의 변의 길이를 a, 대각선의 길이를 d라고 하면, 다음을 얻는다.

$$a:d=5:7,$$

$$d=\frac{7a}{5}=\frac{7\times 2.75}{5}=\frac{19.25}{5}=3.85(\text{자})=3\text{자 }7\text{치 }5\text{푼}$$

그러므로 둘레는 3d=3×3.85=11.55(자)이다.

【1-10-63】 지금 사각기둥이 하나 있는데, 한 모서리의 너비가 2자 7치 반이다. 이제 사각기둥을 깎아서 원기둥을 만들려고 하는데, 다만 원기둥 면이 모서리에 접하여 차지하고 원이 된다고 한다. 둘레는 얼마인가?
今有方柱一條 每面闊二尺七寸半 今斫方欲爲圓周 而只云容面 而占之爲圓 問周幾何

답 8자 2치 반
答曰 八尺二寸半

해법 한 모서리가 지름이 된다. 2자 7치 반을 놓고, 곧 원법으로 이에 3을 곱하면 물음에 합당한 답을 얻는다.
法曰 以方面爲一徑 仍列二尺七寸半 直以圓法三因之 得合問

☞ **역자 설명:** 사각기둥에 접하는 원기둥을 만들면, 원기둥 단면의 지름은 원래 사각기둥 단면의 한 변과 길이가 서로 같다. 따라서 지름이 2.75자이므로, 고법에 따라 둘레는 다음과 같다.

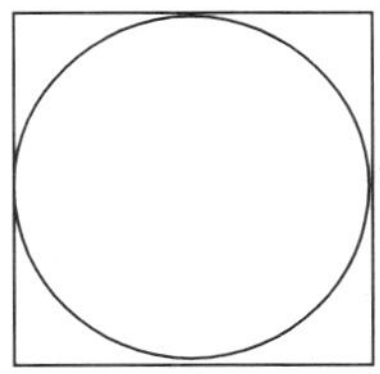

$3 \times 2.75 = 8.25$(자)$=$8자 2치 5푼

【1-10-64】 지금 정사각형 모양의 연못이 한 곳 있다. 다만, 변은 대각선에 26보가 못 미친다고 한다. 변과 대각선의 길이는 각각 얼마인가?
今有方池一所 只云方不及斜二十六步 問方斜各幾何

답 변: 65보
대각선: 91보
答曰 方 六十五步
斜 九十一步

해법 26보를 놓고 반으로 자르면, 13보를 얻는다. 방법으로 이에 5를 곱하면 변의 길이를 얻는다. 또, 13보를 놓고 사법으로 이에 7를 곱하면, 대각선을 얻는다. 물음에 합당한 답을 얻는다.

法曰 置二十六步 卽折半 得一十三步 以方法五因之 得方 又列一十三步 以斜法七因之 得斜 爲合問也

☞ **역자 설명:** 해법은 다음과 같다. 방오사칠법에 따라 정사각형의 변의 길이를 a, 대각선의 길이를 d라고 하면, $d-a=26$(자)이므로 다음을 얻는다.

'방법'		'사법'
$a:d=5:7$	또는	$d:a=7:5$,
$a:(d-a)=5:(7-5)$	또는	$d:(d-a)=7:(7-5)$,
$a:26=5:2$	또는	$d:26=7:2$,
$a=\frac{26}{2}\times5$	또는	$d=\frac{26}{2}\times7$
$=65$(자)		$=91$(자)

【1-10-65】 지금 원 모양의 밭 안에 정사각형 모양의 연못이 있는데, 변이 원주에 접하여 차지해서 연못이 된다. 다만 남은 네 호시의 너비가 9보라고 한다. 밭의 지름과 연못의 변은 각각 얼마인가?

今有圓田一段內有方池 容邊而占之爲池 只云餘四弧矢各闊九步 問田徑池方各幾何

답 밭의 지름: 63보
연못의 변: 45보

答曰 田徑 六十三步
池方 四十五步

해법 호시의 너비 9보를 놓고, 35로 이에 곱한다. 「주: 35는 방오사칠을 서로 곱한 수이다.」 그래서 얻은 315를 프라고 하자. 5로 이를 나누면 밭의 지름을 얻는다. 7로 이를 나누면, 곧 연못의 변을 얻어, 물음에 합당하게 된다.

별해 9보를 놓고 사법으로 이에 7을 곱하면 밭의 지름을 얻는다. 또, 9보를 놓고 방법으로 5를 곱하면 연못의 변을 얻어서, 또한 물음에 합당한 답을 얻는다.

法曰 置弧矢闊九步 以三十五乘之「三十五乃方五斜七相乘之數」得三百一十五爲実 以五歸之 得田徑 以七歸之 則得池方 爲合問也

又曰 置九步 以斜法七因之 得田徑 又列九步 以方法五因之 得池方 亦得合問

☞ **역자 설명 1:** 해법의 계산 과정은 다음과 같다.

지름: $\dfrac{9\times5\times7}{5}=9\times7=63$(자)

변: $\dfrac{9\times5\times7}{7}=9\times5=45$(자)

☞ **역자 설명 2:** 위의 별해는 다음과 같다. 원의 반지름을 r자, 내접하는 정사각형의 변의 길이의 반을 a자라고 하자. 그러면 문제의 조건에 의하여 $r=a+9$이고 $a=r-9$이므로, 다음이 성립한다.

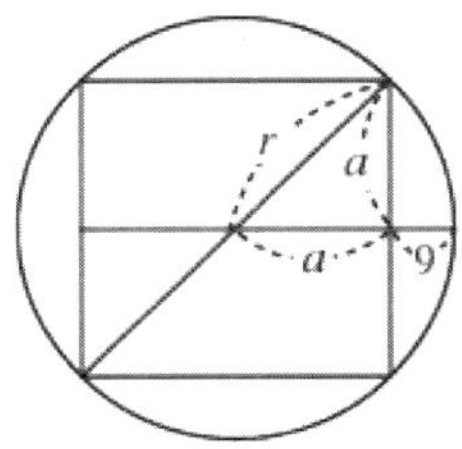

$r:(r-9)=7:5,$

$7r-9\times7=5r,$

$2r=9\times7=63$(자)

또, 다음이 성립한다.

$(a+9):a=7:5,$

$7a=5a+9\times5,$

$2a=9\times5=45$(자)

따라서 밭의 지름은 63자이고, 연못의 변은 45자이다.

【1-10-66】 지금 정사각형 모양의 밭이 1단 있는데, 그 안에 둥근 연못이 있어서 변이 접하여 포함되어 둥근 연못이 된다. 다만, 남은 사각형의 각 길이는 7보 7분이라고 한다. 연못의 지름과 정사각형 밭의 변은 각각 얼마인가?

今有方田一段 内有圓池容邊 而占之爲圓池 只云餘四角徑 各長七步七分 問池徑田方各幾何

답 연못의 지름=정사각형 밭의 변 : 38.5보
答曰 池徑田方各 三十八步五分

해법 사각경 7보 7푼을 놓고, 다만 방오사칠법으로 이에 5를 곱하면 연못의 지름과 밭의 변의 같은 길이 38보 5푼을 얻는다.
法曰 置角徑七步七分 只以方法五因之 得池徑田方各三十八步五分也

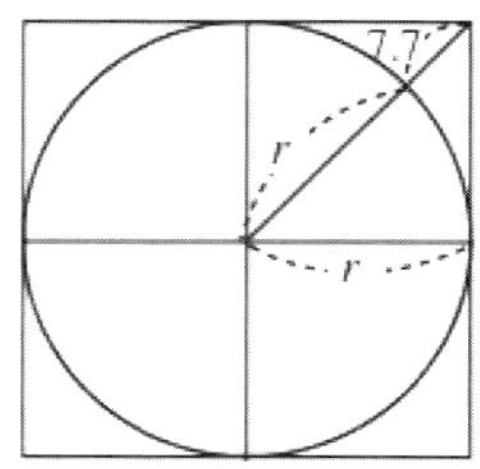

☞ **역자 설명:** 원이 정사각형에 내접하므로, 원의 지름과 정사각형의 변의 길이는 서로 같다. 원의 반지름과 정사각형 변의 반의 길이를 r보라고 하면, 오른쪽 그림과 같이 정사각형은 변의 길이가 r보인 네 개의 정사각형으로 분할된다. 이런 정사각형의 대각선의 길이가 $(r+7.7)$보이므로, 방오사칠법에 의하여 다음을 얻는다.

$$r:(r+7.7)=5:7,$$

$$7r=5r+5\times7.7,$$

$$2r=5\times7.7=38.5(\text{보})$$

묵사집산법 상권(默思集算法卷上)

8도의 각 관은 환상[36]할 때 거둬들인 모곡을 나눈다. 회록[37]의 규약에 따르면, 10분의 1을 모곡으로 거둬들이는데 모곡 중에서 또 10분의 1을 회록한다.

지금 모곡을 거둬들이는데, 어떤 경우에는 그 안에서 3분의 1을 회록한다고 하자. 가봉의 수량을 알아보려면 차1위하여 7배하고, 전봉의 수량을 알아보려면 차1위하여 3을 곱하면, 각각 그 수량을 얻는다.

지금 모곡을 거둬들이는데, 어떤 경우에는 그 안에서 거둬들인 것의 반을 회록한다고 하자. 가봉의 수량을 알아보려면 5로 나눈 뒤에 4를 곱하고, 전봉의 수량을 알아보려면 다만 5로 나누면, 각각 그 수량을 얻는다.

지금 모곡을 거둬들이는데, 어떤 경우에는 그 안에서 3분의 2를 회록한다고 하자. 가봉의 수량을 알아보려면 반으로 자른 뒤에 신외가칠하고, 전봉의 수량을 알아보려면 차1위하여 신외가오하면, 각각 그 수를 얻는다.

八道各官還上分給取耗 會錄之規 十分之一取耗 耗之中 又十分之一會錄也

今取耗 或三分之一會錄於内 欲知加捧之數 則差一位七倍 欲知前捧之數 則差一位三因 各得其數

今取耗 或取其半會錄於内 欲知加俸[38]之數 則五歸後四因 欲知前捧之數 則只五歸 各得其數

今取耗 或三分之二會錄於内 欲知前[39]捧之數 則折半 後身外加七 欲知前捧之數 則差一位 身外加五 各得其數

☞ **역자 설명:** 회록과 관련된 문제를 다루고 있다. 규정에 따르면 모곡의 10분의 1을 회록해야 하는데, 이와 달리 3분의 1 또는 2분의 1 또는 3분의 2를 회록한 경우에 규정을 초과하여 회록한 수량인 '가봉'과 원래 규정대로 회록해야 수량인 '전봉'을 구하는 방법을 알려주고 있는 것으로 보인다. 이에 따라 다음이

36) 환자(還子) 또는 환곡(還穀)이라고도 한다. 각 고을에서 사창에 간직하였다가 봄에 백성에게 꾸어주고 가을에 모곡(耗穀, 곡식을 쌓아둘 동안 축이 나는 것을 미리 짐작하여 한 섬에 얼마씩을 덧붙여 받던 곡식)과 함께 받아들이던 제도 또는 그 곡식을 말한다. 여기서 사창(社倉)은 이런 환곡을 저장해 두던 곳집이다.

37) 조선 명종 9년(1554) 이후, 지방의 모곡의 일부를 조정에 보고하여 회계 장부인 회안(會案)에 등록하던 일.

38) 俸은 捧의 誤記

39) 前은 加의 誤記

성립한다.

(회록한 수량)=(가봉)+(전봉)

이런 관찰과 2분의 1을 회록하는 경우를 통해 미루어볼 때, 이를테면 '차1위하여 7배한다'(差一位七倍)는 '10으로 나눈 뒤에 7을 곱한다'를 뜻하는 것으로 추측된다. 따라서 '차'(差)는 일반적인 표현으로 '퇴'(退)가 더 적절할 것으로 보인다. 그리고 '반으로 자른 뒤에 신외가칠한다'(折半 後身外加七)을 '$\frac{17}{2}$을 곱한다'가 아니라 '$\frac{17}{20}=\frac{85}{100}$를 곱한다'를 뜻하고, '차1위하여 신외가오한다'(差一位身外加五)는 '1.5를 곱한다'가 아니라 '0.15$=\frac{15}{100}$를 곱한다'를 뜻하는 것으로 보인다.

모곡의 수량을 A라고 할 때, 각 경우에 전봉과 가봉을 구하는 방법을 표로 나타내면 다음과 같다.

	회록	**가봉**	**전봉**	**비고**
$\frac{1}{3}$ 회록	$\frac{A}{3}$	$\frac{A}{3}\times\frac{7}{10}=\frac{7A}{30}$	$\frac{A}{3}\times\frac{3}{10}=\frac{A}{10}$	$\frac{A}{3}=\frac{7A}{30}+\frac{A}{10}$
$\frac{1}{2}$ 회록	$\frac{A}{2}$	$\frac{A}{2}\times\frac{4}{5}=\frac{2A}{5}$	$\frac{A}{2}\times\frac{1}{5}=\frac{A}{10}$	$\frac{A}{2}=\frac{2A}{5}+\frac{A}{10}$
$\frac{2}{3}$ 회록	$\frac{2A}{3}$	$\frac{2A}{3}\times\frac{85}{100}=\frac{17A}{30}$	$\frac{2A}{3}\times\frac{15}{100}=\frac{A}{10}$	$\frac{2A}{3}=\frac{17A}{30}+\frac{A}{10}$

묵사집산법 (천)

2006년 5월 10일 초판 인쇄
2006년 5월 20일 초판 발행

저 자 / 경선징 (慶善徵)
역 자 / 유인영 · 허 민
발행자 / 오판근
발행처 / 교우사

주 소 / 서울 동대문구 제기2동 148-19
전 화 / 925-2861, 929-4865
팩 스 / 925-2860
E-mail / kw2861 @ chollian. net
http: // www. kyowoo. co. kr
등록 / 1994. 3. 24 제6-0256호

ISBN 89-8172-591-8 (94410)
89-8172-590-X (세트)

값 20,000원

Ⓒ 2006. Kyo Woo Sa
※ 이 책의 무단전재, 복제를 금합니다.

이 저서는 2002년 한국학술진흥재단의 지원에 의하여 연구되었음.
(KRF-2002-071-CS2001)